"十二五"职业教育国家规划教材
经全国职业教育教材审定委员会审定

数控车削加工技术与技能（FANUC系统）

主　编　朱兴伟　蒋洪平
副主编　黄战平　吕　伟
参　编　汪立俊　严　江　蔡苏明
　　　　邹　琰　蒋　峰

本书是经全国职业教育教材审定委员会审定的"十二五"职业教育国家规划教材，是根据教育部最新公布的职业学校相关专业教学标准，同时参考数控车工职业资格标准编写的。

本书采用项目教学模式，全面介绍数控车工职业技能（中、高级）考核所需的工艺、编程方法和操作加工技术等知识。

全书共分三篇。第一篇是基础篇，包括数控车床概述、数控车床的操作、数控车削加工工艺、数控系统编程、数控车削编程高级指令和数控车削自动编程等基础知识；第二篇是技能篇，包括15个递进的数控车工（中、高级）技能训练项目；第三篇是鉴定篇，包括6套数控车工职业技能（中、高级）考核试卷。技能篇通过对典型案例进行分析，按"项目描述→项目教学目标→项目实施→项目总结"的步骤展开项目训练，使学生快速、全面地掌握数控车削加工工艺分析与设计、编程和操作、加工技术等知识。为便于教学，本书技能训练项目同时提供了华中系统和SIEMENS系统的加工程序对比。选择本书作为教材的师生可直接扫描相应二维码观看和学习。

本书可以作为职业院校数控技术、模具设计与制造、机电一体化等专业的教材，也可以作为工程技术人员的参考用书。

图书在版编目（CIP）数据

数控车削加工技术与技能（FANUC系统）/朱兴伟，蒋洪平主编. —北京：机械工业出版社，2016.5（2024.2重印）
"十二五"职业教育国家规划教材
ISBN 978-7-111-54041-0

Ⅰ.①数… Ⅱ.①朱… ②蒋… Ⅲ.①数控机床-车床-车削-加工工艺-高等职业教育-教材 Ⅳ.①TG519.1

中国版本图书馆CIP数据核字（2016）第134209号

机械工业出版社（北京市百万庄大街22号　邮政编码100037）
策划编辑：齐志刚　责任编辑：王莉娜　责任校对：杜雨霏
封面设计：张　静　责任印制：单爱军
北京虎彩文化传播有限公司印刷
2024年2月第1版第4次印刷
184mm×260mm・15.5印张・389千字
标准书号：ISBN 978-7-111-54041-0
定价：45.00元

电话服务　　　　　　　　　　　网络服务
客服电话：010-88361066　　　　机　工　官　网：www.cmpbook.com
　　　　　010-88379833　　　　机　工　官　博：weibo.com/cmp1952
　　　　　010-68326294　　　　金　书　网：www.golden-book.com
封底无防伪标均为盗版　　　　机工教育服务网：www.cmpedu.com

前 言

本书是经全国职业教育教材审定委员会审定的"十二五"职业教育国家规划教材，是根据教育部最新公布的职业学校相关专业教学标准，同时参考数控车工职业资格标准编写的。

本书针对职业院校数控技术、模具设计与制造、机电一体化等专业教育人才培养目标及规格的要求，以就业为导向，紧紧围绕"以能力为本位、以项目课程为主体、以职业实践为主线的模块化课程体系"（简称"三以一化"）的课程改革理念，并结合岗位实际和职业技能考核标准编写而成。

本书共分三篇。第一篇是基础篇，包括数控车床概述、数控车床的操作、数控车削加工工艺、数控系统编程、数控车削编程高级指令和数控车削自动编程等基础知识；第二篇是技能篇，包括15个递进的数控车工（中、高级）技能训练项目；第三篇是鉴定篇，包括6套数控车工职业技能（中、高级）考核试卷。技能篇通过对典型案例进行分析，按"项目描述→项目教学目标→项目实施→项目总结"的步骤展开项目训练，使学生快速、全面地掌握数控车削加工工艺分析与设计、编程和操作、加工技术等知识。

本书由江苏联合职业技术学院朱兴伟、蒋洪平担任主编，全书由蒋洪平统稿。参加编写人员及具体编写分工如下：朱兴伟（基础篇第一、二、三、四章，技能篇项目五、项目七、项目十、项目十五，鉴定篇样卷三、四、五，附录A、B、C、D），蒋洪平（基础篇第五、六章，技能篇项目四，鉴定篇样卷一、二、六，附录E），黄战平（技能篇项目八、项目十一、项目十二），吕伟（技能篇项目六、项目十三），严江（技能篇项目一），邹琰（技能篇项目二），汪立俊（技能篇项目三），蔡苏明（技能篇项目九），蒋峰（技能篇项目十四）。

在本书编写过程中得到了有关学校领导和行业、企业一线专家的大力支持和帮助，在此谨向他们表示衷心的感谢。

由于编者水平有限，书中难免存在不当和错误之处，敬请广大读者谅解，并真诚欢迎读者批评指正。

编　者

目 录

前言
第一篇　基础篇 1
　第一章　数控车床概述 2
　第二章　数控车床的操作 7
　第三章　数控车削加工工艺 15
　第四章　数控系统编程 22
　第五章　数控车削编程高级指令 33
　第六章　数控车削自动编程 45
第二篇　技能篇 57
　项目一　台阶轴零件的加工 58
　项目二　带圆弧台阶轴零件的加工 67
　项目三　螺纹轴零件的加工（1） 73
　项目四　螺纹轴零件的加工（2） 80
　项目五　螺纹轴零件的加工（3） 87
　项目六　带孔螺纹轴零件的加工 95
　项目七　梯形槽螺纹轴的加工 103
　项目八　综合零件的加工（1） 110
　项目九　综合零件的加工（2） 119
　项目十　综合零件的加工（3） 127
　项目十一　内沟槽、内螺纹零件的加工 135
　项目十二　非圆曲线零件的加工（1） 144
　项目十三　非圆曲线零件的加工（2） 153
　项目十四　轴套配合件的加工（1） 162
　项目十五　轴套配合件的加工（2） 173
第三篇　鉴定篇 184
　样卷一　数控车工职业技能（中级）考核试卷01 185
　样卷二　数控车工职业技能（中级）考核试卷02 191
　样卷三　数控车工职业技能（中级）考核试卷03 197
　样卷四　数控车工职业技能（高级）考核试卷04 203
　样卷五　数控车工职业技能（高级）考核试卷05 212
　样卷六　数控车工职业技能（高级）考核试卷06 221
附录 230
　附录A　FANUC 0i系统数控车床常用指令 230
　附录B　常用切削用量 231
　附录C　数控车床安全操作规程 232
　附录D　数控车床的维护与保养 233
　附录E　数控车工国家职业标准 234
参考文献 243

第一篇

基础篇

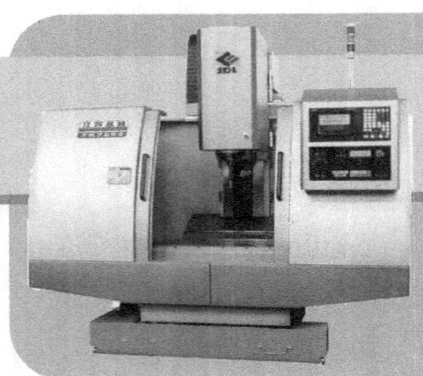

第一章 数控车床概述

顾名思义，数控（Numerical Control，简称 NC）机床是一类由数字程序控制的机床。它是将事先编好的程序输入机床的专用计算机，由计算机指挥机床各坐标轴的伺服电动机，从而控制机床各运动部件的先后动作、速度和位移量，并与选定的主轴转速相配合，最终加工出各种不同工件的设备。

数控车床是能自动完成轴类及盘类零件内外圆柱面、圆锥面、圆弧面、螺纹及各种回转曲面的切削加工，并能进行切槽、钻孔、扩孔和铰孔等工作的机床。它是目前国内使用量最大、覆盖面最广的一种数控机床。

第一节 数控车床的特点及种类

一、数控车床的特点

1. 加工精度高，产品质量稳定

数控车床是按程序指令进行加工的。由于数控车床的脉冲当量普遍可达到 0.001mm，其传动系统和车床结构都具有很高的刚度和热稳定性，而且进给系统采用了消除间隙措施，反向间隙与丝杠螺距误差等可由数控装置进行自动补偿，因此数控车床能达到最高的加工精度。对于中、小型数控车床，定位精度普遍可达 0.03mm，重复定位精度为 0.01mm。又因为数控车床加工完全是自动进行的，消除了操作者人为产生的误差，所以同一批工件的尺寸一致性好，加工质量十分稳定。

2. 适应性强，适合加工单件或小批量复杂工件

在数控车床上改变加工工件时，只须重新编制（更换）程序，就能实现新工件的加工。用数控车床加工工件时，只需要简单的夹具，因此在加工工件改变后，不需要制作特别的工装夹具，更不需要重新调整车床。这就为结构复杂工件的单件、小批量生产及试制新产品提供了极大的便利。对于那些利用手工操作的一般车床很难加工或无法加工的精密复杂零件，数控车床也能实现自动加工。

3. 自动化程度高，劳动强度低

数控车床对工件的加工是按事先编好的程序自动完成的，加工过程中不需要人的干预，加工完毕后自动停车，使操作者的劳动强度与紧张程度大为减轻。另外，数控车床一般都具有较好的安全防护、自动排屑、自动冷却和自动润滑装置，操作者的劳动条件也大为改善。

4. 生产效率高

加工工件所需的时间主要包括机动时间和辅助时间两部分。数控车床能有效地减少这两部分时间。数控车床主轴的转速和进给量的变化范围比普通车床大，从而可以选用最有利的切削用量。由于数控车床的结构刚性好，能使用大切削用量的强力切削，从而提高了数控车床的切削效率，节省了机动时间。数控车床移动部件的空行程运动速度快，工件装夹时间短，辅助时间比一般车床少。

在数控车床上更换工件时，不需要调整车床；同一批工件的加工质量稳定，不须停机检验，使辅助时间大大缩短。在加工中心上进行加工时，一台机床可以实现多道工序的连续加工，生产效率的提高更加明显。

5. 有利于生产管理的现代化

数控车床加工工件，能准确地计算零件的加工工时和费用，有效地简化检验工装夹具和半成品的管理工作，有利于生产管理的现代化。

二、数控车床的种类

数控车床的品种繁多，常见的分类方法如下。

1. 按数控系统的功能分类

（1）经济型数控车床　一般采用步进电动机驱动形成开环伺服系统，其控制部分采用单板机或单片机。此类车床的结构简单，价格低廉，无刀尖圆弧半径自动补偿和恒线速切削等功能。

（2）全功能型数控车床　此类车床一般采用闭环和半闭环控制系统，具有高刚度、高精度和高效率等特点。

（3）车削中心　它是以全功能型数控车床为主体，配置了刀库、换刀装置、分度装置、铣削动力头和机械手等装置，可以实现多工序复合加工的机床。在一次装夹后，车削中心可以完成回转类零件的车、铣、钻、铰、攻螺纹等多种加工工序，其功能全面，但价格较高。

（4）FMC（柔性制造系统）车床　它实际上是一个由数控车床、机器人等构成的柔性加工单元。FMC车床能实现工件的搬运，装卸的自动化和加工调整准备的自动化。

2. 按加工零件的基本类型分类

（1）卡盘式数控车床　这类车床未设置尾座，适于车削盘类零件。其夹紧方式多为电动或液压控制，卡盘多数具有卡爪。

（2）顶尖式数控车床　这类车床设置有普通尾座或数控尾座，适合车削较长的轴类零件及直径不太大的盘、套类零件。

3. 按主轴的配置形式分类

（1）卧式数控车床　其主轴轴线处于水平位置，又可分为水平导轨式数控车床和倾斜导轨式数控车床（其倾斜导轨结构可以使车床具有更大的刚性，并易于排屑）。

（2）立式数控车床　其主轴轴线处于垂直位置，并有一个直径很大的圆形工作台，供装夹工件用。这类车床主要用于加工径向尺寸大、轴向尺寸较小的大型复杂零件。

第二节　数控车床的结构及加工过程

一、数控车床的结构

数控车床是数字程序控制车床的简称，CKA6150 数控车床的结构外观如图 0-1 所示。

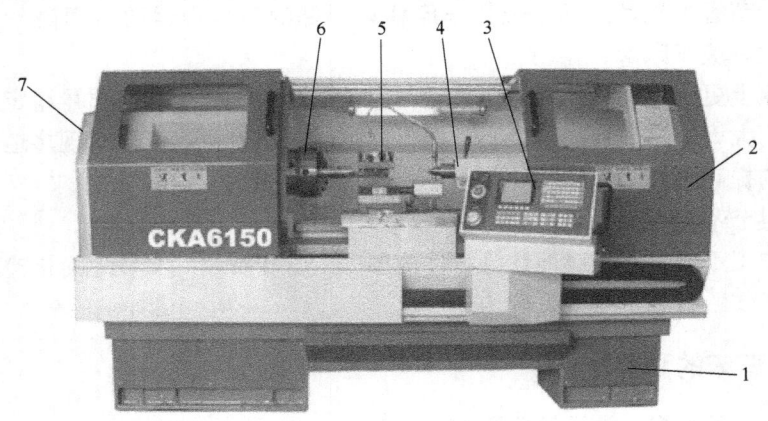

图 0-1　CKA6150 数控车床的结构外观
1—床身　2—防护门　3—操作面板　4—尾座　5—刀架　6—卡盘　7—主轴箱

数控车床主要由以下几部分组成。

1. 控制介质与程序输入输出设备

控制介质是记录零件加工程序的载体，是人与车床建立联系的介质。程序输入输出设备是数控装置与外部设备进行信息交换的装置，其作用是将记录在控制介质上的零件加工程序传递并存入数控系统内，或将调试好的零件加工程序通过输出设备存放或记录在相应的介质上。

2. 数控装置

数控装置是数控车床的核心，包括微型计算机、各种接口电路、显示器等硬件及相应的软件。数控装置的作用是接受由输入设备输入的各种加工信息，经过编译、运算和逻辑处理后，输出各种控制信息和指令，控制车床各部分，使其按程序要求实现规定的有序运动和动作。

3. 伺服系统

伺服系统是数控装置和车床的联系环节，包括进给伺服驱动装置和主轴伺服驱动装置。进给伺服驱动装置由进给控制单元、进给电动机和位置检测装置组成，并与车床上的执行部件和机械传动部件组成了数控车床的进给系统。伺服系统的作用是接收数控装置输出的指令脉冲信号，驱动车床的移动部件（刀架或工作台）按规定的轨迹和速度移动或精确定位，加工出符合图样要求的工件。

4. 辅助控制装置

辅助控制装置的主要作用是接收由数控装置输出的开头量指令信号，经过编译、逻辑判断和运动，再经功率放大后驱动相应的电器，带动车床的机械、液压、气动等辅助装置完成指令规定的开关动作。这些控制包括三轴运动部件的变速、换向、启动和停止，刀具的选择和交换，冷却、润滑装置的启动和停止，工件和车床部件的松开、夹紧，分度工作台转位分度等开关的辅助动作。

5. 车床本体

车床本体是加工运动的实际机械机构，主要包括主运动机构、进给运动机构和支承部件（如床身、立柱）等。

数控车床的机械传动机构与普通车床相比已大大简化，保留了部分主轴箱内的齿轮传动，取消了交换齿轮箱、进给箱、溜板箱和绝大部分的传动机构。

二、数控车床的加工过程

数控车床的加工过程如图 0-2 所示，其主要步骤如下：

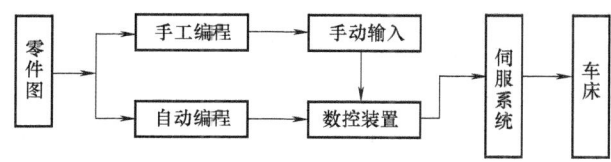

图 0-2　数控车床的加工过程

1）根据被加工零件的零件图所规定的零件形状、尺寸、材料及技术要求等，制订零件加工工艺过程，确定刀具相对于零件的运动轨迹，选择合理的切削参数及辅助动作的顺序等。

2）按规定的代码和程序格式，用手工编程或计算机自动编程的方法完成零件加工程序的编写。

3）通过车床操作面板将加工程序输入数控装置，或通过通信接口（键盘、软驱、USB、网络和伺服卡等）传送。

4）数控车床启动后，数控装置根据输入的信息进行一系列的运算和信息控制处理，将结果以脉冲的形式送入车床的伺服机构。

5）伺服机构驱动车床的运动部件，使车床按程序预定的轨迹运动，加工出合格的零件。

三、数控车床的主要加工对象

数控车床与普通车床一样，主要用于轴类、盘类等回转体零件的加工，如加工各种内外圆柱面、圆锥面、圆柱螺纹、圆锥螺纹，完成切槽，钻、扩、铰孔等工序。数控车床还可以完成普通车床不能完成的圆弧、由各种非圆曲面构成的回转面、非标准螺纹、变螺距螺纹等表面的加工。数控车床特别适合于形状复杂零件或中、小批量零件的加工。

1. 精度要求高的零件

由于数控车床的刚性好，制造精度高，并且能方便地进行人工补偿和自动补偿，因此它能加工精度要求较高的零件，甚至可以以车代磨。数控车床刀具的运动是通过高精度插补运算和伺服驱动来实现的，并且一次装夹工件可完成多道工序的加工，因此提高了所加工工件的几何精度。

2. 表面粗糙度值小的回转体

数控车床能加工表面粗糙度值小的零件,这不仅是因为车床的刚性和制造精度高,还因为它具有恒线速度切削功能。使用数控车床的恒线速度切削功能,就可选用最佳线速度来切削端面,这样切削出的表面,其表面粗糙度值既小又一致。

3. 超精密、超小表面粗糙度值的零件

轮廓精度要求超高和表面粗糙度值超小的零件,适合在精度高、功能强的数控车床上加工。超精加工的轮廓精度可达 0.1μm,表面粗糙度值 Ra 可达 0.02μm。超精加工所用数控系统的最小设定单位应达到 0.01μm。超精车削零件的材质以前主要是金属,现已扩大到塑料和陶瓷。

4. 表面形状复杂的回转体零件

由于数控车床具有直线插补和圆弧插补功能,部分车床的数控装置还有某些非圆曲线插补功能,因此可以车削由任意直线和平面曲线组成的形状复杂的回转体零件和难以控制尺寸的零件,如具有封闭内成形面的壳体零件。

5. 带有一些特殊类型螺纹的零件

数控车床不但能车削任何等螺距的直螺纹、锥螺纹和端面螺纹,而且能车削增螺距、减螺距,以及要求等螺距、变螺距之间平滑过渡的螺纹和变径螺纹。数控车床可以利用精密螺纹切削功能、采用机夹硬质合金螺纹车刀、使用较高的转速,车削精度较高的螺纹。

1. 数控车床由哪几部分组成?
2. 目前工厂中常用的数控系统有哪些?
3. 数控车床加工的特点有哪些?

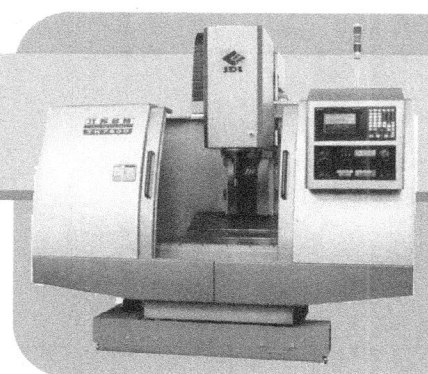

第二章 数控车床的操作

数控车床的类型和数控系统的种类很多，各生产厂家设计的操作面板也不尽相同，但操作面板上各种旋钮、按钮和键盘上键的基本功能与使用方法基本相同。本章以型号为 CKA6150 的数控车床，选用 FANUC 0i 系统为例，介绍数控车床的操作。

第一节　操作面板

数控车床操作面板一般可分为数控系统操作面板和机床操作面板。对于数控系统操作面板，只要是采用 FANUC 0i 系统，就都是相同的；对于机床操作面板，会因生产厂家的不同而有所不同，主要是按钮和旋钮的位置和设置不同。

一、FANUC 0i 车床数控系统操作面板

FANUC 0i 车床数控系统操作面板由两部分组成，左侧为显示屏，右侧为编程面板（MDI 编辑面板），如图 0-3 所示（FANUC 0i Mate-TB）。

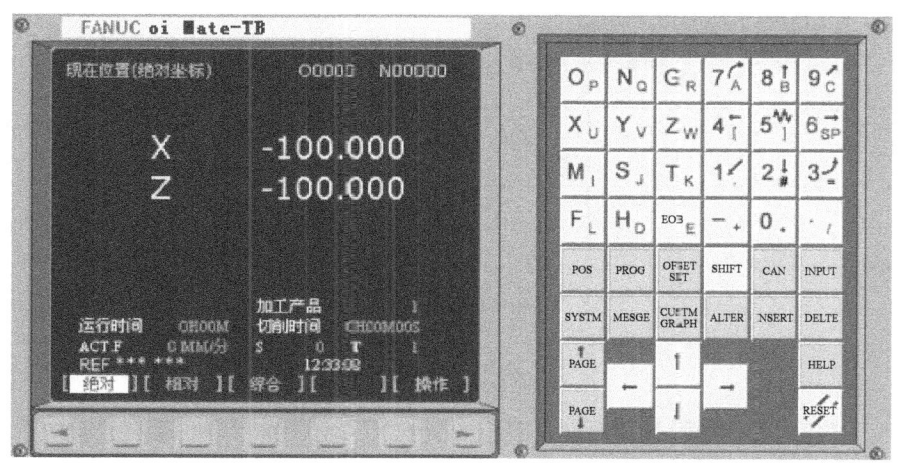

图 0-3　FANUC 0i 车床数控系统操作面板

1. **数字/字母键及其功能**（表 0-1）
2. **编辑键及其功能**（表 0-2）
3. **功能键及其功能**（表 0-3）

表 0-1　数字/字母键及其功能说明

数字/字母键	功能说明
O_P N_Q G_R 7_A 8_B 9_C X_U Y_V Z_W $4_↑$ 5_W 6_{SP} M_I S_J T_K $1_/$ $2_#$ $3_=$ F_L H_D EOB_E $-$ $.$ $,$	数字/字母键用于将数据输入到输入区域，系统自动判别取字母还是取数字。字母和数字键通过 SHIFT 键切换输入，如 O—P、7—A

表 0-2　编辑键及其功能说明

编辑键	功能说明
ALTER	用输入的数据替换光标所在处的数据
DELTE	删除光标所在处的数据、删除一个程序或删除全部程序
INSERT	把输入区中的数据插入当前光标之后的位置
CAN	消除输入区内的数据
EOB E	结束一行程序的输入并且换行
SHIFT	按下此键再按"数字/字母键"时，输入的是"数字/字母键"右下角的字母或符号。例如，直接按下 X_U 输入的为"X"；按下 SHIFT 键再按下 X_U，输入的为"U"

表 0-3　功能键及其功能说明

功能键	功能说明
PROG	在 EDIT 方式下，编辑、显示存储器里的程序
POS	位置显示页面，显示现在车床的位置。位置显示有三种方式，用 PAGE 键选择
OFSET SET	参数输入页面，用于设定工件坐标系、显示补偿值和宏程序量
SYSTM	系统参数页面
MESGE	信息页面，如"报警"
CUSTM GRAPH	图形参数设置页面
HELP	系统帮助页面
RESET	当车床自动运行时按下此键，则车床的所有操作都停止。若在此状态下恢复自动运行，则程序从头开始执行

4. 翻页键及其功能（表0-4）

表0-4　翻页键及其功能说明

翻页键	功能说明
PAGE ↑	向上翻页
PAGE ↓	向下翻页

5. 光标移动键及其功能（表0-5）

表0-5　光标移动键及其功能说明

光标移动键	功能说明
↑	向上移动光标
↓	向下移动光标
←	向左移动光标
→	向右移动光标

6. 输入键及其功能（表0-6）

表0-6　输入键及其功能说明

输入键	功能说明
INPUT	把输入区内的数据输入参数页面

二、FANUC 0i 车床机床操作面板

FANUC 0i 车床机床操作面板如图 0-4 所示。它主要用于控制车床的运行状态，由操作

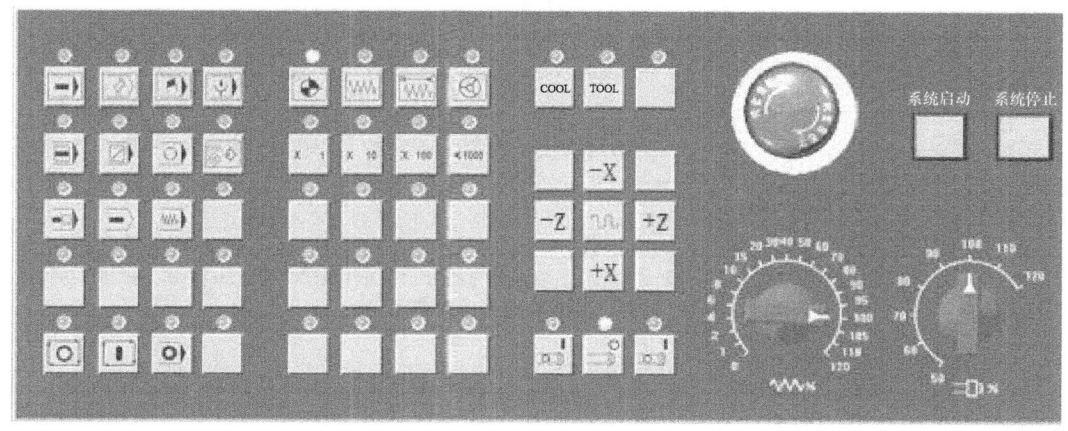

图 0-4　FANUC 0i 车床机床操作面板

模式开关、主轴转速倍率调整旋钮、进给速度调节旋钮、各种辅助功能选择开关、手轮、各种指示灯等组成。

各键的功能介绍见表 0-7。

表 0-7　FANUC 0i 车床机床操作面板各键的功能

功　能　键	功　能　说　明
	AUTO 自动加工模式
	EDIT 编辑模式
	MDI 输入键
	增量进给
	手轮模式移动车床
	JOG 手动模式,手动连续移动车床
	用 232 电缆线连接 PC 和数控车床,选择程序传输加工
	回零键
	循环启动键。模式选择旋钮在"AUTO"和"MDI"位置时按下有效,其余时间按下无效
	程序停止键。在程序运行中,按下此键程序停止运行
	手动主轴正转
	手动主轴反转
	手动停止主轴
	单步执行开关,每按一次,程序启动,执行一条程序指令
	程序段跳读。在自动方式下按下此键,跳过程序段开头带有"/"的程序
	程序停止。在自动方式下,遇到 M00 程序停止
	车床空运行。该功能用于将工件从工作台上卸下,按下此键,各轴以固定的速度运动,以检查车床的运动
	手动示教
COOL	切削液开关

(续)

功能键	功能说明
TOOL	在刀库中选刀
⬚	程序重启动。由于刀具破损等原因自动停止后，程序可以从指定的程序段重新启动
⬚	车床锁定开关。按下此键，车床各轴被锁住，只有程序运行
O	M00 程序停止。程序运行中按下此键，程序停止
X1 X10 X100 X1000	增量进给倍率选择键。选择移动车床某轴时，每一步的距离为：×1 表示 0.001mm，×10 表示 0.01mm，×100 表示 0.1mm，×1000 表示 1mm

第二节　数控车床的操作步骤

工件的加工程序编制完成后，为确定程序正确与否、刀具路径是否合理、工艺参数是否合适，需要在数控车床上进行试加工。下面根据 FANUC 0i 数控车床的功能，介绍车床的操作步骤。

一、开机与关机

1. 开机

1）检查车床的初始状态，以及控制柜的前、后门是否关好。
2）合上车床后面的断路器，将手柄的指示标志置于【ON】位置。
3）确定车床电源接通后，按下机床操作面板上的【系统启动】旋钮，进入数控系统界面。右旋松开"急停"旋钮，使系统复位，对应于目前的加工方式为"手动"。
4）回参考点，也称回零。按下机床操作面板上的【回零】键。按【+X】键，再按【+Z】键，观察坐标的位置。当坐标位置为零时，回零指示灯亮，表示已回到参考点。

2. 关机

1）确认车床的运动全部停止，按下机床操作面板上的【系统停止】按钮，CNC 系统电源将被切断。
2）将主电源开关置于【OFF】位置，切断车床电源。

二、手动操作

1. 点动操作

按【手动】键，先设定进给修调倍率，再按【+Z】、【-Z】、【+X】或【-X】键，使坐标轴连续移动。在点动进给时，同时按下【快进】键，则相应的轴会做正向或负向快速运动。

2. 增量进给

按下操作面板上的【增量】键（指示灯亮），再按一下【+Z】、【-Z】、【+X】或【-X】

键，则相应轴会沿选定的方向移动一个增量值。请注意【增量】与【点动】的区别，此时即使按住【+Z】、【-Z】、【+X】或【-X】键不放开，也只能移动一个增量值，而不能连续移动。

增量进给的增量值由【×1】、【×10】、【×100】、【×1000】四个增量倍率选择旋钮控制。增量倍率选择旋钮与增量值的对应关系见表0-8。

表0-8 增量倍率选择旋钮与增量值的对应关系

增量倍率选择旋钮	×1	×10	×100	×1000
增量值/mm	0.001	0.01	0.1	1

3. 手摇进给

现以X轴为例说明手摇进给的操作方法。将坐标轴选择开关置于【X】档，顺时针或逆时针方向旋转手摇脉冲发生器一格，可控制X轴向正向或负向移动一个增量值。连续发出脉冲，则可连续移动车床坐标轴。

手摇进给的增量值由【×1】、【×10】、【×100】三个增量倍率选择旋钮控制。增量倍率选择旋钮与增量值的对应关系见表0-9。

表0-9 手摇进给中增量倍率选择旋钮与增量值的对应关系

增量倍率选择旋钮	×1	×10	×100
增量值/mm	0.001	0.01	0.1

三、程序的输入

程序输入有手动输入和自动输入两种方式。由于数控车床加工的零件比较简单，因此主要以手动输入为主。

1. 手动输入

1）按下控制面板上的【EDIT】键，系统进入程序编辑状态。

2）按下【PROG】键，进入程序页面。

3）键入地址O及要存储的程序号。要注意的是，输入的程序名不可以与已有的程序名重复。

4）按【EOB】→【INSERT】键，开始输入程序。

5）按【EOB】→【INSERT】键，换行后再继续输入。

2. 自动输入

自动输入程序也是在【EDIT】状态下，通过RS-232数据接口传输或者通过CF卡通道进行传输。

四、程序的校验

在每次加工前，都要进行程序的校验。原因在于手动输入程序容易出错，而自动输入的程序一般会用专门的程序校验软件进行校验。程序校验步骤如下：

1）按【EDIT】键，系统进入编辑状态，输入需要校验的程序名，按光标键【↓】。

2）复位程序。按【RESET】键，使程序复位到程序的开头。

3）按自动运行键【AUTO】，同时按车床锁住键和空运行键。

4）按【CUSTM/GRAPH】键，打开图形显示画面，按下【图形】软键。

5）按【循环启动】键，程序开始进行校验，观察图形画面的刀具路径。

五、对刀操作

对刀的含义就是在车床上设置刀具偏移或设定工件坐标系的过程。

1. 设置主轴旋转

1）按下机床操作面板上的【MDI】键。

2）按【PROG】键，进入【MDI】输入窗口。

3）先按【EOB】键，再按【INSERT】键。

4）在数据输入行输入"M03 S600"后按【EOB】键，再按【INSERT】键。

5）按【循环启动】键，主轴正转。

2. 对刀步骤

假设工件原点在工件右端面的中心，采用试刀法对刀。

1）将主轴调整到合适转速。

2）先用外圆车刀试切一外圆，测量外圆直径后，按【OFFSET】→【 补正 】→【 形状 】，输入"外圆直径值"，按【 测量 】键，完成刀具 X 轴的对刀。

3）再用外圆车刀试切一圆端面，按【OFFSET】→【 补正 】→【 形状 】，输入"Z 0"，按【 测量 】键，完成刀具 Z 轴的对刀。

六、自动加工

零件加工有首件试切加工和批量加工两种。首件试切加工的程序还不完善，各切削用量参数还是理论值，程序刀路不确定；而批量加工的程序已经成熟。

1. 首件试切加工的步骤

1）调出加工程序。

2）复位程序。

3）把进给倍率调整到 50%，快退倍率调整到 25%。

4）按【AUTO】键和【单步运行】键。

5）按【循环启动】键。

6）将进给倍率和主轴倍率调整到最佳状态。

7）取消单步运行，采用自动循环加工。

2. 批量加工的步骤

1）调出加工程序。

2）复位程序。

3）把进给倍率调整到 100%，主轴倍率调整到 100%，快速倍率调整到 100%。

4）按【AUTO】键。

5）按【循环启动】键。

思考与练习

1. 简述数控车床如何进行基本操作。
2. 数控车床有哪些功能键？各有什么作用？
3. 简述数控车床的对刀过程。

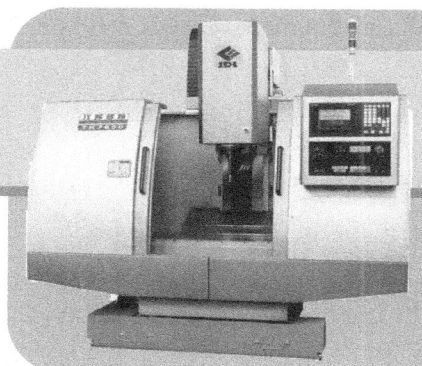

第三章 数控车削加工工艺

第一节　数控车床的工艺范围和特点

一、数控车床的工艺范围

数控车床作为当今使用最广泛的数控机床之一，主要用于加工轴类、套筒类、盘类等回转体零件，它能够通过程序控制自动完成圆柱面、圆锥面、圆弧、螺纹等工序的切削加工，并能进行切槽、钻孔、扩孔、铰孔等工作。近年来研制出了数控车削中心和数控车铣中心，使得一次装夹可以完成更多的加工工序，从而提高了加工质量和生产效率，特别适宜复杂形状的回转体零件的加工。

数控车床加工零件的尺寸公差等级可达 IT5～IT6，表面粗糙度值 Ra 可达 $1.6\mu m$ 以下。

二、数控车床的特点

数控车床与普通车床相比，主要具有以下特点。
1）加工精度高，产品质量稳定。
2）适合加工具有回转表面的复杂零件。
3）具有广泛的适应性。
4）生产效率高。
5）能够减轻操作者的劳动强度，改善劳动条件。

第二节　数控车削加工工艺分析

数控工艺设计是零件数控加工过程中的首要工作，工艺设计的合理性直接影响到数控程序编制的难易程度，以及零件的加工质量和生产效率，对生产任务的完成起着关键性的作用。

数控车削加工工艺主要包括数控加工零件图的工艺性分析、数控车削工艺路线拟定、数控车削刀具的选择、数控车削切削用量的选择、数控车削加工工艺技术文件的编写等。

一、数控加工零件图的工艺性分析

1. 零件图样分析

分析零件图样是工艺准备中的首要工作，它直接影响零件加工程序的编写及加工结果。

首先，通过零件图样了解零件的外形、结构，零件上需加工的部位及其形状、尺寸精度和表面粗糙度；了解各加工部位之间的相对位置和尺寸精度；了解工件材料、坯料尺寸、相关技术要求及工件的加工数量，不同的加工数量所采用的工艺方案也不同。

其次，分析了解零件的设计工艺基准，包括其外形尺寸、在零件上的位置、结构及与其他部位的相互关系等。对于复杂的零件或较难辨别工艺基准的零件图，还须详细地分析有关装配图，了解该零件的装配使用要求，确定出加工工件的工艺基准。

2. 零件结构工艺性分析

零件结构工艺性是指在满足使用要求的前提下，零件加工的可行性和经济性，换言之，就是使设计的零件结构便于加工成形且成本低、效率高。

零件结构工艺性分析的内容如下：

1）审查与分析零件图样中的尺寸标注方法是否符合数控加工的特点。
2）审查与分析零件图样中构成轮廓的几何元素的条件是否充分、正确。
3）审查与分析在数控车床上进行加工时零件结构的合理性。

3. 零件精度与技术要求分析

零件精度与技术要求分析的主要内容为：

1）分析零件的精度与各项技术要求是否齐全、合理。对采用数控车削加工的表面，其精度要求应该尽量一致，以便最后能够一次完成加工。
2）分析工序中的数控加工精度能否达到图样要求，注意给后续工序留出足够的加工余量。
3）找出零件图样中有较高位置精度要求的表面，确定这些表面能否在一次装夹中完成加工。
4）对零件表面质量要求较高的表面或对称表面，确定是否使用恒线速功能进行切削加工。

4. 零件图形的数学处理和编程尺寸的计算

在程序编写过程中，编程人员必须充分掌握构成零件轮廓的几何要素参数及各几何要素间的关系。因为在自动编程时，要对零件轮廓的所有几何元素进行定义；手工编程时，要计算出每个刀位点的坐标，无论哪一点不明确或不确定，编程都无法进行。零件图形的数学处理结果将用于编程，其结果的正确性将直接影响最终的加工结果。

二、数控车削工艺路线的拟定

1. 工序的划分

工序的划分可以采用两种不同原则，即工序集中原则和工序分散原则。

（1）工序集中原则　在一道工序中加工尽可能多的内容，使工序的总数量减少。这样不仅减少了夹具的数量和零件的装夹次数，还保证了各表面间的相互位置精度。

（2）工序分散原则　加工零件的过程分散在较多的工序中进行，每道工序的加工内容很少。其优点是采用的加工设备结构简单，调整和维修方便；有利于选择合理的切削用量。

在数控车床上加工零件时，一般应按工序集中原则划分工序，在一次安装中尽可能加工大部分或全部的零件表面。对于不能在一台数控车床上加工的零件，应以车床为单位划分加工工序，无论在数控车床上完成多少表面的加工，都应力求设计基准、工艺基准和编程原点统一。

2. 加工顺序的安排

在数控车床上加工零件时，零件车削加工顺序的安排一般遵循下列原则。

（1）先粗后精　为了提高生产效率并保证零件的加工质量，切削加工时应先安排粗加工工序，在较短的时间内将精加工前大量的加工余量去掉，同时应尽量满足精加工的余量均匀性要求。

（2）先近后远　这里所说的远与近是对加工部位相对于对刀点的距离大小而言的。在一般情况下，特别是在粗加工时，通常先加工离对刀点近的部位，后加工离对刀点远的部位，以便缩短刀具的移动距离，减少空行程时间。

（3）先内后外　对既要加工内表面、内型腔又要加工外表面的零件，通常先加工内型腔，后加工外表面。

（4）刀具集中　同一把刀具连续加工完成相应各部位后，再更换另一把刀具，加工零件相应的其他部位，以减少空行程时间和换刀时间。

3. 进给路线的确定

进给路线是指刀具从起刀点开始运动起，直至返回该点并结束加工程序所经过的路径，包括刀具切入、切出等非切削空行程。

（1）刀具切入、切出　在数控车床上进行加工时，尤其是精车时，要妥善考虑刀具的切入、切出路线，尽量使刀具沿轮廓的切线方向切入、切出，以免因切削力突然变化而造成零件的弹性变形，致使光滑连接轮廓上产生表面划伤、形状突变或滞留刀痕等缺陷。

（2）确定最短的空行程路线　确定最短的空行程路线，除了要依靠大量的实践经验外，还应善于分析，必要时可辅以一些简单的计算。

（3）确定最短的切削进给路线　在保证加工质量的前提下，使加工程序具有最短的切削进给路线，可有效地提高生产效率，减少一些不必要的刀具损耗。在安排粗加工或半精加工的切削进给路线时，应同时兼顾被加工零件的刚性及加工的工艺性等要求。

三、数控车削刀具的选择

刀具的选择是数控加工工艺中的重要内容，它不但影响数控车床的加工效率，而且直接影响加工质量。与传统加工方法相比，数控加工对刀具的要求在刚性和使用寿命方面更为严格，应根据数控车床的加工能力、工件材料的性能、加工工序、切削用量及其他相关因素正确选用刀具和刀柄。

选择刀具的总原则：既要求精度高、强度大、刚性好、使用寿命长，又要求尺寸稳定，安装调整方便。在满足加工要求的前提下，应尽量选择较短的刀柄，以提高刀具的刚性，并应便于编程和操作。车削内、外轮廓时，须防止主、副后刀面与工件表面发生干涉，应根据零件的结构特征选择相应的主、副偏角，必要时可通过作图计算检验。

目前所使用的金属切削刀具的材料主要有五类：高速钢、硬质合金、陶瓷、立方氮化硼（CBN）和聚晶金刚石。各种切削刀具的结构及材料的选择原则如下：

1）根据数控加工对刀具的要求，选择刀具材料的一般原则是尽量选用硬质合金刀具。只要加工情况允许选用硬质合金刀具，就不选用高速钢刀具。

2）陶瓷刀具不仅可用于加工各种铸铁和钢材，也适用于加工非铁金属材料和非金属材料。使用陶瓷刀片时，无论什么情况都要用负前角，为了不易崩刃，必要时可将刃口倒钝。

3）金刚石和立方氮化硼都属于超硬刀具材料，可用于加工任何硬度的工件材料。它们具有很高的切削性能，加工精度高，表面粗糙度值小，一般需要使用切削液。聚晶金刚石刀片一般用于加工非铁金属材料和非金属材料；立方氮化硼刀片一般适于加工冷硬铸铁、合金结构钢、工具钢、高速钢、轴承钢,以及硬度不小于350HBW的镍基合金、钴基合金和高钴粉末冶金零件。

4)从刀具的结构应用方面来说,数控加工应尽量采用镶块式机夹可转位刀片,以缩短刀具磨损后的更换和预调时间。

5)选用涂层刀具可提高耐磨性和使用寿命。

选择加工刀具时,应考虑被加工的几何要素、材料和加工性质等因素,对这些因素进行综合分析后,便可确定刀具的类型、几何参数和刀片的形状等。

四、数控车削切削用量的选择

数控车床加工中的切削用量包括主轴转速或切削速度、进给速度或进给量及背吃刀量。切削用量选择得是否合理对切削力、刀具磨损、加工质量和加工成本均有显著的影响。选择切削用量时,应在保证加工质量和刀具使用寿命的前提下,充分发挥数控车床的性能和刀具的切削性能,使切削效率提高,加工成本降低。切削用量的大小应根据加工方法合理选择,并在编程时将切削用量数值编入程序中。

选择切削用量的原则:粗加工时,一般以提高生产效率为主,兼顾经济性和加工成本;半精加工和精加工时,应在保证加工质量的前提下,兼顾切削效率、经济性和加工成本。其具体数值应根据数控车床说明书、切削用量手册,并结合经验而定。

(1)背吃刀量的确定 背吃刀量应在数控车床、工件和刀具刚度允许的情况下,根据加工余量确定。加工时,应尽量选取较大的背吃刀量,以减少进给次数,提高生产效率。当零件精度要求较高时,通常留0.2~0.5mm的精车余量。

(2)主轴转速的确定 在保证刀具使用寿命及切削负荷不超过数控车床额定功率的情况下,主轴转速应根据零件上被加工部位的直径,并按零件和刀具的材料及加工性质等条件确定。

(3)进给速度的确定 进给速度的大小直接影响表面粗糙度值和切削效率,因此应在保证表面质量的前提下,尽量选择较高的进给速度。一般根据零件的表面粗糙度、刀具及工件的材料等因素,查阅切削用量手册进行选择。

表0-10为硬质合金外圆车刀切削速度的参考值,表0-11为硬质合金车刀粗车外圆及端面的进给量,表0-12为按表面粗糙度值选择进给量的参考值。

表0-10 硬质合金外圆车刀切削速度的参考值

工件材料	热处理状态	$a_p = 0.3 \sim 2$mm $f = 0.08 \sim 0.3$mm/r $v_c/$(m/min)	$a_p = 2 \sim 6$mm $f = 0.3 \sim 0.6$mm/r $v_c/$(m/min)	$a_p = 6 \sim 10$mm $f = 0.6 \sim 1$mm/r $v_c/$(m/min)
低碳钢	热轧	140~180	100~120	70~90
	热轧	130~160	90~110	60~80
中碳钢	热轧	130~160	90~110	60~80
	调质	100~130	70~90	50~70
合金结构钢	热轧	100~130	70~90	50~70
	调质	80~110	50~70	40~60

（续）

工件材料	热处理状态	$a_p=0.3\sim2\text{mm}$ $f=0.08\sim0.3\text{mm/r}$ $v_c/(\text{m/min})$	$a_p=2\sim5\text{mm}$ $f=0.3\sim0.6\text{mm/r}$ $v_c/(\text{m/min})$	$a_p=6\sim10\text{mm}$ $f=0.6\sim1\text{mm/r}$ $v_c/(\text{m/min})$
工具钢	退火	90~120	60~80	50~70
灰铸铁	硬度<190HBW	90~120	60~80	50~70
灰铸铁	硬度=190~225HBW	80~110	50~70	40~60
高锰钢	—	—	10~20	—
铜及铜合金	—	200~250	120~180	90~120
铝及铝合金	—	300~600	200~400	150~200
铸铝合金	—	100~180	80~150	60~100

表0-11　硬质合金车刀粗车外圆及端面的进给量

工件材料	车刀刀杆尺寸 $B/\text{mm}\times H/\text{mm}$	工件直径 d_w/mm	背吃刀量 a_p/mm				
			≤3	3~5	5~8	8~12	>12
			进给量 $f/(\text{mm/r})$				
碳素结构钢、 合金结构钢、 耐热钢	16×25	20	0.3~0.4	—	—	—	—
		40	0.4~0.5	0.3~0.4	—	—	—
		60	0.5~0.7	0.4~0.6	0.3~0.5	—	—
		100	0.6~0.9	0.5~0.7	0.5~0.6	0.4~0.5	—
		400	0.8~1.2	0.7~1.0	0.6~0.8	0.5~0.6	—
	20×30、25×25	20	0.3~0.4	—	—	—	—
		40	0.4~0.5	0.3~0.4	—	—	—
		60	0.5~0.8	0.5~0.8	0.4~0.6	—	—
		100	0.8~1.0	0.7~0.9	0.5~0.7	0.4~0.7	—
		400	1.2~1.4	1.0~1.2	0.8~1.0	0.6~0.9	0.4~0.6
铸铁、铜合金	16×25	40	0.4~0.5	—	—	—	—
		60	0.5~0.8	0.5~0.8	0.4~0.5	—	—
		100	0.8~1.2	0.7~1.0	0.6~0.8	0.5~0.7	—
		400	1.0~1.4	1.0~1.2	0.8~1.0	0.6~0.8	—
	20×30、25×25	40	0.4~0.5	—	—	—	—
		60	0.5~0.9	0.5~0.8	0.4~0.7	—	—
		100	0.9~1.3	0.8~1.2	0.7~1.0	0.5~0.8	—
		400	1.2~1.8	1.2~1.6	1.0~1.3	0.9~1.1	0.7~0.9

表0-12　按表面粗糙度值选择进给量的参考值

工件材料	表面粗糙度值 $Ra/\mu\text{m}$	切削速度范围 $v_c/(\text{m/min})$	刀尖圆弧半径 r_g/mm		
			0.5	1.0	2.0
			进给量 $f/(\text{mm/r})$		
铸铁、青铜、 铝合金	5~10	不限	0.25~0.40	0.40~0.50	0.50~0.60
	2.5~5		0.15~0.25	0.25~0.40	0.40~0.60
	1.25~2.5		0.10~0.15	0.15~0.20	0.20~0.35

(续)

工件材料	表面粗糙度值 $Ra/\mu m$	切削速度范围 $v_c/(m/min)$	刀尖圆弧半径 r_g/mm		
			0.5	1.0	2.0
			进给量 $f/(mm/r)$		
碳钢、合金钢	5~10	<50	0.30~0.50	0.45~0.60	0.55~0.70
		>50	0.40~0.55	0.55~0.65	0.65~0.70
	2.5~5	<50	0.18~0.25	0.25~0.30	0.30~0.40
		>50	0.25~0.30	0.30~0.35	0.30~0.50
	1.25~2.5	<50	0.10	0.11~0.15	0.15~0.22
		50~100	0.11~0.16	0.16~0.25	0.25~0.35
		>100	0.16~0.20	0.20~0.25	0.25~0.35

切削用量的确定除了应遵循"切削用量选择"的有关规定外,还应考虑以下因素。

1) 刀具差异。不同厂家生产的刀具的质量差异较大,因此必须根据实际使用的刀具和现场经验对切削用量加工调整。

2) 数控车床的特性。切削用量受数控车床电动机的功率和数控车床刚性的限制,必须在说明书规定的范围内选取,避免因功率不够而发生闷车,因刚性不足而产生大的机床变形或振动,从而影响加工精度和表面粗糙度的情况。

3) 数控车床的生产效率。数控车床的工时费用较高,刀具损耗费用所占的比重较低,应尽量用大的切削用量,通过适当降低刀具寿命来提高数控车床的生产效率。

五、数控车削加工工艺技术文件的编写

数控加工工艺文件既是数控加工、产品验收的依据,又是操作者应遵守、执行的规程,还为重复使用做了必要的工艺资料积累。数控加工工艺文件主要包括数控加工工序卡、刀具卡和数控加工程序单。

1. 数控加工工序卡

数控加工工序卡是编制加工程序的主要依据,也是操作人员进行数控加工的指导性文件。数控加工工序卡包括工步号、工步内容、各工步使用的刀具和切削用量等,见表0-13。

表0-13 数控加工工序卡

数控加工工序卡		产品名称	零件图号		夹具名称		工序号
工步号	工步内容	切削用量			刀具		备注
		主轴转速 $n/(r/min)$	进给量 $f/(mm/r)$	背吃刀量 a_p/mm	编号	名称	
编制		审核		批准		共1页	第1页

2. 刀具卡

数控加工对刀具的要求十分严格。刀具卡主要包括刀具号、刀具名称及规格、刀具参数等，见表0-14。

表0-14　刀具卡

序　号	刀具号	刀具名称及规格	刀尖圆弧半径	加工表面	备　注

3. 数控加工程序单

数控加工程序单是操作者根据工艺分析，经过数值计算，按照数控车床数控系统指令代码特点编制的。它是记录数控加工工艺过程、工艺参数、位移数据的清单，是手动数据输入实现数控加工的主要依据，见表0-15。

表0-15　数控加工程序单

序　号		零件图号		编程原点	
程序号		数控系统		编　制	
程　序			说　明		

1. 试述数控车削加工工艺的主要内容。
2. 数控车削切削刀具的选择原则是什么？
3. 数控车削切削用量的选择原则是什么？

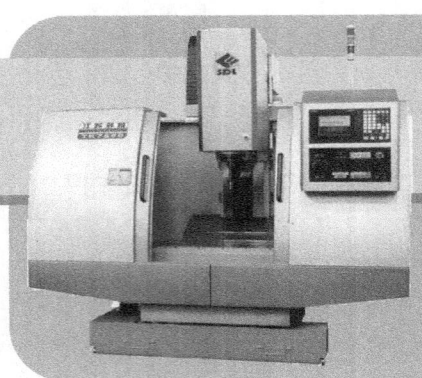

第四章 数控系统编程

第一节 数控系统编程概述

一、数控车床坐标系统

数控车床坐标系统分为机床坐标系和工件坐标系。根据国家标准 GB/T 19660—2005，无论使用哪种坐标系，都规定车床主轴轴线的方向为坐标系的 Z 轴，从卡盘至尾座的方向为 Z 轴的正方向；规定在水平面内与车床主轴轴线垂直的方向为 X 轴，刀具远离主轴旋转中心的方向为 X 轴的正方向。

1. 机床原点和机床坐标系

机床原点是机床上的一个固定点。对于数控车床，机床原点位于主轴端面与主轴轴线相交的点。以机床原点为坐标系原点建立的直角坐标系为机床坐标系。

机床坐标系是机床故有的坐标系，在机床出厂前已经调整好，不允许用户随意变动。

2. 工件原点和工件坐标系

工件坐标系是由编程人员根据零件图样及加工工艺，以零件上某一固定点为原点建立的坐标系，又称为编程坐标系或工作坐标系。工件原点的位置是根据工件的特点人为设定的，所以也称为编程原点。

二、数控编程的步骤

数控编程的步骤如图 0-5 所示。

1. 分析零件图，制订加工方案

编程人员根据零件图样对工件的形状、尺寸、技术要求进行分析，然后选择加工方案，确定加工顺序、加工路线、装夹方式、刀具类型及切削参数。

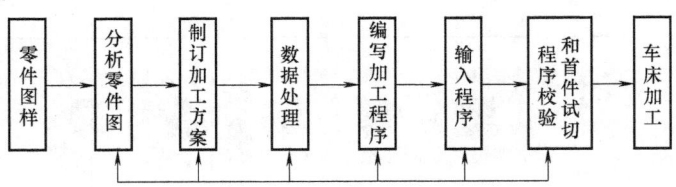

图 0-5 数控编程的步骤

2. 数据处理

确定工艺方案后，根据零件图的几何尺寸、确定的工艺路线及设定的坐标系，计算零件粗、精加工的各运动轨迹，得到刀位数据。

3. 编写加工程序

根据制订的加工工艺路线、切削用量、刀具补偿量、辅助动作及刀具运动轨迹等条件，按照车床数控系统规定的功能指令代码及程序格式，逐段编写加工程序。

4. 输入程序

通过手动数据输入或通过计算机将程序传送至车床数控系统。

5. 程序校验和首件试切

通过数控车床的图形模拟功能，可以对零件加工程序进行刀具运动轨迹的仿真模拟，检查运动轨迹是否正确。但由于这样只能大致检查出刀具的运行轨迹是否正确，不能检查出被加工零件的加工精度，因此有必要进行零件的首件试切。当发现有加工误差时，应分析误差产生的原因，找出问题所在，并加以修正。

三、数控编程的方法

1. 手工编程

加工形状简单的零件时，手工编程比较简单，程序不复杂，而且经济、及时。因此，在点定位加工及由直线与圆弧组成的轮廓加工中，手工编程仍广泛应用。

2. 自动编程

自动编程是用计算机及相应的 CAD/CAM 软件编制数控加工程序的过程。常见的软件有 Mastercam、UG、Pro/E、CAXA 制造工程师等。

四、数控编程的格式

每种数控系统，根据其本身的特点及编程的需要，都有一定的程序格式。对于不同的车床，其程序的格式也不同。因此，编程人员必须严格按照车床说明书的规定格式进行编程。

1. 程序的结构

一个完整的程序由程序号、程序内容和程序结束三部分组成。

例如：

O0001；　　　　　　　　　　　程序号
N01　G92 X40 Y30；
N02　G90 G00 X28 T01 S800 M03；
N03　G01 X-8 Y8 F200；
N04　X0 Y0；　　　　　　　　　程序内容
N05　X28 Y30；
N06　G00 X40；
N07　M02；　　　　　　　　　　程序结束

（1）程序号　程序号即程序的开始部分，为了区别存储器中的各程序，每个程序都要有程序编号，编号前是程序编号的地址码。例如，在 FANUC 系统中，一般采用英文字母 O 作为程序编号地址。

（2）程序内容　程序内容部分是整个程序的核心，由许多程序段组成，每个程序段由一个或多个指令构成。程序内容表示数控车床要完成的全部动作。

（3）程序结束　程序结束以程序结束指令 M02 或 M30 为整个程序结束的符号。

2. 程序段格式

零件的加工程序是由程序段组成的，每个程序段由若干个数据字组成，而数据字由表示地址的英文字母、特殊文字和数字集合而成。

程序段格式由语句号字、数据字和程序段结束符组成。各字前有地址，各字的排列顺序要求不严格，数据的位数可多可少，不需要的字以及与上一程序段相同的续效字可以不写。

例如：N20 G01 X25 Y-36 F100 S300 T02 M03；

其中　N＿＿为语句号字；

　　　　G＿＿为准备功能字；

　　　　X＿＿Y＿＿为尺寸字；

　　　　F＿＿为进给功能字；

　　　　S＿＿为主轴转速功能字；

　　　　T＿＿为刀具功能字；

　　　　M＿＿为辅助功能字；

　　　　；为程序段结束符。

在程序段中，除程序段号与程序段结束符外，其余各字的顺序并不严格，可先可后，但为了便于编写，习惯上可按 N、G、X、Z、…、F、S、T、M 的顺序编程。

第二节　数控车床常用编程指令

一、G00 与 G01 指令

1. 指令格式及功能

G00 指令格式：G00 X(U)＿＿　Z(W)＿＿；

快速定位，刀具快速移动并定位在指令的目标点。该指令主要用于刀具的快进、快退及刀具的空行程运动。G00 指令为模态代码。

G01 指令格式：G01 X(U)＿＿　Z(W)＿＿　F＿＿；

直线插补，刀具按程序给定的进给速度 F 直线运动到指令目标点。该指令主要用于刀具的切削运动。G01 指令为模态代码。

2. 说明

1）X、Z 表示目标点绝对坐标。

2）U、W 表示目标点相对刀具当前点的相对坐标位移。

3）X（U）坐标按直径输入。

例 0-1　加工如图 0-6 所示的零件，已知材料为 45 钢，毛坯尺寸为 φ60mm×100mm，编写零件的加工程序。

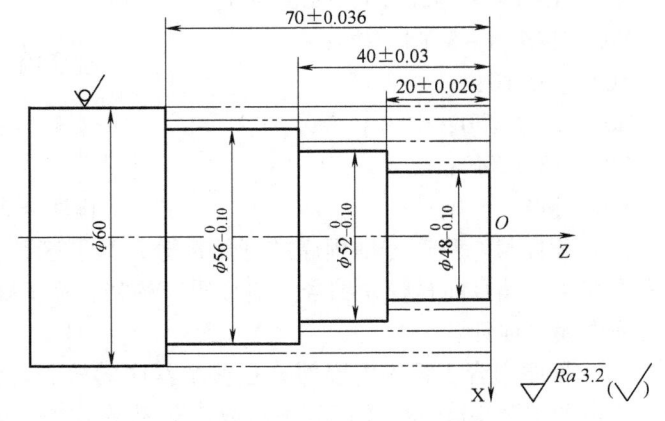

图 0-6　G00、G01 指令应用实例

3. 零件加工参考程序(表 0-16)

表 0-16 参考程序

程序内容	简要说明
O0002;	
N010 M03 S600 T0101;	主轴正转,转速为 600 r/min,换 1 号刀
N020 M08;	打开切削液
N030 G00 X57.0 Z2.0;	快速进给,准备粗车 φ56mm 外圆
N040 G01 Z-70.0 F0.3;	粗车 φ56mm 外圆,进给量为 0.3mm/r
N050 G00 X58.0 Z2.0;	快速退刀
N060 X53.0;	快速进给,准备粗车 φ52mm 外圆
N070 G01 Z-40.0;	粗车 φ52mm 外圆
N080 G00 X55.0 Z2.0;	快速退刀
N090 X49.0;	快速进给,准备粗车 φ48mm 外圆
N100 G01 Z-20.0;	粗车 φ48mm 外圆
N110 G00 X50.0 Z2.0;	快速退刀
N120 S800;	设定主轴转速为 800r/min
N130 X47.95;	快速进给,准备精车 φ48mm 外圆
N140 G01 Z-20.0 F0.1;	精车 φ48mm 外圆至要求尺寸,进给量为 0.1mm/r
N150 X51.95;	精车 φ52mm 端面至要求尺寸
N160 Z-40.0;	精车 φ52mm 外圆至要求尺寸
N170 X55.95;	精车 φ56mm 端面至要求尺寸
N180 Z-70.0;	精车 φ56mm 外圆至要求尺寸
N190 X62.0;	精车 φ60mm 端面至要求尺寸
N200 G00 X200.0 Z100.0 M05;	快速退刀,回换刀点
N210 M30;	程序结束

二、G02 与 G03 指令

1. 指令格式及功能

G02 为顺时针方向圆弧插补,G03 为逆时针方向圆弧插补。

格式一:用圆弧半径 R 指定圆心位置,即

G02   X(U)__   Z(W)__   R__   F__;

G03   X(U)__   Z(W)__   R__   F__;

格式二:用 I、K 指定圆心位置,即

G02   X(U)__   Z(W)__   I__   K__   F__;

G03   X(U)__   Z(W)__   I__   K__   F__;

2. 说明

1)X、Z 为圆弧终点的绝对坐标,直径编程时 X 为实际坐标值的 2 倍。

2)U、W 为圆弧终点相对于圆弧起点的增量坐标。

3)R 为圆弧半径。

4)I、K 为圆心相对于圆弧起点的增量值,直径编程时 I 值为圆心相对于圆弧起点增量值的

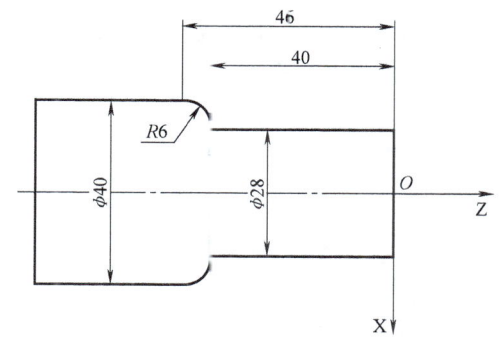

图 0-7 G02、G03 指令应用实例

2倍。当I、K与坐标轴方向相反时，I、K为负值。圆心坐标在圆弧插补中不能省略。

5）F为进给量。

例0-2　加工如图0-7所示的零件，已知材料为45钢，毛坯直径为φ45mm。

3. 零件加工参考程序

1）用I、K指定圆心的位置，进行绝对编程，程序如下：

……

N060　G00　X28.0　Z2.0；

N070　G01　Z-40.0　F0.3；

N080　G03　Z40.0　Z-46.0　I0　K-6.0　F0.15；

……

2）用圆弧半径R指定圆心的位置，进行绝对编程，程序如下：

……

N060　G00　X28.0　Z2.0；

N070　G01　Z-40.0　F0.3；

N080　G03　Z40.0　Z-46.0　R6.0　F0.15；

……

三、单一形状固定循环指令 G90、G94

在某些切削余量大、相同走刀轨迹次数多的情况中，可利用固定循环功能。一般用一个固定循环程序段即可指定多个单个程序段的加工轨迹。单一固定循环对简化程序非常有效。

1. 外（内）圆切削固定循环指令 G90

（1）指令格式　G90 X(U)__ Z(W)__ R__ F__；

（2）说明

1）X、Z为切削终点的绝对坐标值。

2）U、W为切削终点相对循环起点的增量值。

3）R为车削圆锥时切削起点与终点的半径差值。R值有正负号：若起点半径值小于终点半径值，则R取负值；反之，R取正值。

4）F为切削进给量，单位为mm/r。

例0-3　加工如图0-8所示的零件，已知毛坯为φ40mm×70mm的棒料，材料为45钢，要求加工φ25mm外圆至要求尺寸，试用外圆切削固定循环指令G90编写加工程序。

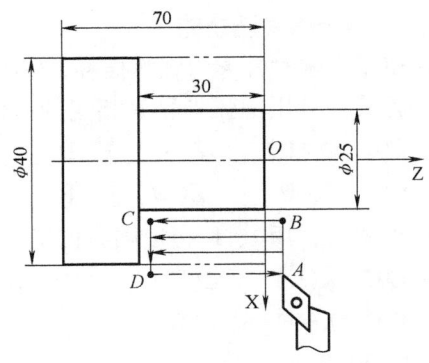

图0-8　G90指令应用实例

（3）零件加工参考程序（表0-17）

表0-17　零件加工参考程序

程序内容	简要说明
O0003；	
N010 M03 T0101 S600；	主轴正转，转速为600 r/min，换1号刀
N020 M08；	打开切削液
N030 G00 X42.0 Z2.0；	快速进给至循环起始点A

(续)

程序内容	简要说明
N040 G90 X35.0 Z-29.5 F0.2;	外圆切削循环第一次,进给量为 0.2mm/r
N050 X30.0;	外圆切削循环第二次
N060 X25.5;	外圆切削循环第三次
N070 G00 X25.0 Z2.0 S800;	快速进给,准备精车,主轴转速为 800r/min
N080 G01 Z-30.0 F0.1;	精车 φ25mm 外圆至要求尺寸,进给量为 0.1mm/r
N090 X40.0;	精车 φ40mm 右端面
N100 G00 X41.0;	
N110 G00 X200.0 Z100.0 M05;	快速退刀,回换刀点
N120 M30;	程序结束

2. 端面切削固定循环指令 G94

（1）指令格式　G94 X(U)__ Z(W)__ K(或R)F__;

（2）说明

1）X、Z 为端平面切削终点坐标值。

2）U、W 为端面切削终点相对于循环起点的增量值。

3）R 为端面切削始点至终点的位移在 Z 轴方向的坐标增量。

例 0-4　加工如图 0-9 所示的零件。已知毛坯为 φ75mm×50mm 的棒料,材料为 45 钢,要求加工 φ30mm 外圆至要求尺寸,试用端面切削固定循环指令 G94 编写加工程序。

（3）零件加工参考程序（表 0-18）

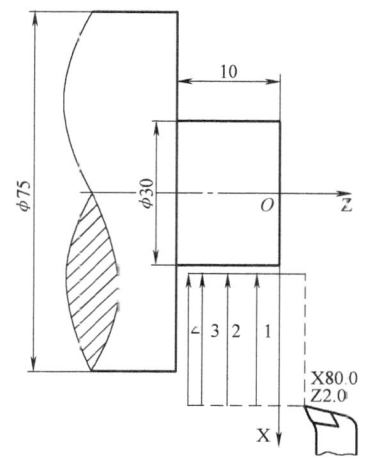

图 0-9　G94 指令应用实例

表 0-18　零件加工参考程序

程序内容	简要说明
O0004;	
N010 M03 S600 T0101;	主轴正转,转速为 600r/min,换 1 号刀
N020 M08;	打开切削液
N030 G00 X80.0 Z2.0;	快速进给至循环起始点
N040 G94 X30.0 Z-3.0 F0.2;	端面切削循环第一次,进给量为 0.2mm/r
N050 Z-6.0;	端面切削循环第二次
N060 Z-9.5;	端面切削循环第三次
N070 M03 S800;	主轴转速为 800 r/min,准备精车
N080 G94 X30.0 Z-10.0 F0.1;	精车端面至尺寸要求,进给量为 0.1mm/r
N090 G00 X200.0 Z100.0 M05;	快速退刀,回换刀点
N100 M30;	程序结束

四、复合形状固定循环指令 G71、G72、G73、G70

虽然使用单一形状固定循环指令能简化编程,但当被加工零件形状复杂、余量较大、需要较多次的重复切削时,就需要采用复合形状固定循环指令,使程序进一步简化。

1. 外径粗车固定循环指令 G71

(1) 指令格式　G71 U（Δd）　R(e)；

　　　　　　　G71 P(n_s)　Q(n_f)　U(Δu)　W(Δw)　F(f)　S(s)　T(t)；

(2) 说明

Δd：粗加工时的每次车削深度（半径量）；

e：粗加工时每次车削循环的 X 向退刀量；

n_s：精加工轮廓程序段中第一个程序段的顺序号；

n_f：精加工轮廓程序段中最后一个程序段的顺序号；

Δu：X 向的精加工余量（直径量）；

Δw：Z 向的精加工余量；

f、s、t：分别为粗加工循环中的进给速度、主轴转速与刀具功能。

2. 端面粗车固定循环指令 G72

(1) 指令格式　G72 W(Δd)　R(e)；

　　　　　　　G72 P(n_s)　Q(n_f)　U(Δu)　W(Δw)　F(f)　S(s)　T(t)；

(2) 说明　式中参数的含义与 G71 相同。

3. 仿形固定循环指令 G73

(1) 指令格式　G73 U（Δi）　W(Δk)　R(d)；

　　　　　　　G73 P(n_s)　Q(n_f)　U(Δu)　W(Δw)　F(f)　S(s)　T(t)；

(2) 说明

Δi：粗切时径向切除的总余量（半径值）；

Δk：粗切时轴向切除的总余量；

Δd：循环次数；

其他参数的含义与 G71 相同。

4. 精加工固定循环指令 G70

采用 G71、G72、G73 指令完成粗加工循环后，用 G70 指令可实现精加工。

(1) 指令格式　G70 P(n_s)　Q(n_f)；

(2) 说明

n_s：精加工轮廓程序段中第一个程序段的顺序号；

n_f：精加工轮廓程序段中最后一个程序段的顺序号。

例 0-5　已知零件毛坯的尺寸为 ϕ120mm × 180mm，材料为 45 钢。采用 G71、G70 指令，编制图 0-10 所示零件的粗、精加工程序。

(3) 零件加工参考程序（表 0-19）

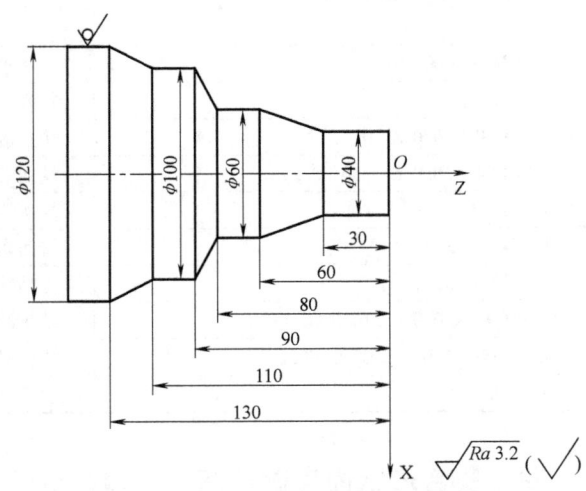

图 0-10　G71、G70 指令应用实例

表 0-19 零件加工参考程序

程序内容	简要说明
O0005；	
N010 M03 S300 T0101；	主轴正转,转速为 300 r/min,换 1 号刀
N020 M08；	打开切削液
N030 G00 X120.0 Z2.0；	快速进给至循环起始点
N040 G71 U2.5 R0.5；	定义外圆粗车循环,设背吃刀量为 2.5mm,退刀量为 0.5mm
N050 G71 P060 Q150 U0.5 W0.2 F0.2；	精车路线由 N060～N150 指定
N060 G00 X-1.0 S500；	快速进给,精车循环时主轴转速为 500 r/min
N070 G01 Z0.0 F0.1；	慢速进给,精车循环的进给量为 0.1mm/r
N080 X40.0；	车削右端面
N090 Z-30.0；	车削 ϕ40mm 外圆
N100 X60.0 Z-60.0；	车削圆锥
N110 Z-80.0；	车削 ϕ60mm 外圆
N120 X100.0 Z-90.0；	车削圆锥
N130 Z-110.0；	车削 ϕ100mm 外圆
N140 X120.0 Z-130.0；	车削圆锥
N150 G01 X122.0；	退刀
N160 G70 P060 Q150；	定义精车循环,精车各外圆表面
N170 G00 X200.0 Z100.0 M05；	快速退刀,回换刀点
N180 M30；	程序结束

五、螺纹切削指令 G32、G92、G76

螺纹加工是数控车床加工的一个重要内容。加工时,螺纹车刀的进给运动是严格根据输入的螺纹导程进行的。螺纹加工的类型分为内、外圆柱螺纹和圆锥螺纹,单线螺纹和多线螺纹,恒螺距螺纹和变螺距螺纹；而螺纹切削分为单行程螺纹切削、单一螺纹切削和复合螺纹切削。

1. 单行程螺纹切削指令 G32

（1）指令格式 G32 X(U)__ Z(W)__ F__；

（2）说明

1）X(U)、Z(W) 是螺纹底径终点坐标,其中 X、Z 是绝对值编程,U、W 是增量值编程；X 省略时为圆柱螺纹切削,Z 省略时为端面螺纹切削；X、Z 均不省略时为圆锥螺纹切削。

2）F 是螺纹导程。圆锥螺纹在 X 方向或 Z 方向各有不同的导程,程序中导程 F 的取值以两者中较大的值为准。加工端面螺纹时,其进给速度 F 的单位采用旋转进给率,即 mm/r。

例 0-6 试编写图 0-11 所示螺纹的加工程序。已知螺纹切削参数为：螺纹导程 $Ph=4$mm,切入量 $\delta_1=3$mm,切出量 $\delta_2=1.5$ mm,分两次切削,背吃刀量为 1mm。

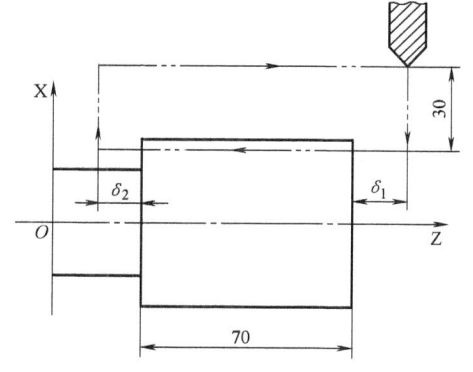

图 0-11 G32 指令应用实例

（3）零件加工参考程序（表0-20）

表0-20 零件加工参考程序

程序内容	简要说明
O0006；	
…	
N100 G00 U-62；	螺纹车刀快速运动到螺纹循环车削起始点
N110 G32 W-74.5 F4.0；	第一次螺纹车削
N120 G00 U62；	沿X向退刀
N130 W74.5；	沿Z向退刀
N140 U-64；	沿X向运动到第二次螺纹车削起点
N150 G32 W-74.5；	第二次螺纹车削
N160 G00 U64；	沿X向退刀
N170 W74.5；	沿Z向退刀
……	

2. 单一循环螺纹切削指令 G92

（1）指令格式　G92 X(U)＿ Z(W)＿ R＿ F＿；

（2）说明

1）X、Z为螺纹终点坐标值。

2）U、W为螺纹终点相对循环起始点的增量值。

3）F为螺纹导程，如果是单线螺纹，则F为螺距的大小。

4）R为圆锥螺纹起点与终点的半径差（单位为mm）。当X向切削起点坐标小于切削终点坐标时，R为负；反之为正。加工圆柱螺纹时，R=0。

例0-7　试用G92指令编写如图0-12所示 M24×1.5 螺纹的加工程序。

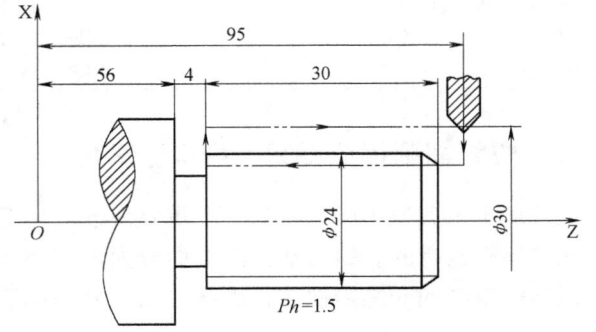

图0-12　G92指令应用实例

（3）零件加工参考程序（表0-21）

表0-21 零件加工参考程序

程序内容	简要说明
O0007；	
…	
G00 X30 Z95；	螺纹车刀快速运动到螺纹循环车削起始点
G92 X23.2 Z58 F1.5；	第一次螺纹车削循环
X22.6；	第二次螺纹车削循环
X22.2；	第三次螺纹车削循环
X22.04；	第四次螺纹车削循环
G00 X100 Z100；	退刀
……	

3. 复合循环螺纹切削指令 G76

（1）指令格式　G76 P(m)(r)(α)　Q(Δd_{min})　R(d)；

G76 X(U)__ Z(W)__ R(i) P(k) Q(Δd) F__;

（2）说明

m：精加工重复次数，从01~99。该参数为模态量，一旦指定，直到指定另一个值之前都不变；

r：螺纹尾端退刀长度，当导程（螺距）由 Ph 表示时，可以设定为 $0.1Ph$ ~ $9.9Ph$，系数为0.1的整数倍，用00~99的两位整数来表示，该参数为模态量。例如，若取系数为1.1，则 r = 1.1Ph，但程序中写为11；

α：刀尖角度（螺纹牙型角），可以选择80°、60°、55°、30°、29°和0°中的任意一个。该值由两位数规定，该参数为模态量；

m、r 和 α 用地址 P 同时指定，例如：m = 2、r = 1.2Ph、α = 60°，可表示为P021260；

Δd_{min}：最小背吃刀量，该值用不带小数点的半径量表示，单位为 μm，当车削过程中由程序计算的背吃刀量数值小于 Δd_{min} 时，则背吃刀量锁定为 Δd_{min} 值，该参数为模态量；

d：精加工余量，该值用带小数点的半径量表示，单位为 μm，该参数为模态量；

X（U） Z（W）：螺纹切削终点处的坐标。

i：螺纹大小端的半径差，i = 0 为圆柱螺纹，单位为 mm。

k：螺纹的牙型高度（X方向半径值，按 $h_b = 0.6495P$ 计算），通常为正，单位为 μm；

Δd：第一刀的背吃刀量，该值为半径值，单位为 μm；

F：螺纹导程，如果是单线螺纹，则该值为螺距，单位为 mm。

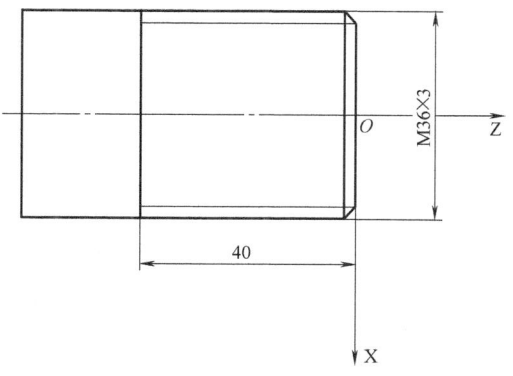

图 0-13 G76 指令应用实例

例 0-8 试用 G76 指令编写如图 0-13 所示外螺纹的加工程序（未考虑各直径的尺寸公差）。

（3）零件加工参考程序（表0-22）

表 0-22 零件加工参考程序

程序内容	简要说明
O0008;	
...	
T0202;	调用2号螺纹车刀
M03 S300;	主轴正转，转速为300r/min
G00 X38.0 Z6.0;	设定螺纹切削循环起始点
G76 P021060 Q50 R100;	精加工两次，精加工余量为0.1mm，倒角量等于螺距 P，牙型角为60°，最小背吃刀量为0.05mm
G76 X32.1 Z-40.0 P1949 Q500 F3.0;	设定牙型高度为1.3mm，第一刀背吃刀量为0.5mm
G00 X100.0 Z100.0;	退刀
......	

应用 G92、G76 等螺纹切削指令编制外螺纹的加工程序时，应注意循环起点的直径应比外螺纹的大径略大一些；相反地，在加工内螺纹时，循环起点的直径应比内螺纹的小径略小一些。

思考与练习

1. 数控编程包括哪些主要内容？
2. 简述 G70、G71、G72、G73 指令的区别。
3. 简述 G32、G92、G76 指令的区别。
4. 用 G76 指令写出车削螺纹 M28×2 的切削循环指令。

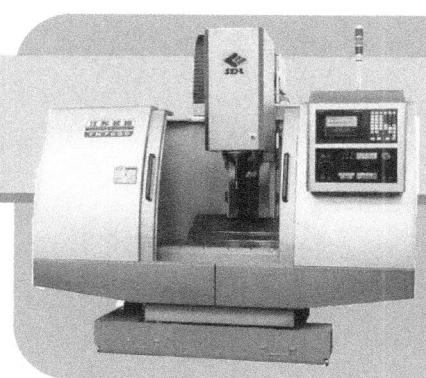

第五章 数控车削编程高级指令

第一节 刀尖圆弧半径补偿

在车削加工中，为提高刀尖强度，降低表面粗糙度值，车刀尤其是精车刀，常在刀尖处刃磨成圆弧过渡刃。由于该圆弧刃的存在，使得在加工圆锥和圆弧面时，会产生欠切或过切的现象，从而使工件尺寸产生加工误差。

一、刀尖圆弧半径的概念

任何一把刀具，不论制造或刃磨得如何锋利，在其刀尖部分都存在一个刀尖圆弧，其半径值难以准确地测量出来。编程时，若以假想刀尖位置为切削点，则编程会很简单。任何刀具都存在刀尖圆弧，车削外圆柱或端面时，刀尖圆弧的大小并无影响；车削倒角、锥面、圆弧或曲面时，刀尖圆弧的大小则会影响零件的加工精度。图 0-14 所示为刀尖圆弧半径补偿示意图。

数控系统的刀尖圆弧半径补偿功能正是为解决上述问题而设定的。它允许编程者以假想刀尖的位置编程，然后给出刀尖圆弧半径，由系统自动计算补偿值，生成刀具路径，完成对工件的加工。

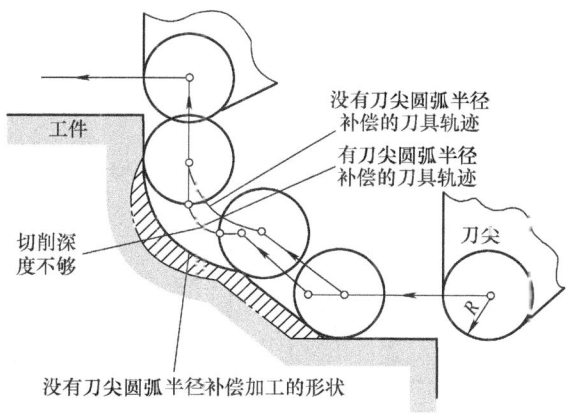

图 0-14 刀尖圆弧半径补偿示意图

二、刀尖圆弧半径补偿指令

编制轮廓切削加工的程序时，一般以工件的轮廓尺寸为刀尖轨迹，这样编制加工程序简单,即假设刀尖中心的运动轨迹沿工件轮廓运动,但实际的刀尖运动轨迹要与工件轮廓有一个偏移量(刀尖圆弧半径)。利用刀尖圆弧半径补偿功能可以方便地实现这一转变,简化程序的编制,数控车床可自动判断补偿的方向和补偿值的大小,自动计算出实际刀尖的中心轨迹,并按刀尖中心的轨迹运动。

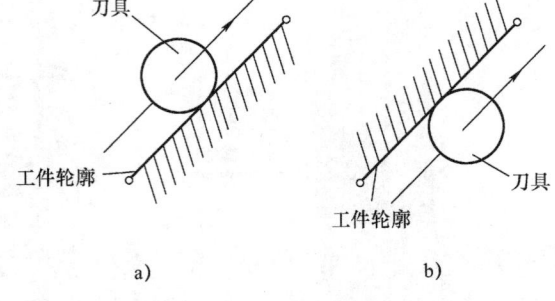

图 0-15 刀尖圆弧半径补偿
a) 刀尖圆弧半径左补偿 b) 刀尖圆弧半径右补偿

1. 刀尖圆弧半径补偿指令的种类

(1) G41 刀尖圆弧半径左补偿 如图 0-15a 所示,顺着刀具前进的方向看(假定工件不动),刀具位于工件轮廓的左边。

(2) G42 刀尖圆弧半径右补偿 如图 0-15b 所示,顺着刀具前进的方向看(假定工件不动),刀具位于工件轮廓的右边。

(3) G40 取消刀尖圆弧半径补偿指令

指令格式:$\begin{Bmatrix} G41 \\ G42 \\ G40 \end{Bmatrix} \begin{Bmatrix} G01 \\ G00 \end{Bmatrix}$ X(U)__ Z(W)__;

说明:G41、G42、G40 指令必须与 G01 或 G00 指令组合完成;X(U)、Z(W) 是 G01、G00 指令的目标点坐标。

2. 刀尖圆弧半径补偿量的设定

刀尖圆弧半径补偿的建立与取消只能使用 G00 或 G01 指令,不能使用 G02 或 G03 指令。在刀尖圆弧半径补偿寄存器中,定义了车刀圆弧半径及刀尖的方向号。

根据车刀的形状确定位置参数。数控车削使用的刀具有很多种,不同类型的车刀,其刀尖圆弧所处的位置也不同。如图 0-16 所示,车刀的形状和位置用刀尖方位参数 T 表示,点 A 为假想的刀尖点,刀尖的方位参数共有 8 个,当使用刀尖圆弧中心编程时,可以选用 0 或 9。图 0-16a 所示为刀架前置的数控车床的假想刀尖位置,图 0-16b 所示为刀架后置的数控车床的假想刀尖位置。

三、应用举例

零件如图 0-17 所示,采用刀尖圆弧半径补偿编程,编程原点选在工件右端面的中心处,

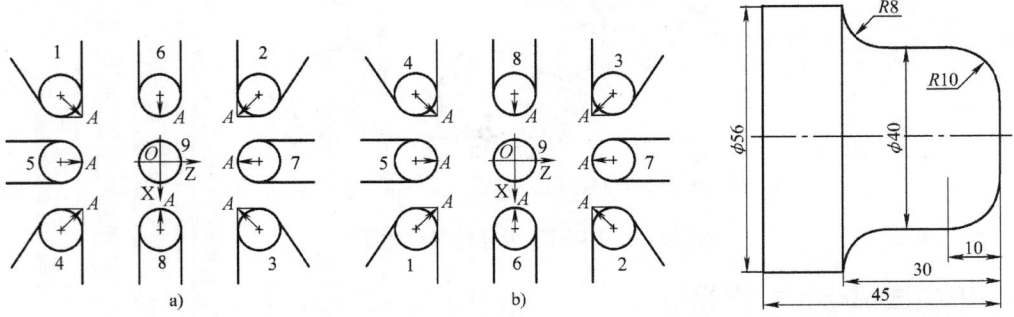

图 0-16 车刀刀尖位置参数的定义
a) 刀架前置 b) 刀架后置

图 0-17 刀尖圆弧半径补偿应用举例

在配置后置刀架的数控车床上进行加工。其数控加工程序见表0-23。

表0-23 刀尖圆弧半径补偿应用的数控加工程序

程　　序	说　　明
O0021;	程序名
N5　T0101;	调用1号刀(90°外圆车刀)
N10　M03　S1000;	设定转速
N15　G00　X60　Z20;	车刀快速定位
N20　X60　Z0;	准备车削端面
N25　G01　X0　F0.15;	车削端面
N30　G00　X150　Z150;	刀具回换刀点
N35　T0202;	调用2号刀(25°精车刀)
N40　G00　X65　Z10;	精车外圆
N45　G42　G01　X60　Z0　F0.15;	
N50　X20;	
N55　G03　X40　Z-10　R10;	
N60　G01　W-12;	
N65　G02　X56　Z-30　R8;	
N70　G01　Z-50;	
N75　G40　G00　X60　Z-55;	
N80　X150　Z150　M05;	刀具回换刀点,主轴停转
N85　M30;	程序结束

第二节　子程序

一、子程序的概念

在某些被加工的零件中,常常会出现几何形状完全相同的加工轨迹,编制其加工程序时,有一些固定顺序和重复模式的程序段,通常在几个程序中都会使用。这种典型的加工程序段可以做成固定程序,并单独命名,这些程序就称为子程序。

子程序可以被主程序调用,子程序也可以调用另一个子程序。主程序调用的子程序称为1级嵌套,子程序的调用最多可嵌套4级,如图0-18所示。

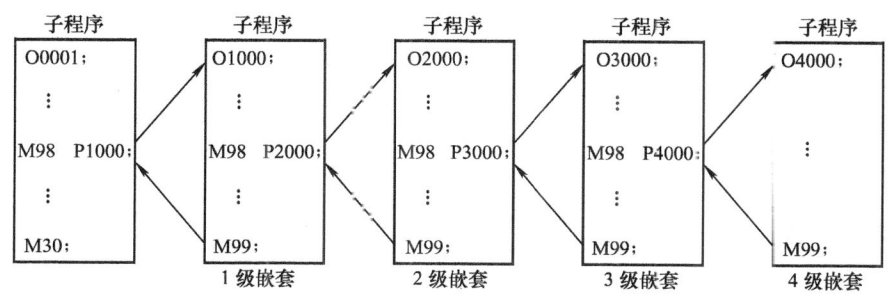

图0-18　子程序的嵌套

二、子程序的调用与返回指令

(1) 子程序的调用指令 M98

指令格式 1：M98 P__ L__；

其中，P——子程序号；

L——重复调用子程序的次数，若为 1 次，可省略。

指令格式 2：M98 P○□□□□；

其中，○——重复调用子程序的次数，若为 1 次，可省略；

□□□□——子程序号。

例：M98 P30023；表示程序号为 0023 的子程序被连续调用 3 次。

(2) 子程序的返回指令 M99

指令格式：M99；

M99 作为子程序的最后一个程序段，表示子程序结束，并返回主程序中相对应的 M98 指令的下一个程序段继续执行。

三、应用举例

加工如图 0-19 所示的零件，已知毛坯为 $\phi35$mm 的棒料。

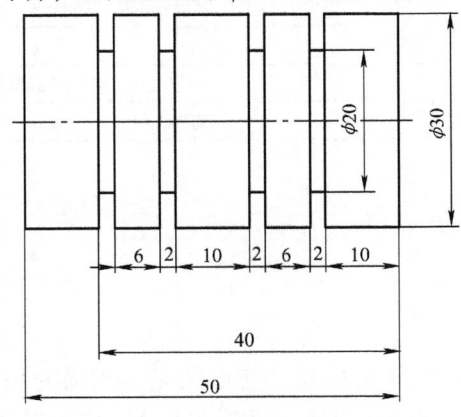

图 0-19　子程序应用举例

刀具：T0101 外圆车刀，T0303 车槽刀，宽度为 2mm，其数控加工程序见表 0-24。

表 0-24　数控加工程序

程　序	说　明
O0022；	程序名
N10　M03　S600　T0101；	设定转速，换 1 号刀
N20　G00　X35　Z0；	车削端面
N30　G01　X-1　F0.2；	
N40　G00　Z2；	
N50　G00　X30；	

(续)

程　序	说　明
N60　G01　Z-55　F0.2;	车削外圆
N70　X35;	
N80　G00　X100　Z100;	
N90　M03　S400　T0303;	换3号刀,设定转速
N100　X35　Z0;	快速移动至起刀点
N110　M98　P20221;	调用子程序O0221,调用2次
N120　G0　W-12;	快速移动至切断位置
N130　G01　X-1　F0.15;	切断
N140　G04　X0.5;	暂停0.5s
N150　G00　X100　Z100　M05;	回换刀点
N160　M30;	程序结束
O0221;	子程序名
N10　G00　W-12;	快速移动至切槽位置
N20　G01　U-15　F0.15;	切槽
N30　G04　X0.5;	停留0.5s
N40　G00　U15;	快速移动,径向退刀
N50　W-8;	快速移动至切槽位置
N60　G01　U-15　F0.15;	切槽
N70　G04　X0.5;	停留0.5s
N80　G00　U15;	快速移动,径向退刀
N90　M99;	子程序结束,返回主程序

第三节　宏程序

在加工一些非圆曲线轮廓,如椭圆、抛物线、双曲线等时,由于其要求计算的点位数较多,不能用以前学过的指令来编制程序,而必须用适应性较好的宏程序来编程。

一、用户宏程序

1. 用户宏程序的概念

通常把能够完成某一功能的系列指令存入数控系统,用一个总指令来代表,使用时只须给出这个总指令就能够执行其功能。这一系列的指令称为宏程序。

用户宏程序的最大特点是可以实现变量赋值、加减运算、逻辑判断、条件转移判断及条件转移等功能,从而使程序应用更加灵活、方便。借助用户宏指令可以编制特殊轮廓零件的加工程序,减少手工编程时的繁琐数值计算,简化用户程序。

FANUC0i系统提供两种用户宏程序,即用户宏程序功能A和用户宏程序功能B。用户宏程序功能A是FANUC系统的标准配置功能,任何FANUC系统都具备此功能;用户宏程序功能 B 虽然不是 FANUC 系统的标准配置功能，但绝大部分的 FANUC 系统都支持用户宏程序功能 B。

2. 变量

（1）变量的表示方法　变量由变量符号"#"和后面的变量号组成，如#i（i = 1，2，…），也可由表达式表示量，如#［#1 + #2 − 60］。

（2）变量的使用　变量将跟随在一个地址后的数值用一个变量来代替，即引入了变量。

例：x = #1，若#1 = 36，则 x 为 36；

当#2 = 50 时，F#2 表示 F50。

（3）变量的类型　变量从功能上主要归纳为两种：系统变量，用于系统内部运算时各种数据的存储；用户变量，包括局部变量和公共变量，用户可以单独使用，系统将其作为处理资料的一部分。变量类型见表 0-25。

表 0-25　变量类型

变量名		类型	功能
#0		空变量	该变量总为空，没有值能赋予该变量
用户变量	#1 ~ #33	局部变量	局部变量只能在宏程序中存储数据，如运算结果。断电时，局部变量清除（初始化为空） 可以在程序中对其赋值
	#100 ~ #199、#500 ~ #999	公共变量	公共变量在不同宏程序中的意义相同（即公共变量对于主程序和从这些主程序调用的每个宏程序来说是公用的）。#100 ~ #199 数据在断电时清除（初始化为空），通电时复位到"0"；而#500 ~ #999 数据即使在断电时也不清除
#1000 以上		系统变量	系统变量用于读和写 CNC 运行时各种数据的变化，如刀具当前位置和补偿值等

（4）算术运算

1）算术运算符。包括 + 、− 、∗ 、／，分别表示加、减、乘、除。

2）函数运算。包括正弦（SIN）、余弦（COS）、正切（TAN）、平方根（SQRT）等。

3）逻辑运算。包括与（AND）、或（OR）、非（NOT）等。

4）条件运算符。包括等于（EQ）、不等于（NE）、大于（GT）、小于（LT）、大于等于（GE）、小于等于（LE）等。

5）混合运算表达式。将常量、函数及宏变量等用运算符按一定规则连接起来构成的表达式。

例如：#1 = 175 − COS［（#3 ∗ 55 ∗ PI/180）+ #2］；

#4 ∗ 9GE3；

3. 程序跳转功能

在程序中，使用 GOTO 语句和 IF 语句可以改变程序的流向，有三种转移和循环操作可供使用。

（1）无条件转移（GOTO 语句）　转移到标有顺序号 n 的程序段，当指定 1 ~ 99999 以外的顺序号时，出现报警，可用表达式指定顺序号。

格式：GOTO n；

例：GOTO 15；即转移至 15 行。

（2）条件转移（IF 语句） IF 之后指定条件表达式。当指定的表达式满足时，转移到标有顺序号 n 的程序段；如果指定的条件表达式不满足，则执行下一个程序段。

格式：IF［＜条件表达式＞］GOTO n；

（3）循环（WHILE 语句） 在 WHILE 后指定一个条件表达式，当指定条件满足时，执行 DO 到 END 之间的程序。否则转到 END 后的程序段。

格式：WHILE［＜条件表达式＞］ DO m；

END m；

其中 m 为 1、2、3。

二、用户宏程序功能 B

用户宏程序功能 B 包括宏程序非模态调用、宏程序模态调用、用 G 代码调用宏程序、用 M 代码调用宏程序、用 M 代码调用子程序、用 T 代码调用子程序六种调用方法。

1. 宏程序非模态调用指令 G65 的编程格式

功能：指定 G65 时，调用以地址 P 指定的用户宏程序，数据（自变量）能传递到用户宏程序中。

格式：G65 P__ L__＜自变量赋值＞；

其中，P__——要调用的程序号；

L__——重复次数（默认值为 1）。

＜自变量赋值＞——自变量赋值由地址符及数值（带小数点）构成，由它给宏程序中相应的变量赋予实际数值。

2. 自变量赋值

自变量赋值又称为自变量指定，即当向用户宏程序本体传递数据时，须由自变量赋值来指定，其值可以有符号和小数点，且与地址无关。这里使用的是局部变量（#1～#3，共有 33 个），与其对应的自变量赋值共有以下两种类型。

自变量赋值 I：用英文字母后加数值进行赋值。除了 G、L、O、N 和 P 之外，其余 21 个英文字母都可以给自变量赋值，每个字母赋值一次。赋值不必按字母顺序进行，但使用 I、J、K 时，必须按字母顺序指定（赋值），不赋值的地址可以省略。

自变量赋值 II：使用 A、B、C 和 Ii、Ji、Ki（i 为 1～10）赋值，同组的 I、J、K 必须按字母顺序指定，不赋值的地址可以省略。

自变量赋值的其他说明如下：

1）自变量赋值 I、II 的混合使用。CNC 内部自动识别自变量赋值 I 和 II，如果由自变量赋值 I 和 II 混合赋值，则较后赋值的自变量类型有效（以从左到右的书写顺序为准，左为先、右为后）。建议在实际编程时，使用自变量赋值 I 进行赋值。

2）小数点的问题。没有小数点的自变量数据的单位为各地址的最小设定单位。传递的没有小数点的自变量的值，将根据数控车床实际的系统配置而定。建议在宏程序调用中一律使用小数点。

3) 调用嵌套。调用可以4级嵌套,包括非模态调用(G65)和模态调用(G66),但不包括子程序调用(M98)。

4) 局部变量的级别。局部变量嵌套从0级到4级,主程序为0级。用G65或G66指令调用宏程序时,每调用一次(2级、3级、4级),局部变量级别加1,而前一级的局部变量值保存在CNC中,即每级局部变量(1级、2级、3级)被保存,下一级的局部变量(2级、3级、4级)被准备,可以进行自变量赋值。在宏程序中执行M99时,控制返回到调用的程序,此时局部变量级别减1,并恢复宏程序调用时保存的局部变量值,即上一级被储存的局部变量被恢复,如同它被储存一样,而下一级的局部变量被清除。

3. 模态调用指令 G66

格式:G66 P__ L__ <自变量赋值>;
　　　…
　　　G67;(取消用户宏程序)

功能:当程序执行了模态调用指令G66后,在G67指令取消之前,每执行一段有移动指令的程序段,就调用一次宏程序;在G66的程序段和没有移动命令的程序段不执行模态调用宏程序指令。

4. G 代码调用宏程序

在主程序中,除了可以用G65、G66指令调用宏程序外,还可以用G代码调用宏程序。将调用宏程序用的G代码号设定在系统参数上,然后就可以像G65非模态调用指令一样调用宏程序。

格式:G××<自变量赋值>;
G××为调用宏程序的G代码。

为了实现用G代码调用宏程序的目的,需要将宏程序名与参数系统号进行对应设置。

三、应用举例

1. 椭圆的加工

加工如图0-20所示的工件,其毛坯为 $\phi50mm \times 80mm$ 的45钢棒料,刀具为93°菱形外圆精车刀。椭圆长半轴为15mm,短半轴为12mm,椭圆长轴为Z轴,短轴为X轴。

椭圆编程的思路是:把整个椭圆分为N段,每段以直线段连接,当线段的数量分得足够多时,即可认为是椭圆了。应根据椭圆要求的加工精度对椭圆进行分段,精度要求越高,线段数量也越多。编制加工程序时,应主要考虑各点如何选取,并找出其中规律。根据椭圆的参数方程,椭圆上任意一点的坐标为 $X = a\cos\alpha$、$Y = b\sin\alpha$,可以每隔10°确定一点,将各点直线连接即可。如果精度达不到要求,可以将10°变为5°或1°等。

根据标准方程 $\dfrac{(X-8.5)^2}{12^2} + \dfrac{(Z+30)^2}{15^2} = 1$

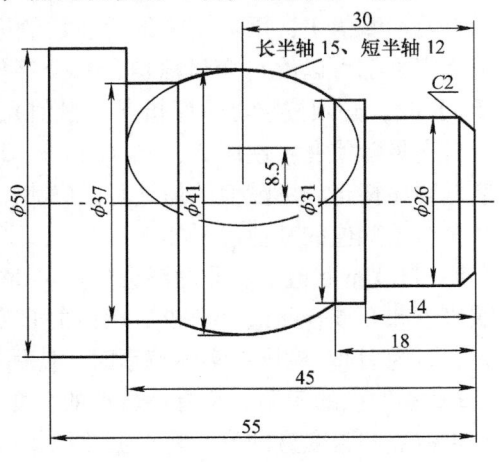

图 0-20 宏程序应用举例1

得参数方程为 $X-8.5=12\sin\alpha$；$Z+30=15\cos\beta$。

经计算 $\alpha=35.685°$（起始角）；$\beta=123.557°$（终止角）。

即椭圆的角度从 $\alpha=35.685°$ 到 $\beta=123.557°$，要加工成图样所示的形状和尺寸，其数控加工程序见表0-26。

表0-26 椭圆数控加工程序

程 序	说 明
O0023；	程序名
N05　M03　S600　T0101；	仿形加工
N10　G00　X50　Z5；	
N15　G73　U11　R11；	
N20　G73　P25　Q110　U0.8　W0　F0.2；	循环语句体从行号为25处开始，到行号为110处结束；精加工余量为单边0.8mm，粗加工进给量为0.2mm/r
N25　G00　X22；	快速移动，精加工轮廓开始
N30　G01　G42　Z0　F0.1；	建立刀尖圆弧半径补偿
N35　G01　X26　Z-2；	倒角
N40　G01　Z-14；	车削外圆
N45　G01　X31　C1；	倒角
N50　G01　Z-18；	车削外圆
N55　#1=35.685；	起始角赋值
N60　WHILE　[#1　LE　123.557]　DO1；	当起始角小于123.557°时，执行以下程序
N65　#2=24*SIN[#1]；	根据参数方程计算X向数值
N70　#3=15*COS[#1]；	根据参数方程计算Z向数值
N75　G01　X[#2+17]　Z[#3-30]；	刀具移动到指定坐标
N80　#1=#1+1；	每次步进1°
N85　END1；	循环结束
N90　G01　Z-45；	精加工轮廓
N95　G01　X48　C1；	
N100　G01　Z-55；	
N105　G01　X50；	
N110　G00　Z5；	精加工轮廓结束
N115　G00　G40　X100　Z100　M05；	刀尖圆弧半径补偿取消，主轴停转
N120　M00；	程序暂停，测量工件尺寸
N125　M03　S1000　T0202；	精车循环
N130　G00　X50　Z5；	
N135　G70　P1　Q2；	
N140　G00　G40　X100　Z100　M05；	刀尖圆弧半径补偿取消，主轴停转
N145　M30；	程序结束

说明：

1) 上述程序适用于不同起始点、不同角度的椭圆的加工，加工不同尺寸的椭圆零件时不必修改宏程序，只须修改相应变量的赋值数据就可以了。

2) 如果椭圆的起始点、终止点数值固定，而长半轴、短半轴变化，则在编制宏程序时，只须将长半轴、短半轴以#10、#20赋值，按照椭圆标准方程或参数方程编写就可以了。

2. 抛物线的加工

加工如图0-21所示的工件，其毛坯为$\phi 30mm \times 35mm$的45钢棒料，刀具为93°菱形外圆精车刀，抛物线方程为$Z = -X^2/10$。

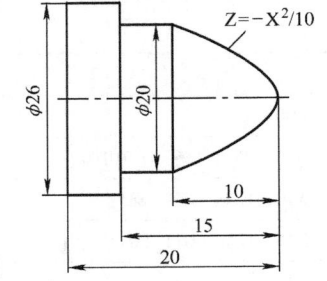

图0-21 宏程序应用举例2

抛物线数控程序的编写思路与椭圆一致，主要区别在于变量赋值等过程。在变量赋值中，#1 = 0 为 X 轴的变量，#2 = 0 为 Z 轴的变量，WHILE 语句至 END 语句间是抛物线的拟合加工，程序每次步进距离为0.1mm，即 X 方向的变化量为0.1mm，抛物线以 ENDm 语句结束。其数控加工程序见表0-27。

表0-27 抛物线数控加工程序

程　　序	说　　明
O0024;	程序名
N05　M03　S600　T0101;	参数设定
N10　G00　X32　Z2;	刀具快速移到指定点
N15　G73　U10　R10;	仿形加工
N20　G73　P25　Q95　U0.6　W0.1　F0.2;	循环语句体从行号为25处开始，到行号为95处结束；精加工余量为单边0.6mm，长度方向0.1mm，粗加工进给量为0.2mm/r
N25　G00　G42　X0;	建立刀尖圆弧半径补偿，精车轮廓开始
N30　G01　Z0　F0.1;	设定精加工进给量
N35　#1 = 0;	X 坐标初始化
N40　#2 = 0;	Z 坐标初始化
N45　WHILE　[#2　LE　10]　DO1;	当 Z 坐标值小于等于10时，执行下面的程序
N50　#2 = #1 * #1/10;	抛物线方程，抛物线上任意一点的坐标值
N55　G01　X[2 * #1]　Z[- #2]　F0.1;	进给到当前位置
N60　#1 = #1 + 0.1;	X 坐标步进0.1mm
N65　END1;	循环结束
N70　G01　Z - 14;	精车轮廓
N75　G01　X26;	
N80　G01　Z - 20;	
N85　G01　X30;	
N90　G00　Z5;	精车轮廓结束

(续)

程　　序	说　　明
N95　G00　G40　X100　Z100　M05；	刀尖圆弧半径补偿取消,主轴停转
N100　M00；	程序暂停,测量工件
N105　M03　S1000　T0202；	换刀,设定参数
N110　G00　X32　Z5；	精车循环
N115　G70　P1　Q2；	
N120　G00　G40　X100　Z100　M05；	刀具回换刀点,刀尖圆弧半径补偿取消,主轴停转
N125　M30；	程序结束

3. 梯形螺纹的加工

加工如图 0-22 所示的工件,其毛坯为 φ45mm×60mm 的 45 钢棒料。工件有一处梯形螺纹 Tr40×6-7e。

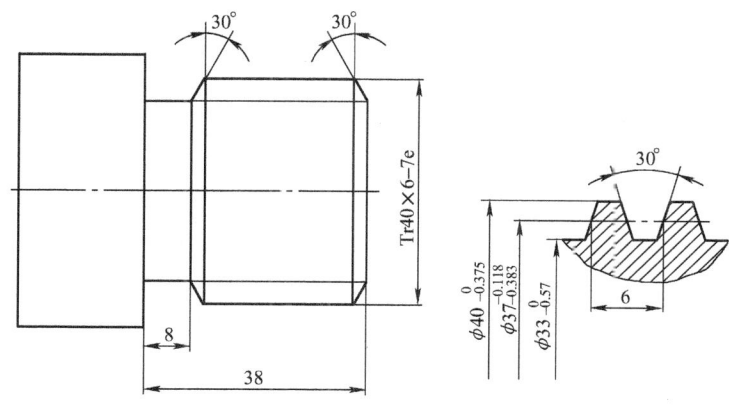

图 0-22　宏程序应用举例 3

用数控车床车削梯形螺纹通常采用高速切削,切削速度约为 80m/min;车削直径为 φ40mm 的螺纹时,主轴转速约为 500r/min。由于螺纹牙槽较深,切削困难,螺纹车刀切入越深,切削面积越大,切削抗力就越大,所以应采用直进法进给,每次的进给深度应小于前一次的进给深度,以免崩刃。

采用直进法车削螺纹需要多次进给,刀具的运行往复次数较多,如用 G32 指令编程则程序较大,因此不宜采用。用单一螺纹循环 G92 指令结合宏程序,可简单快捷地编制出螺纹加工程序,其数控加工程序见表 0-28。

表 0-28　梯形螺纹数控加工程序

程　　序	说　　明
O0025；	程序名
…	
N60　T0101；	调用 1 号车刀
N65　M03　S500；	设定转速

（续）

程　　序	说　　明
N70　G0　X50　Z5；	
N75　#1 = 40；	
N80　WHILE　#1　GE　33　DO1；	#1 参数控制每次的进给深度,若机床刚性不足,则可将数值适当减小
N85　#1 = #1 − 0.1；	
N90　G92　X[#1]　Z − 25　F6；	
N95　END1；	
N100　G00　X100　Z1；	
……	

1. 刀尖圆弧半径补偿指令包括哪几种？分别有什么作用？
2. 什么是子程序嵌套？如何调用子程序？
3. 什么是宏程序？请举例说明如何调用宏程序。

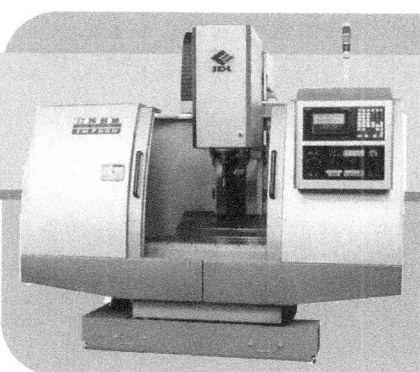

第六章 数控车削自动编程

在数控车床上编辑程序时有两种方式,一种是手工编程,另一种是自动编程。手工编程是指采用各种数学方法,使用一般的计算工具,人工对所要使用的数据和运算进行处理;自动编程是指利用计算机,运用相关软件进行辅助编程。随着科技的发展,在航空、船舶、汽车、模具等制造业中,经常会有一些具有复杂形面的零件需要加工。此时如果用手工编程,则难以完成编程工作,也比较浪费时间;而采用装有编程系统软件的计算机来完成这些零件的编程工作,则能够节省大量的运算时间,效率较高。

第一节 数控车削自动编程概述

随着 CAD/CAM 技术的飞速发展和应用,国内外不少公司和研究单位先后推出了各种 CAD/CAM 支持软件。目前,在国内市场上销售比较成熟的 CAD/CAM 支持软件有十几种,这些软件在功能、价格、使用范围等方面有很大的差别。下面列举一些典型的 CAD/CAM 软件。

1. CAXA-ME 系统

CAXA-ME 是基于微机平台、面向机械制造业的全中文三维复杂形面加工的 CAD/CAM 软件。它具有 2~5 轴数控加工编程功能,以及较强的三维曲面拟合能力,可完成多种曲面的造型,特别适合模具加工的需要,并具有数控加工刀具路径仿真、检测和适用于多种数控机床的后置处理功能。

2. Mastercam 系统

Mastercam 是用于微机 PC 级的 CAD/CAM 软件。它是世界上装机量较多的 CNC 自动编程软件,一直是数控编程人员的首选软件之一。

3. MDT(Mechanical Desktop)系统

MDT 是在 PC 平台上开发的三维机械 CAD/CAM 系统。它以三维设计为基础,集设计、分析、制造及文档管理等多种功能为一体,为用户提供了从设计到制造一体化的解决方案。由于该软件与国内普及率最高的 CAD 软件——AutoCAD 出自同一个公司,两者之间完全融为一体,对 AutoCAD 的老用户来说,可方便地实现由二维向三维的过渡,因此在国内应用较多。

4. GRADE/CUBE-NC 系统

GRADE/CUBE-NC 是基于 UNIX 工作站、支持从设计到加工过程的 CAD/CAM 系统。该软件的突出特点是:面向制造,在 CAD 方面注重产品的工艺设计,具备丰富的实用化曲面造型功能和较强的造型细节处理功能；在 CAM 方面注重加工性的研究与处理，提供了多种高效实用的加工方法；为数控加工编程提供了 50 多种走刀方式，以及多种进给和切入方法，有刀具路径编辑、走刀干涉检查等功能。

5. UG（Unigraphics）**系统**

UG 系统是从二维绘图、数控加工编程、曲面造型等功能发展起来的，其本身以复杂曲面造型和数控加工功能见长，是同类产品中的佼佼者，并具有较好的二次开发环境和数据交换能力。它可以管理大型复杂产品的装配模型，进行多种设计方案的对比设计、优化，为企业提供产品设计、分析、加工、装配、检验、过程管理、虚拟运作的全数字化支持，从而形成多极化的全线产品开发能力。

现以 CAXA 数控车削自动编程软件为例，介绍计算机自动编程。

第二节　CAXA 数控车削自动编程软件简介

一、CAXA 数控车削自动编程软件的界面

CAXA 数控车削自动编程软件的应用界面如图 0-23 所示。它与其他 Windows 软件的风格一样，各种应用功能通过菜单区和工具条驱动；由状态栏指导用户进行操作并提示当前状态和所处位置；绘图区显示各种绘图操作的结果，绘图区和参数输入栏同时为用户实现各种功能提供数据的交互；软件系统可以实现自定义界面布局；工具条中每一个图标都对应一个菜单命令，单击图标和单击菜单命令的效果是一样的。

图 0-23　CAXA 数控车削自动编程软件的应用界面

1. 窗口布置

CAXA 数控车削自动编程软件的工作窗口分为绘图区、菜单区、工具条、参数输入栏

（进入相应功能后出现）和状态栏五个部分。

绘图区是屏幕最大的部分，用于绘制和修改图形。

菜单区位于屏幕的顶部，立即菜单位于屏幕的左边。

工具条分为曲线编辑工具条、曲线生成工具条、数控车削功能工具条、标准工具条和显示工具条等。曲线编辑工具条位于绘图区的下方，曲线生成工具条和数控车削功能工具条位于屏幕的右侧，标准工具条和显示工具条位于菜单区的下方。

状态栏位于屏幕的底部，用于指导用户进行操作，并提示当前状态及所处位置。

2. 主菜单

菜单区包括系统的所有功能项，CAXA 数控车削自动编程软件把菜单项按不同的类别进行了分类，其基本分类如下：

（1）文件模块　主要对系统的文件进行管理。文件管理包括新建、打开、关闭、保存、另存为、数据输入、数据输出和退出等。

（2）编辑模块　主要对已有的对象进行编辑，包括撤销、恢复、剪切、复制、粘贴、删除、元素不可见、元素可见、元素颜色修改和元素层修改等。

（3）显示模块　主要对视图的状态进行显示，包括显示放大、显示旋转、显示平移、显示全局、显示近远、全屏显示和视角定位等。

（4）应用模块　分为曲线、变换和加工。它是最重要的模块，各种曲线生成、轨迹生成、后置处理、线面编辑和几何变换等功能组项都在其中。

（5）设置模块　用来设置当前工作状态、拾取状态和用户界面的布局。

（6）工具模块　包括坐标系、显示工具和查询。

3. 弹出菜单

CAXA 数控车削自动编程软件可将按空格键弹出的菜单作为当前命令状态下的子命令。在不同命令状态下有不同的子命令组。如果子命令是用来设置某种子状态的，则软件在状态栏中会显示提示命令。

4. 工具条

CAXA 数控车削自动编程软件提供的工具条有标准工具条、显示工具条、曲线生成工具条、数控车削功能工具条和曲线编辑工具条。工具条中的图标如图 0-24 所示。

图 0-24　工具条中的图标

二、CAXA 数控车削自动编程软件的使用步骤

1）分析零件的加工工艺，包括分析图样，拟定加工路线、装夹方法等。

2）绘制零件的加工轮廓。

3）生成刀具轨迹，包括设置零件毛坯、外轮廓的加工、内轮廓的加工等。

4）后置处理、生成代码，包括机床设置、后置处理、生成代码等。

第三节　典型零件的加工

现以图 0-25 所示的螺纹轴为例，介绍用 CAXA 数控车削自动编程软件绘制零件图、编制加工程序、仿真、生成 G 代码等的操作方法。

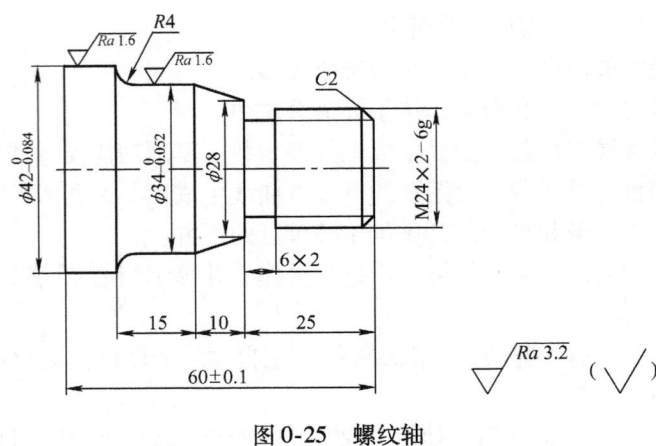

图0-25 螺纹轴

一、分析零件的加工工艺

该零件的形状比较简单，由外圆柱面、圆锥面、圆弧、螺纹等构成，涉及的加工内容较全面。零件尺寸公差要求较小，没有位置度要求，两个外圆的表面粗糙度值 Ra 为 $1.6\mu m$。

车削该零件时，宜使用自定心卡盘对其进行定位夹紧。加工顺序按照由粗到精、由近到远的原则确定，先自右向左粗车外圆，然后自右向左精车外圆，其次车削 $6mm \times 2mm$ 退刀槽，最后车削 $M24 \times 2$ 螺纹。

二、绘制零件的加工轮廓

1) 单击工具条中的"直线"按钮，在左下侧会出现直线立即菜单。

2) 将直线立即菜单设置成两点线、连续、正交、点到式。此时，界面左下方的系统提示区将显示"第一点（切点、垂足点）："，要求输入直线的第一点。

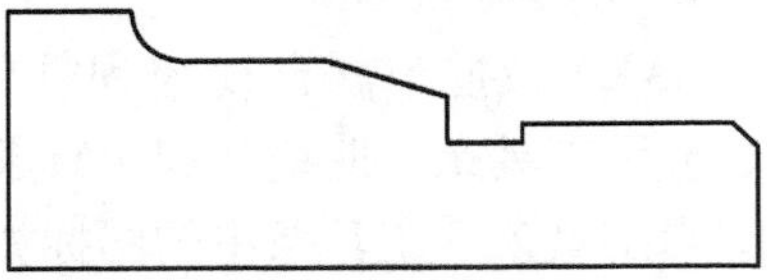

3) 把鼠标移动到要画线的地方（坐标中点），单击鼠标左键确认，然后向左移动鼠标到指定距离，或通过键盘输入长度"60"，按下回车键或单击鼠标右键结束，便可生成一条直线。

图0-26 零件的加工轮廓

4) 按照相同的方法，根据图样要求依次输入线段的长度，用鼠标控制画线的方向，画出外圆轮廓，如图0-26所示。

5) 把暂时不加工的槽用直线连接起来。

三、生成刀具轨迹

1. 绘制零件毛坯轮廓

在CAXA数控车削自动编程软件的CAM部分要选择工件的毛坯轮廓，所以必须绘制该零件的毛坯轮廓，如图0-27所示。

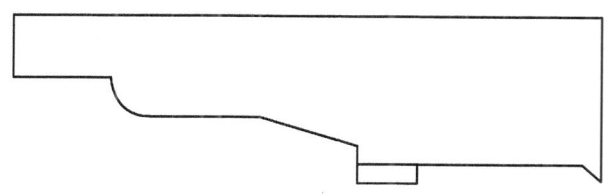

图 0-27 零件毛坯轮廓

2. 生成粗、精车外圆的加工轨迹

1）单击主菜单中的"加工"/"轮廓粗车"菜单项,系统弹出"粗车参数表"对话框,然后分别填写参数表。各项参数如图 0-28 所示。

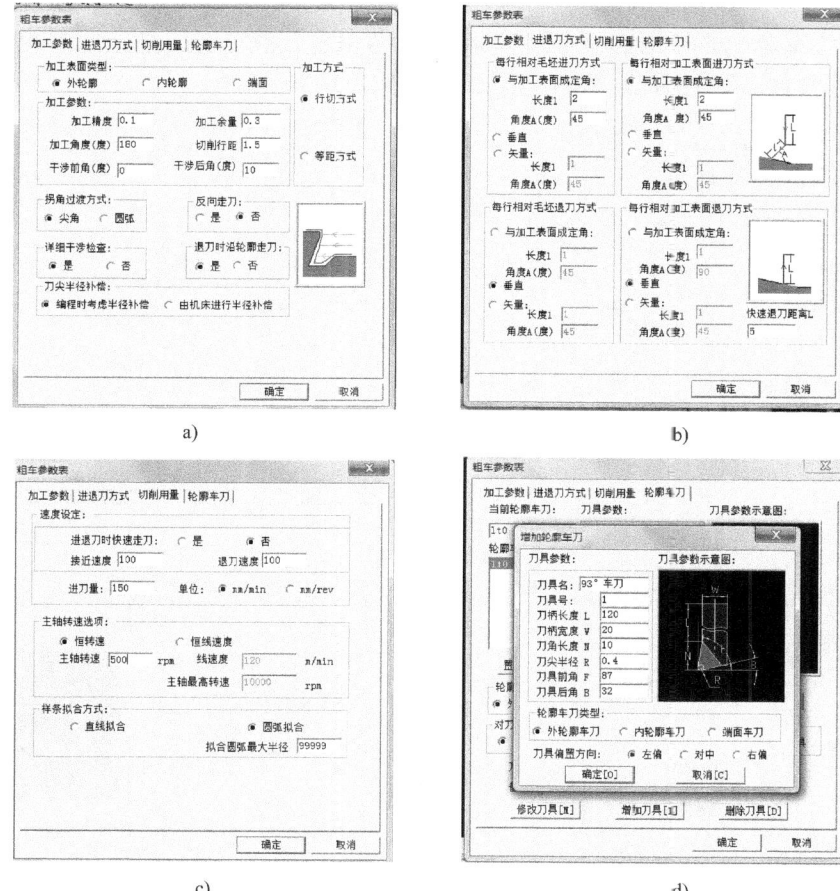

图 0-28 粗车外圆参数表
a)粗车加工参数 b)粗车进退刀方式 c)粗车切削用量 d)粗车轮廓车刀

2）根据状态栏的提示"拾取被加工表面轮廓",按下空格键弹出工具菜单。系统提供三种拾取方式,选"单个拾取"。在拾取第一条轮廓线后,此轮廓线变成红色的虚线,系统将给出提示"选择方向",此时顺序拾取加工轮廓线并单击鼠标右键确定。当状态栏提示"拾取定义的毛坯轮廓"时,顺序拾取毛坯的轮廓线并确定,然后状态栏提示"输入进退刀点",此时移动鼠标到毛坯右上角,单击鼠标左键完成操作,如图 0-29 所示。

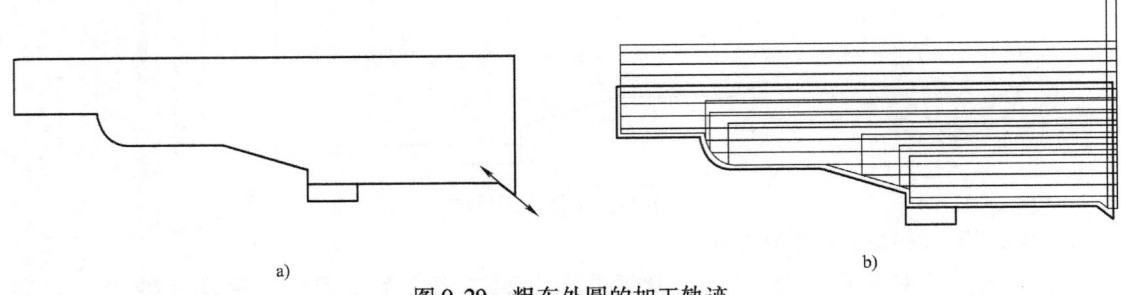

图 0-29 粗车外圆的加工轨迹
a）选择拾取方向　b）生成加工轨迹

3）单击主菜单中的"加工"/"轮廓精车"菜单项，或单击工具条中的相应图标，系统弹出"精车参数表"对话框，各项参数的填写如图 0-30 所示。

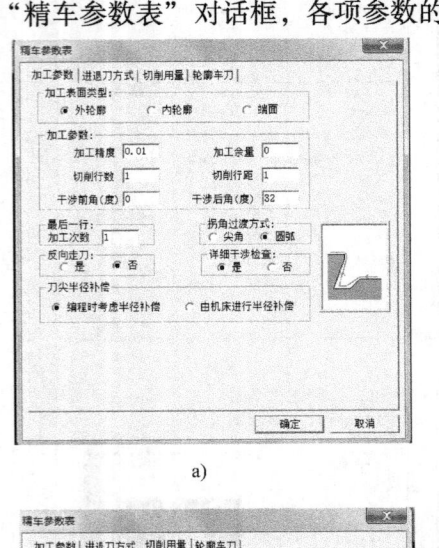

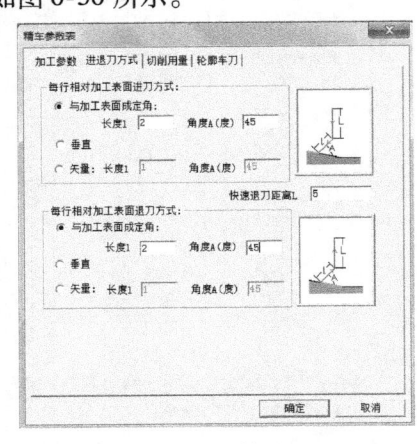

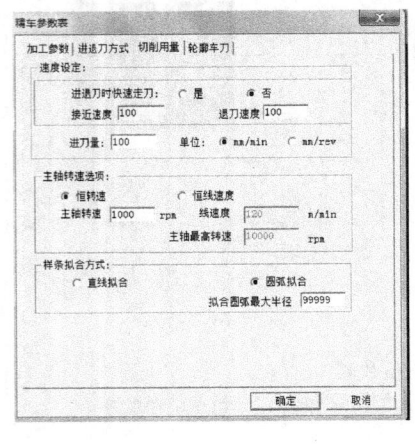

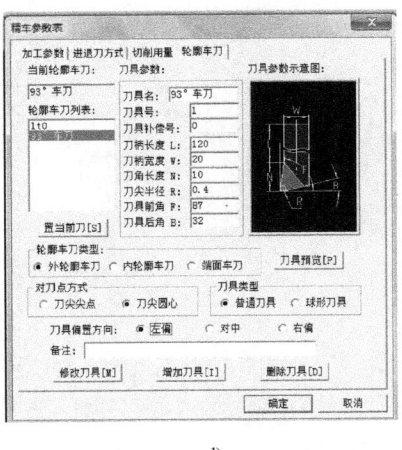

图 0-30 精车外圆参数表
a）粗车加工参数　b）精车进退刀方式　c）精车切削用量　d）精车轮廓车刀

4）根据状态栏的提示"拾取被加工表面轮廓"，按下"方向拾取加工轮廓线"并单击鼠标右键确定。当状态栏提示"输入进退刀点"时，按下回车键弹出对话框，输入起始点并确定,生成如图 0-31 所示的加工轨迹。

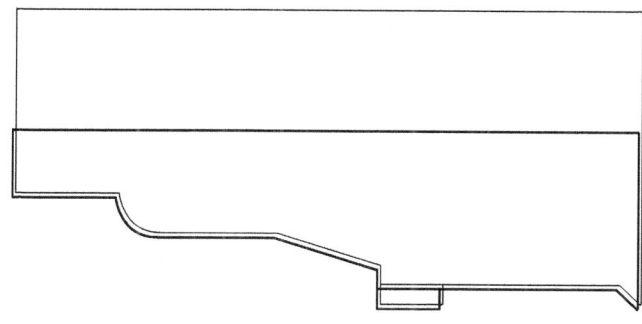

图 0-31　精车外圆的加工轨迹

3. 生成切槽的加工轨迹

1)轮廓建模。图 0-32 所示为外沟槽的加工造型。

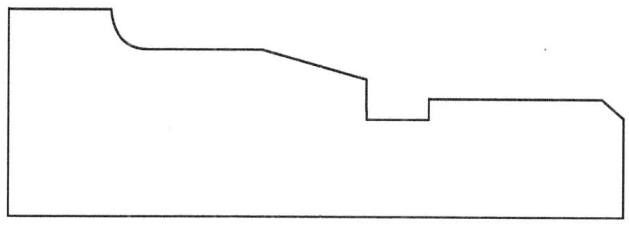

图 0-32　外沟槽的加工造型

2)单击主菜单中的"加工"/"切槽"菜单项,或单击工具条中的相应图标,系统弹出"切槽参数表"对话框,填写各项参数并确定,如图 0-33 所示。

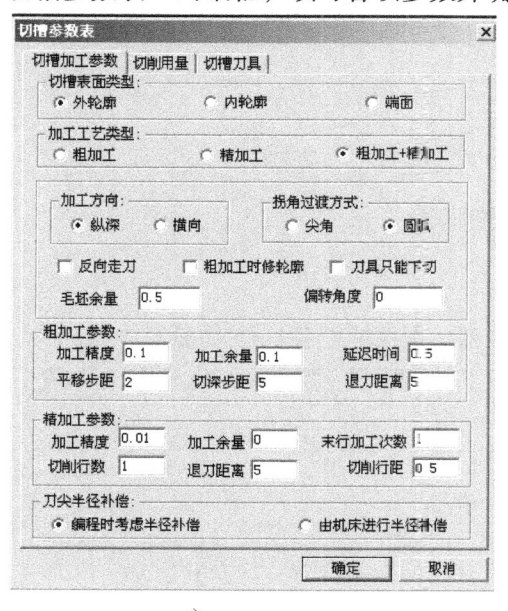
a)

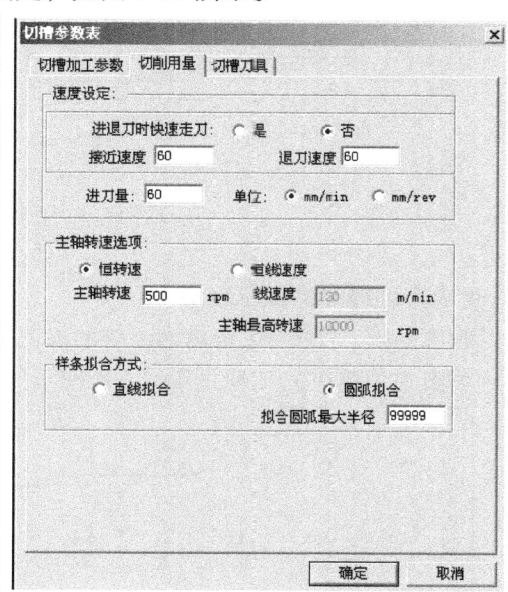
b)

图 0-33　切槽参数表
a)切槽加工参数　b)切削用量

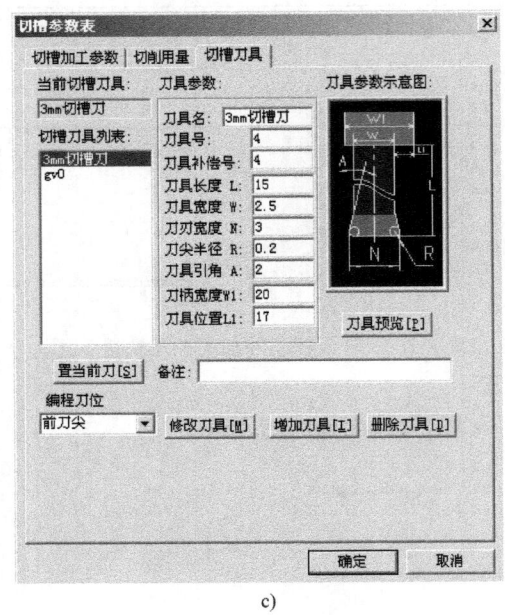

c)

图 0-33 切槽参数表（续）

c）切槽刀具

3）根据状态栏的提示拾取加工轮廓线，按箭头方向顺序完成。输入起始点并确定，生成如图 0-34 所示的加工轨迹。

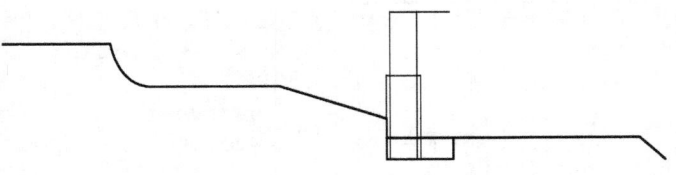

图 0-34 切槽的加工轨迹

4. 生成车削螺纹的加工轨迹

1）轮廓建模。图 0-35 所示为螺纹的加工造型，螺纹两端各延伸 2mm。

2）单击主菜单中的"应用"/"数控车"/"车螺纹"菜单项，或单击工具条中的相

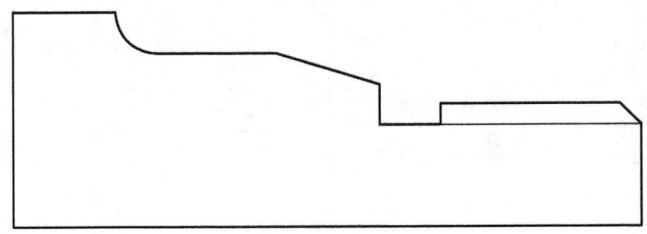

图 0-35 螺纹的加工造型

应图标，状态栏提示"拾取螺纹的起始点"，用鼠标左键拾取点 1；然后状态栏提示"拾取螺纹终点"，用鼠标左键拾取点 2；当系统弹出"螺纹参数表"对话框时，填写各项参数，如图 0-36 所示。

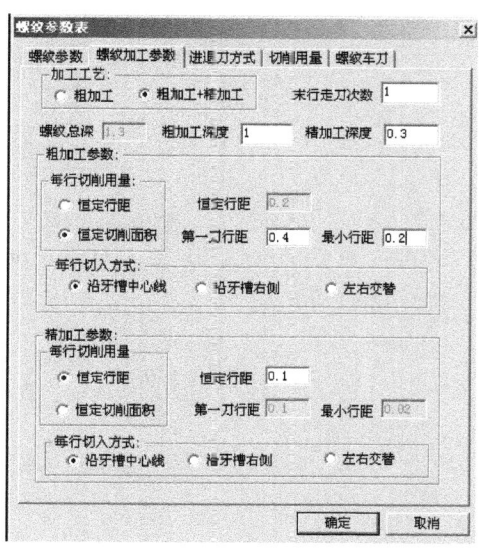

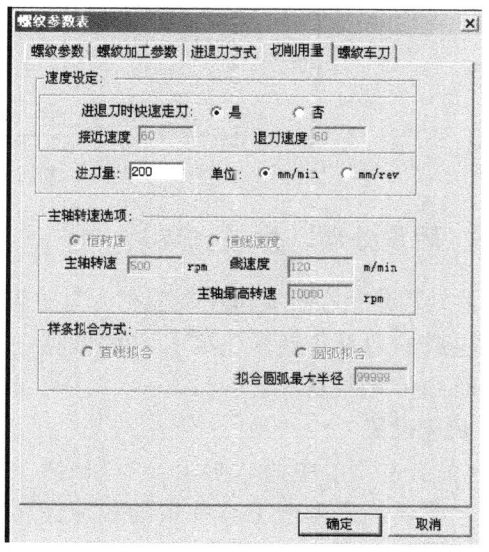

图 0-36 车削螺纹参数
a）螺纹参数 b）螺纹加工参数 c）螺纹进退刀方式 d）切削用量

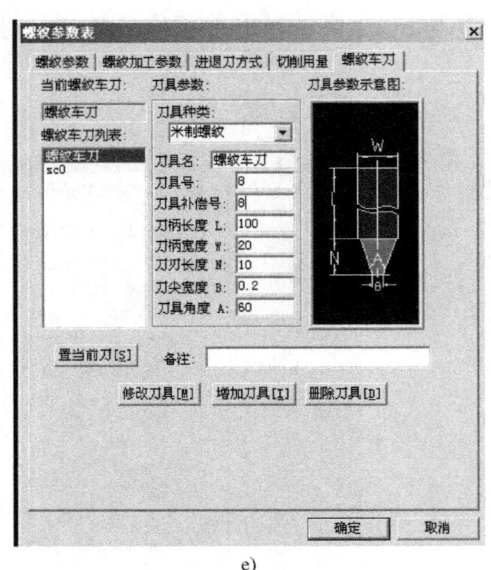

图 0-36 车削螺纹参数（续）
e）螺纹车刀

3）确定后，状态栏提示"输入进退刀点"，此时按下回车键弹出输入对话框，输入起始点并确定，生成如图 0-37 所示的加工轨迹。

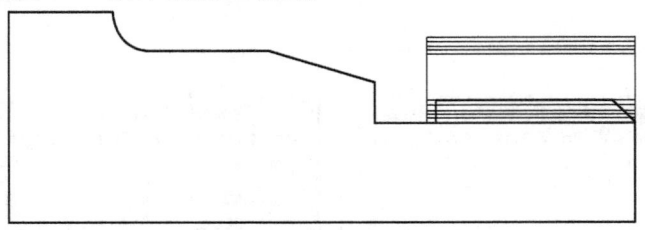

图 0-37 车削螺纹的加工轨迹

四、后置处理、生成代码

后置处理是指在将要采用数控车床对建模零件进行加工时，通过机床设置和后置设置，把已经生成的刀具轨迹转化成 G 代码数据文件，即 CNC 数控程序。

1. 机床设置

1）单击主菜单中的"加工"/"机床设置"菜单项，或单击工具条中的相应图标，系统弹出"机床类型设置"对话框，如图 0-38 所示。

2）单击选项卡中的"增加机床"，系统弹出"增加新机床"对话框，输入"FANUC"并确定。

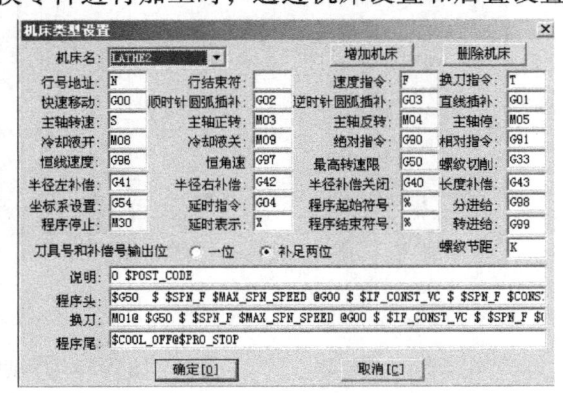

图 0-38 "机床类型设置"对话框

3）按照 FANUC 数控系统的编程指令格式填写各项参数，如图 0-39 所示。

2. 后置处理

单击主菜单中的"加工"/"后置设置"菜单项，或单击工具条中的相应图标，系统弹出"后置处理设置"对话框，填写各项参数，如图 0-40 所示。

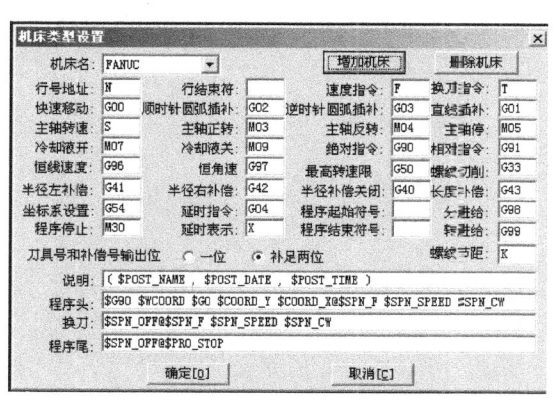

图 0-39　设置编程指令

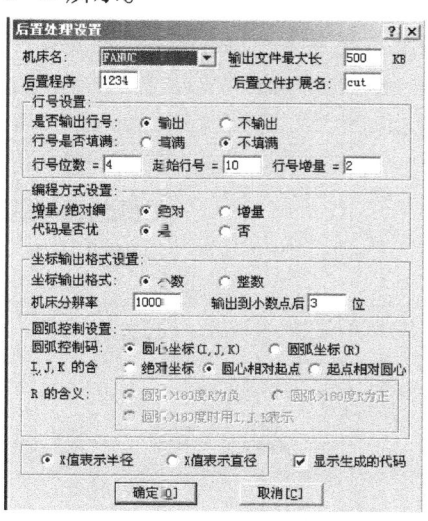

图 0-40　"后置处理设置"对话框

3. 生成 G 代码

1）单击主菜单中的"加工"/"代码生成"菜单项，或单击工具条中的相应图标，系统会弹出一个需要用户输入文件名的对话框，填写后置程序文件名"Test"，如图 0-41 所示。

2）单击"打开"按钮，系统弹出如图 0-42 所示的对话框，询问是否创建新文件，选择"是"创建文件。

图 0-41　设置代码文件名

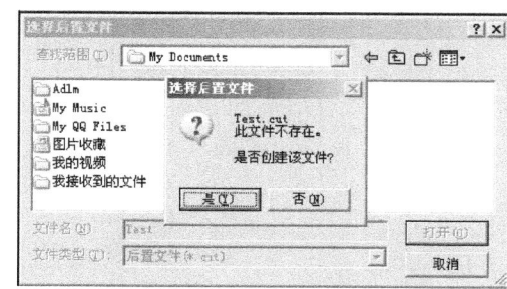

图 0-42　创建文件

3）状态栏提示"拾取刀具轨迹"，按图 0-43 所示的粗、精车外圆加工轨迹、切槽加工轨迹、车削螺纹加工轨迹和车削内孔加工轨迹顺序拾取，单击鼠标右键确定即可自动生成加工程序。

4）生成如图 0-44 所示的加工程序。

至此，本零件的造型、生成加工轨迹、生成 G 代码的工作全部结束。生成的 G 代码将通过相应的传输方式输送至数控车床，操作人员可以通过仿真加工功能再模拟一次，做到万无一失。

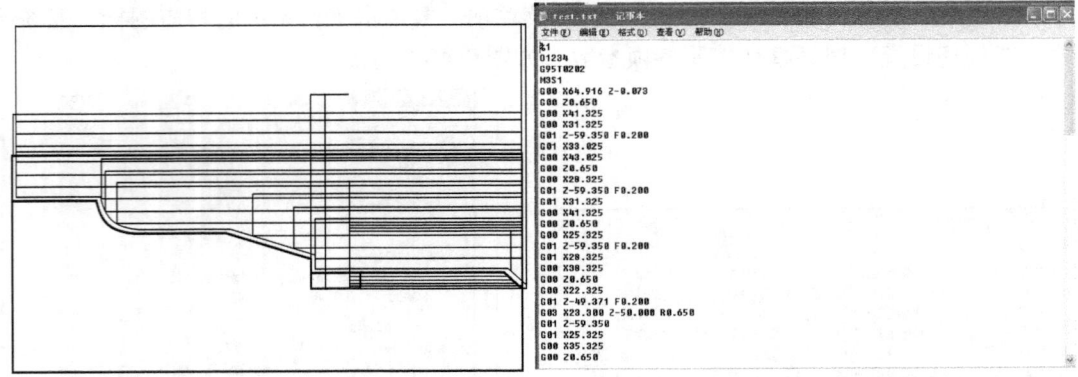

图 0-43　全部加工轨迹　　　　　　　　图 0-44　加工程序

零件如图 0-45 所示，要求绘制零件造型、生成加工轨迹、生成 G 代码。

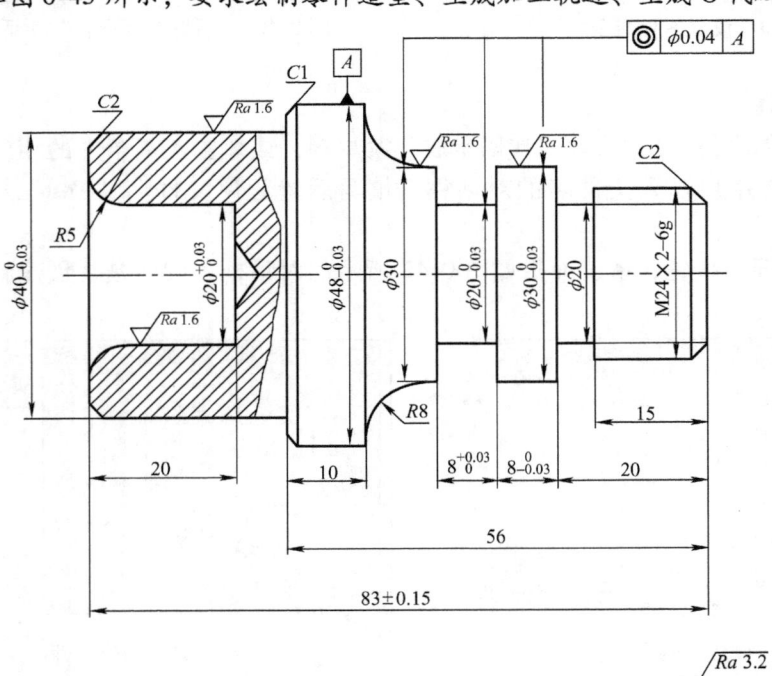

图 0-45　练习题零件图

第二篇

技能篇

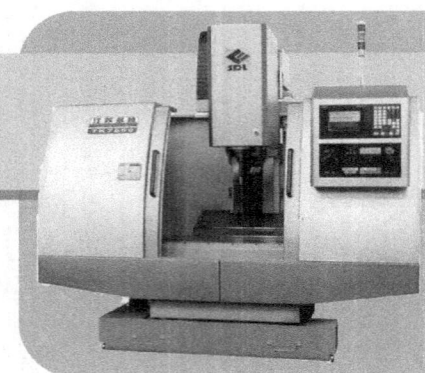

项目一

台阶轴零件的加工

一、项目描述

本项目的待加工零件为台阶轴,如图 1-1 所示。已知毛坯为 $\phi 45\text{mm} \times 100\text{mm}$ 的棒料,材料为 45 钢,要求制订零件的加工工艺,编写数控加工程序,并通过数控仿真进行加工调试,优化程序,最后进行零件的加工检测。

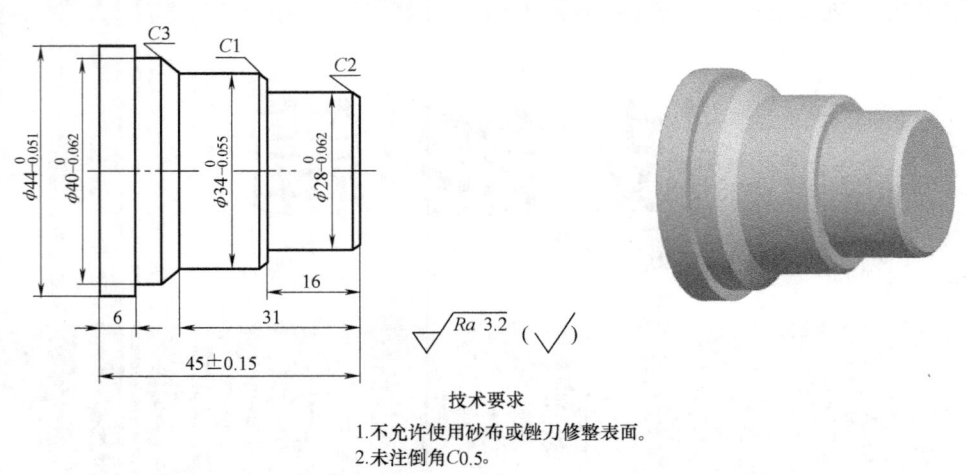

图 1-1 台阶轴
a)零件图 b)实体图

二、项目教学目标

1)掌握台阶轴零件加工工艺的制订方法。
2)掌握 G70、G71 指令,会编写简单的数控加工程序。
3)熟悉相关的工具、量具、夹具,并能熟练操作车床。

三、项目实施

任务一 制订零件的加工工艺

1. 分析零件图

（1）分析尺寸 图1-1所示的台阶轴零件形状简单，结构尺寸变化不大。该零件有四个台阶面，其径向尺寸φ28mm、φ34mm、φ40mm和φ44mm的精度较高，表面粗糙度值不大于Ra3.2μm，零件总长有公差要求。

（2）确定加工基准 因为轴向尺寸采取分散标注，所以加工基准选毛坯的左、右端面均可。但该零件右端的轴向尺寸16mm、31mm和总长45mm都以右端面为基准进行标注，所以从基准统一的原则出发，确定零件的右端面为加工基准。

2. 确定装夹方案

零件的毛坯左端为φ45mm的棒料，采用自定心卡盘进行装夹。毛坯的长度远远大于零件的长度，为了便于装夹找正，毛坯的夹持部分可以适当加大，此处确定为45mm，同时留出5mm作为加工完成后的切断宽度、5mm作为安全距离，装夹长度如图1-2所示。

3. 选择刀具及切削用量

因为此类零件的各外径均要求加工，并且加工完成后需要切断，所以需要准备两把外圆车刀，分别置于T01、T02号刀位，1把车断刀，置于T03号刀位。

刀具及切削参数见表1-1。

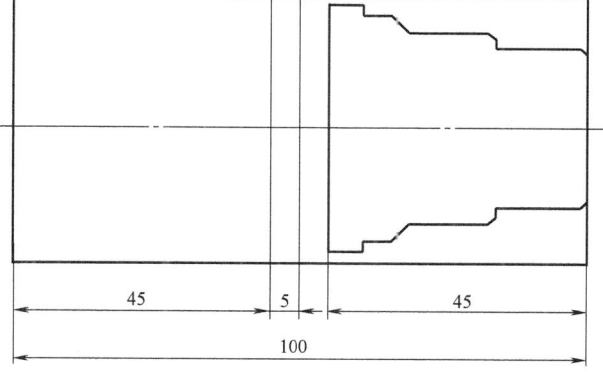

图1-2 装夹长度

表1-1 刀具及切削参数

序号	刀具号	刀具类型	加工表面	切削用量	
				主轴转速 n/(min)	进给量 f/(mm/r)
1	T0101	93°菱形外圆车刀	粗车外轮廓	600	0.25
2	T0202	93°菱形外圆车刀	精车外轮廓	1000	0.1
3	T0303	3mm车断刀	—	600	
编制		审核		批准	

4. 确定加工方案

按先粗后精、先近后远的加工原则确定加工顺序。

1）工步一：车削右端面。

2）工步二：粗、精加工外圆φ28mm、φ34mm、φ40mm、φ44mm圆柱面至尺寸要求，倒角。

3）工步三：切断。

5. 填写工序卡

按加工顺序将各工步的加工内容、所用刀具编号、切削用量等加工信息填入数控加工工序卡，见表1-2。

表1-2 数控加工工序卡

数控加工工序卡			产品名称		项目名称		项目序号	
					台阶轴零件的加工		01	
工序号	程序编号	夹具名称	夹具编号		使用设备		车间	
001	O0011	自定心卡盘			CAK6150DJ		数控实训中心	
工步号	工步内容		切削用量			刀具	量具名称	备注
		主轴转速 $n/(\text{r/min})$	进给量 $f/(\text{mm/r})$	背吃刀量 a_p/mm	编号	名称		
1	车削右端面	600	0.25	1~2	T0101	外圆车刀	游标卡尺	手动
2	粗车轮廓，留余量0.5mm	600	0.25	1~2	T0101	外圆车刀	游标卡尺	自动
3	精车轮廓	1000	0.1	0.25	T0202	外圆车刀	游标卡尺	自动
4	切断	350	—	—	T0303	—	—	手动
编制		审核			批准		共1页	第1页

任务二　编写数控加工程序

根据各加工工步的进给路线编写零件的加工程序，数控加工程序单见表1-3。

表1-3 数控加工程序单

项目序号	01	项目名称	台阶轴零件的加工	编程原点	安装后右端面中心
程序号	O0011	数控系统	FANUC 0i Mate-TC	编制	
程序内容			简要说明		
T0101;			换T0101刀到位		
G00 X80 Z100;			快速定位到换刀点		
M03 S600;			主轴正转，转速为600r/min		
X45 Z3;			快速定位到循环起始点		
G71 U5 R1;			用G71指令粗加工轮廓		
G71 P10 Q20 U0.5 W0.2 F0.25;			设置G71加工参数		
N10 G01 X20;					
X28 Z−1;					
Z−16;					
X32;					
X32 Z−17;					
Z−31;			精加工轮廓		
X40 Z−34;					
Z−39;					
X44;					
Z−45;					
N20 X45;					

(续)

程序内容	简要说明
G00 X80 Z100;	返回换刀点
M05;	主轴停止
M00;	程序暂停
T0202 M03 S1000 F0.1;	换 T0202 刀,设置主轴以 100Cr/min 正转,进给量为 0.1mm/r
X45 Z3;	快速定位到循环起始点
G70 P10 Q20;	用 G70 指令精加工轮廓
G00 X80 Z100;	快速退刀,回换刀点
M05;	主轴停止
M30;	程序结束

华中系统程序对比　　SIEMENS 系统程序对比

任务三　数控仿真加工零件

使用仿真软件不仅可以帮助校验相应的加工程序,还可以帮助操作者熟悉自己的加工设备。

仿真软件的启动有两种方法:一种是通过"开始"→"程序"→"数控仿真软件系统"运行仿真系统;另一种是通过双击桌面快捷方式启动仿真系统。

1. 仿真环境下的车床准备

(1) 选择面板、激活车床　如图 1-3 所示,在软件界面右下角选择"大连机床厂 FANUC 0i MATE-TC"机床面板。

在系统启动按钮上单击鼠标左键,此时电源指示灯亮;检查急停按钮是否松开,若未松开,应按下急停按钮,将其松开。系统启动按钮和急停按钮如图 1-4 所示。

(2) 车床回零　按下回零方式开关 回零 ,首先进行 X 方向回零的操作,按"轴/位置"键 +X ,等到回零灯亮再按"轴/位置"键 +Z ,等到回零灯亮,完成回零操作。此时 X 零点、Z

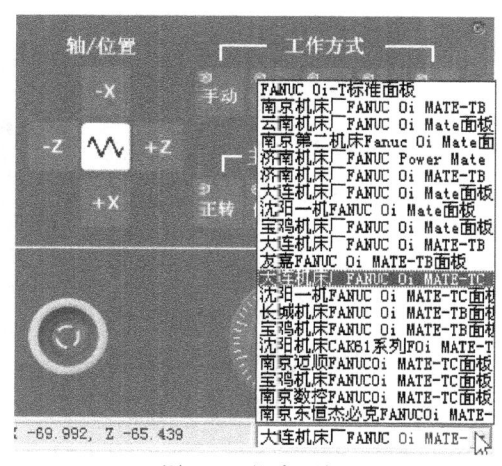

图 1-3　机床面板

零点灯都亮 。

(3) 刀具的选择及安装　单击菜单"机床操作"→"刀具管理",弹出"刀具库管理"对话框。单击鼠标,分别将"刀具数据库"中的"Tool1 外圆车刀"、"Tool2 外圆车刀"、"Tool6 外圆车刀"三把车刀拖至"机床刀库",操作结果如图 1-5 所示。

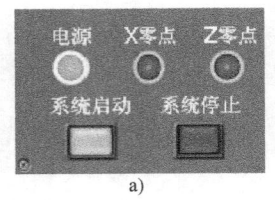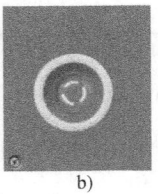

图 1-4　系统启动按钮和急停按钮

a) 系统启动按钮　b) 急停按钮

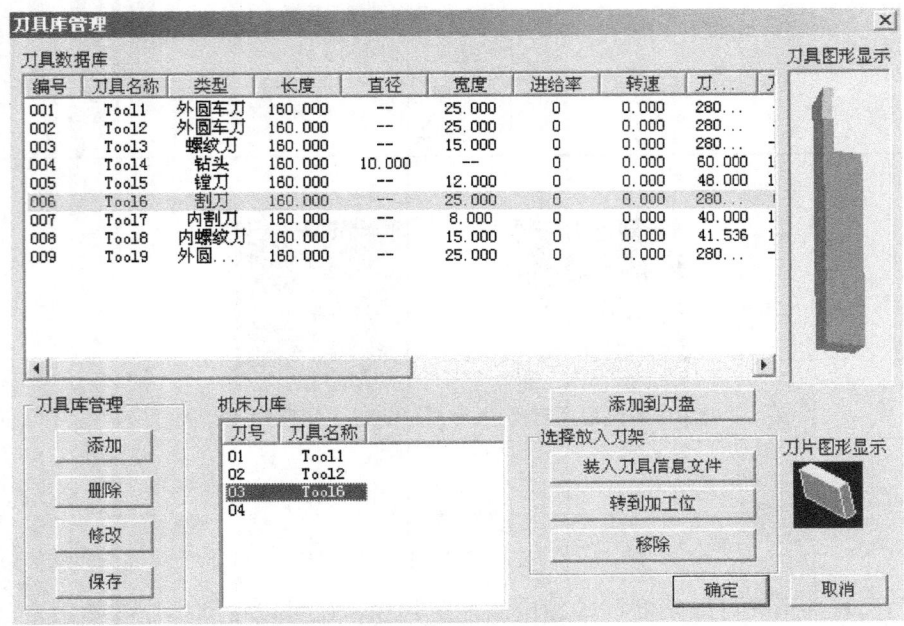

图 1-5　刀具管理操作结果

(4) 设置毛坯　单击菜单"工件操作"→"设置毛坯",弹出"设置毛坯"对话框。在"工件直径"处输入"45","工件长度"处输入"100",设置结果如图 1-6 所示,按确定键。

2. 仿真环境下的车床操作

(1) 对刀　数控程序一般按工件坐标系编程,对刀的过程就是建立工件坐标系与机床坐标系之间关系的过程。

1) X 向对刀。选择"手动"工作模式 ![手动],启动主轴正转 ![正转],按控制面板上的 ![-X] 键和 ![-Z] 键,使车床刀架向 X 轴负方向、Z 轴负方向移动。

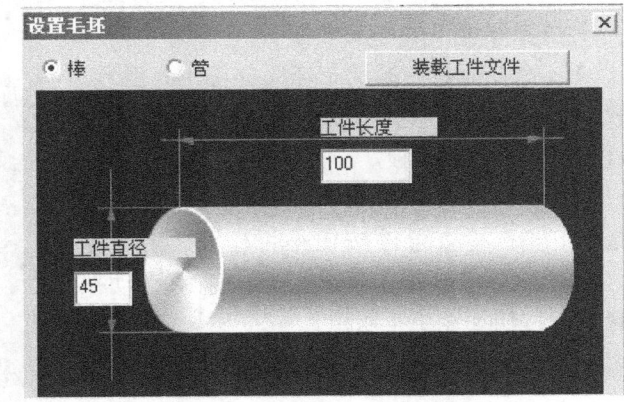

图 1-6　设置毛坯

用所选外圆车刀试切工件外圆,切完后保持 X 坐标不变,沿 Z 轴正方向退刀,如图 1-7 所示。按主轴停止键 ![停止],停止主轴转动。

项目一 台阶轴零件的加工

单击"工件测量"→"特征线"选项,弹出"工件测量"对话框,如图1-8所示。记下试切外圆的直径值。单击 ,退出"工件测量"。

 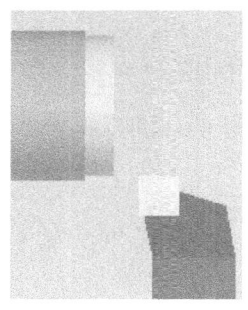 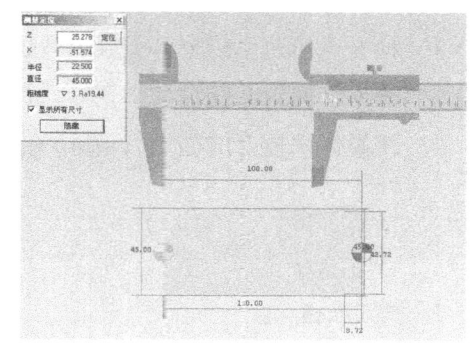

图1-7 外圆试切 　　　　　图1-8 工件测量

按参数输入功能键 ，选择"形状"栏 形状 ，输入直径值；按菜单软键 [测量]，系统会自动计算出坐标值并填入，完成X轴的对刀。

2）Z向对刀。按操作面板上的主轴正转键 正转 ，将刀具移至工件端面处。通过按X轴负方向键 -x 切削工件端面，然后按X轴正方向退出,Z轴方向保持不动,如图1-9所示。按主轴停止键 停止 ，使主轴停止转动。

按参数输入功能键 ，选择"形状"栏 形状 ，输入直径值"Z0",按菜单软键 [测量]，系统会自动计算出坐标值并填入，完成Z轴的对刀。

（2）输入程序　选择 编辑 工作方式，按 PROG 键，进入程序编辑模式，如图1-10所示。输入程序名O0001，按 ↓ 键开始输入程序。

  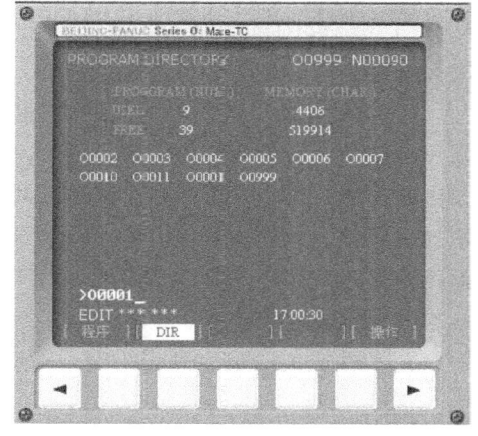

图1-9 切削端面 　　　　　图1-10 程序编辑

（3）程序校验　程序校验是数控系统在正式运行加工程序之前的一种程序语法检查功能。将操作方式选择为"自动" 自动 ，按 锁住 键和 空运行 键，按循环启动键 进行程序校验。

（4）自动运行加工　程序校验完成后，如果没有发现问题，就可以进行自动加工，具体流程如下：

63

1）检查车床是否回零，若未回零，应先将车床回零。
2）检查待加工程序是否正确，若不正确，应重新选择程序。
3）检查锁住键、空运行键是否处于关闭状态。
4）检查进给速率倍率开关数值设置是否妥当。
5）按操作面板上的自动工作方式键 [自动]，使其指示灯变亮。
6）按操作面板上的循环启动键 [循环] 启动程序，开始加工。

任务四 零件的加工检测

1. 加工准备

1）检查坯料尺寸。
2）开机，回参考点。
3）输入程序。将编写好的数控程序通过数控面板输入数控车床。
4）装夹工件。将工件装夹在自定心卡盘中，伸出55mm，找正并夹紧。
5）装夹刀具。将外圆车刀、车断刀分别按要求装在刀架的T01、T02、T03号刀位。

2. 对刀设置

外圆粗、精车刀对刀时，X轴、Z轴均采用试切法对刀，并把操作得到的数据输入T01号刀具补偿中，G54等零点偏置中的数值输入0。

3. 空运行及仿真

打开程序，选择自动加工模式，按下空运行键和机床锁住键，按数控启动键，观察程序运行情况。若先按图形显示键再按数控启动键，可进行加工轨迹仿真。空运行结束后，将空运行键和机床锁住键复位，并重新回机床参考点。

4. 自动加工及尺寸控制

（1）零件的自动加工 选择自动加工模式，打开程序，调好进给倍率，按循环启动键进行加工。

（2）零件加工过程中的尺寸控制 数控机床上的首件加工均采用试切和试测方法来保证尺寸精度。具体做法为：当程序执行完粗加工后，停车测量精加工余量；根据精加工余量设置精加工（T02）磨损量，避免因对刀不精确造成精加工余量不足而出现缺陷；然后运行精加工程序，执行完精加工后，再停车测量；根据测量结果，修调精加工车刀磨损值，再次运行精加工程序，直至达到尺寸要求为止。

5. 检测零件与评分

在零件加工结束后进行检测，对工件进行误差与质量分析，将结果填入表1-4。

表1-4 数控车床编程与操作考核表

班级			姓名		学号		日期	
项目名称			台阶轴零件的加工			项目序号	01	
基本检查	编程	序号	检测项目			配分	学生自评	教师评分
		1	切削加工工艺制订正确			6		
		2	切削用量选用合理			6		
		3	程序正确、简单、明确且规范			6		

(续)

项目名称		序号	检测项目	配分	项目序号	01
					学生自评	教师评分
基本检查	操作	4	设备操作、维护保养正确	6		
		5	刀具选择、安装正确、规范	6		
		6	工件找正、安装正确、规范	6		
		7	安全文明生产	6		
工作态度		8	行为规范、纪律良好	6		
外圆		9	$\phi28_{-0.062}^{0}$ mm	6		
		10	$\phi34_{-0.055}^{0}$ mm	6		
		11	$\phi40_{-0.062}^{0}$ mm	6		
		12	$\phi44_{-0.051}^{0}$ mm	6		
长度		13	6mm	5		
		14	16mm	5		
		15	31mm	5		
		16	(45 ± 0.15) mm	5		
倒角		17	$C1$、$C2$、$C3$	3		
表面粗糙度值		18	$Ra3.2\mu m$	3		
其他		19		2		
综合得分				100		

四、项目总结

在数控编程过程中，不同数控系统的数控程序的程序开始和程序结束是相对固定的。它们包括一些车床信息，如机床回零、工件零点设定、主轴启动、切削液开启等功能，如上述程序 O0011 中第一个 G71 指令前的程序段。因此，在实际编程过程中，通常将数控程序的程序开始和程序结束编写成相对固定的格式，从而减少编程工作量。

1. 试写出 G90 指令的格式。
2. 简述 G70 指令的功用，并写出其指令格式。
3. 圆锥的基本参数有哪些？

一、选择题

1. 数控是采用数字化信号对机床的（　　）进行控制的方法。

A. 运动　　　　B. 加工过程　　　　C. 运动和加工过程　　　　D. 都不对

2. 通常所说的数控系统是指（　　）。
A. 主轴驱动和进给驱动系统　　　　B. 数控装置和驱动装置
C. 数控装置和主轴驱动装置　　　　D. 都不对

3. 减小（　　）可以降低工件的表面粗糙度值。
A. 主偏角　　　　B. 副偏角　　　　C. 刀尖角　　　　D. 都不对

4. 将合理的加工过程以图表文字的形式记录下来，作为生产加工的依据，称为（　　）。
A. 工艺卡片　　　　B. 加工工艺　　　　C. 工艺规程　　　　D. 工艺流程

5. 在FANUC系统中，显示图形、显示画面的功能键是（　　）。
A. PROG　　　　B. OFFSET SETTING
C. SYSTEM　　　　D. MESSAGE

二、判断题

1. 在数控加工中，为了提高生产效率，应尽量遵循工序集中原则，即在一次装夹中车削尽可能多的表面。（　　）
2. 为防止铁屑伤手，操作车床时必须戴手套。（　　）
3. 常用车刀按刀具材料不同可分为高速钢车刀和硬质合金车刀两类。（　　）
4. M02和M30功能完全一样，都是程序结束。（　　）
5. G00指令与进给速度F的制订无关。（　　）

三、项目训练

加工如图1-11所示的台阶轴零件，材料为45钢，规格为$\phi 40mm \times 100mm$。要求：分析零件加工工艺、编制加工程序，并完成零件的加工。

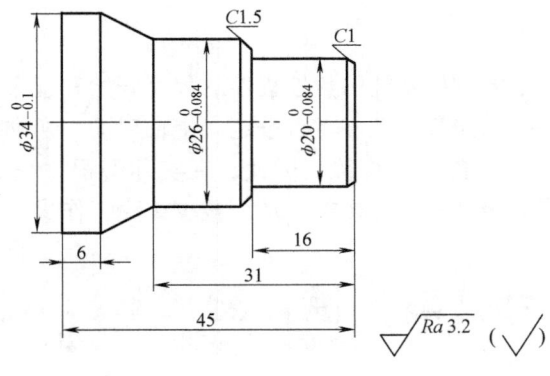

技术要求
1. 不允许使用砂布或锉刀修整表面。
2. 未注倒角C0.5。

图1-11　台阶轴零件

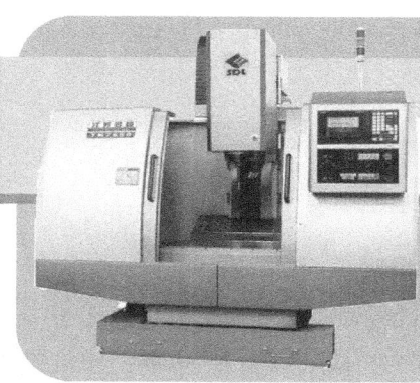

项目二 带圆弧台阶轴零件的加工

一、项目描述

本项目的待加工零件为带圆弧台阶轴,如图 2-1 所示。已知毛坯为 $\phi 45\mathrm{mm} \times 100\mathrm{mm}$ 的棒料,材料为 45 钢,要求制订零件的加工工艺,编写数控加工程序,并通过数控仿真进行加工调试,优化程序,最后进行零件的加工检测。

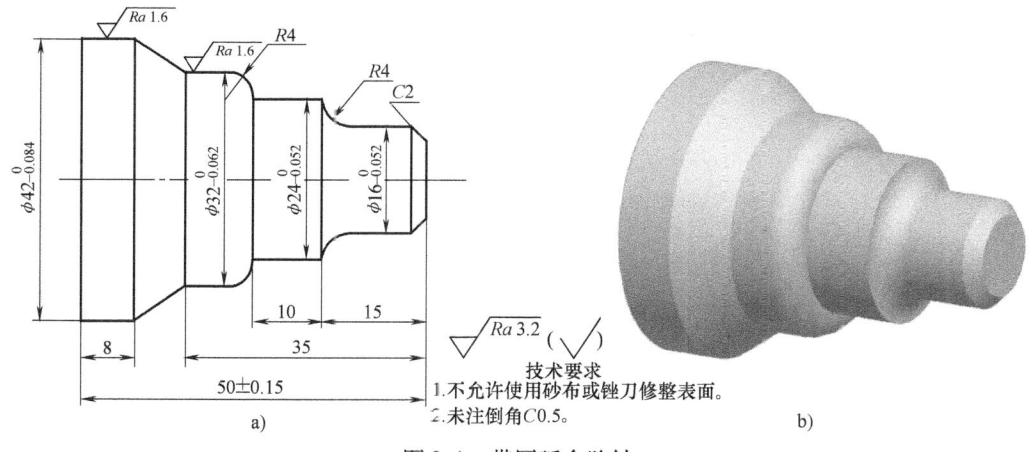

图 2-1 带圆弧台阶轴
a)零件图 b)实体图

二、项目教学目标

1)巩固台阶轴零件加工工艺的制订方法。
2)掌握 G2、G3 指令及其应用,会编写数控加工程序。
3)正确合理地操作数控车床。

三、项目实施

任务一 制订零件的加工工艺

1. 分析零件图

(1)分析尺寸 图 2-1 所示的台阶轴形状简单,结构尺寸变化不大。该零件有四个台阶面，其径向尺寸 φ16mm、φ24mm、φ32mm、φ42mm 的精度较高，其中 φ32mm、φ42mm 外圆的表面粗糙度值不大于 $Ra1.6\mu m$，其他外圆的表面粗糙度值不大于 $Ra3.2\mu m$。零件总长有公差要求。

（2）确定加工基准　因为轴向尺寸采取分散标注，所以加工基准选毛坯的左、右端面均可。但该零件右端的轴向尺寸 15mm、35mm 和总长 50mm 都以右端面为基准进行标注，所以从基准统一的原则出发，确定零件的右端面为加工基准。

2. 确定装夹方案

零件的毛坯左端为 φ45mm 的棒料，采用自定心卡盘进行装夹。毛坯的长度远远大于零件的长度，为了便于装夹找正，毛坯的夹持部分可以适当加大，此处确定为 40mm，同时留出 5mm 作为加工完成后的切断宽度、5mm 作为安全距离。

3. 选择刀具及切削用量

因为此类零件的各外径均要求加工，并且加工完成后需要切断，所以需要准备两把外圆车刀，分别置于 T01、T02 号刀位；1 把车断刀置于 T03 号刀位。

刀具及切削参数见表 2-1。

表 2-1　刀具及切削参数

序号	刀具号	刀具类型	加工表面	切削用量	
				主轴转速 $n/(r/min)$	进给量 $f/(mm/r)$
1	T0101	93°菱形外圆车刀	粗车外轮廓	600	0.25
2	T0202	93°菱形外圆车刀	精车外轮廓	1000	0.1
3	T0303	3mm 车断刀	—	600	—
编制		审核		批准	

4. 确定加工方案

按由粗到精、由近及远的加工原则确定加工顺序。

1）工步一：车削右端面。

2）工步二：粗、精加工外圆 φ16mm、φ24mm、φ32mm、φ42mm 圆柱面至尺寸要求，倒圆、倒角。

3）工步三：切断。

5. 填写工序卡

按加工顺序将各工步的加工内容、所用刀具编号、切削用量等加工信息填入数控加工工序卡，见表 2-2。

表 2-2　数控加工工序卡

数控加工工序卡			产品名称	项目名称	项目序号
				带圆弧台阶轴零件的加工	02
工序号	程序编号	夹具名称	夹具编号	使用设备	车间
001	O0021	自定心卡盘		CAK6150DJ	数控实训中心

项目二 带圆弧台阶轴零件的加工

(续)

工步号	工步内容	切削用量			刀 具		量具名称	备注
		主轴转速 $n/(r/min)$	进给量 $f/(mm/r)$	背吃刀量 a_p/mm	编号	名称		
1	车削右端面	600	0.25	1~2	T0101	外圆车刀	游标卡尺	手动
2	粗车轮廓,留余量0.5mm	600	0.25	1~2	T0101	外圆车刀	游标卡尺	自动
3	精车轮廓	1000	0.1	0.25	T0202	外圆车刀	游标卡尺	自动
4	切断	350	—	—	T0303	—	—	手动
编制		审核		批准			共1页	第1页

任务二 编写数控加工程序

根据各加工工步的进给路线编写零件的加工程序,数控加工程序单见表2-3。

表2-3 数控加工程序单

项目序号	02	项目名称	带圆弧台阶轴零件的加工	编程原点	安装后右端面中心
程序号	O0021	数控系统	FANUC 0i Mate-TC	编制	
程序内容		简要说明			

程序内容	简要说明
T0101;	换T0101刀到位
G00 X80 Z100;	快速定位到换刀点
M03 S600;	主轴正转,转速为600r/min
X45 Z3;	快速定位到循环起始点
G71 U1.5 R1;	用G71指令粗加工轮廓
G71 P10 Q20 U0.5 W0.2 F0.25;	设置G71加工参数
N10 G01 X6;	
X16 Z-2;	
Z-15 R4;	
X24;	
Z-25;	精加工轮廓
X32 R4;	
Z-35;	
X42 Z-42;	
Z-50;	
N20 X45;	
G00 X80 Z100;	返回换刀点
M05;	主轴停止
M00;	程序暂停
T0202 M03 S1000 F0.1;	换T0202刀,设置主轴以1000r/min正转,进给量为0.1mm/r
X45 Z3;	快速定位到循环起始点
G70 P10 Q20;	用G70指令精加工轮廓
G00 X80 Z100;	快速退刀,回换刀点
M05;	主轴停止
M30;	程序结束

华中程序对比

SIEMENS程序对比

任务三　数控仿真加工零件

数控仿真操作步骤如下：
1）打开仿真软件，开机。
2）选择面板，车床各轴回参考点。
3）选择及安装刀具，定义毛坯及设置零件。
4）对刀。
5）输入程序。
6）程序校验。
7）自动运行仿真加工。
8）测量工件，优化程序。

任务四　零件的加工检测

1. 加工准备

1）检查坯料尺寸。
2）开机，回参考点。
3）输入程序。将编写好的数控程序通过数控面板输入数控车床。
4）装夹工件。将工件装夹在自定心卡盘中，伸出60mm，找正并夹紧。
5）装夹刀具。将外圆车刀、车断刀分别按要求装在刀架的T01、T02、T03号刀位。

2. 对刀设置

外圆车刀对刀时，X轴、Z轴均采用试切法对刀，并把操作得到的数据输入T01号刀具补偿中，G54等零点偏置中的数值输入0。

3. 空运行及仿真

打开程序，选择自动加工模式，按下空运行键和机床锁住键，按数控启动键，观察程序运行情况。若先按图形显示键再按数控启动键，可进行加工轨迹仿真。空运行结束后，将空运行键和机床锁住键复位，并重新回机床参考点。

4. 自动加工及尺寸控制

（1）零件的自动加工　选择自动加工模式，打开程序，调好进给倍率，按循环启动键进行加工。

（2）零件加工过程中的尺寸控制　数控车床上的首件加工均采用试切和试测方法来保证尺寸精度。具体做法为：当程序执行完粗加工后，停车测量精加工余量；根据精加工余量设置精加工（T02）磨损量，避免因对刀不精确造成精加工余量不足而出现缺陷；然后运行精加工程序，执行完精加工后，再停车测量；根据测量结果，修调精加工车刀磨损值，再次运行精加工程序，直至达到尺寸要求为止。

5. 检测零件与评分

在零件加工结束后进行检测，对工件进行误差与质量分析，将结果填入表2-4。

项目二 带圆弧台阶轴零件的加工

表 2-4 数控车床编程与操作考核表

班级				姓名		学号		日期	
项目名称			带圆弧台阶轴零件的加工				项目序号	02	
		序号	检测项目			配分	学生自评	教师评分	
基本检查	编程	1	切削加工工艺制订正确			6			
		2	切削用量选用合理			6			
		3	程序正确、简单、明确且规范			6			
	操作	4	设备操作、维护保养正确			6			
		5	刀具选择、安装正确、规范			6			
		6	工件找正、安装正确、规范			6			
		7	安全文明生产			6			
工作态度		8	行为规范、纪律良好			6			
外圆		9	$\phi16_{-0.052}^{0}$mm			6			
		10	$\phi24_{-0.052}^{0}$mm			6			
		11	$\phi32_{-0.062}^{0}$mm			6			
		12	$\phi42_{-0.084}^{0}$mm			6			
长度		13	8mm			4			
		14	10mm			4			
		15	15mm			4			
		16	35mm			4			
		17	(50±0.15)mm			5			
倒角		18	C2			2			
表面粗糙度值		19	$Ra1.6\mu m$			3			
其他		20				2			
综合得分						100			

四、项目总结

该项目相对简单,加工圆弧时要根据切削状况适时调整进给修调开关。在编程过程中,由于程序段号在手工输入过程中会自动生成,因此程序段号可省略不写。

通过该项目的训练,巩固调用固定循环 G71 指令进行编程加工的方法,掌握控制尺寸精度、表面粗糙度值的方法,注意拟订合理的加工工艺路线。

1. FANUC 系统的 G71 指令和 G94 指令有何不同?
2. 编程尺寸为何取公称尺寸?
3. 在数控加工中出现意外事故时应如何处理?

自 测 题

一、选择题

1. 数控车削加工遵循的原则之一是"先近后远"，这主要是为了减少（　　）时间。
   A. 对刀　　　　　B. 刀具空行程　　　　C. 装夹　　　　　D. 切削行程

2. 关于固定循环编程，以下说法不正确的是（　　）。
   A. 固定循环是预先设定好的一系列连续加工动作
   B. 利用固定循环编程，可大大缩短程序的长度，减少程序所占的内存
   C. 利用固定循环编程，可以减少加工时的换刀次数，提高加工效率
   D. 固定循环编程可分为单一形状与多重（复合）固定循环两种类型

3. "G71 U(Δd) R(e); G71 P(n_s) Q(n_f) U(Δu) W(Δw) F_T_;" 中的"Δu"表示（　　）。
   A. X 向每次进给量（半径量）　　　　B. X 向每次进给量（直径量）
   C. X 向精加工余量（半径量）　　　　D. X 向精加工余量（直径量）

4. 在下列指令中，可用于加工端面槽的指令是（　　）。
   A. G73　　　　　B. G74　　　　　　　C. G75　　　　　　D. G76

5. 使用手轮时，当方式选择旋钮指向手轮×1时，每旋转一个刻度，相应的轴移动（　　）mm；当方式选择旋钮指向手轮×100时，每旋转一个刻度，相应的轴移动（　　）mm。
   A. 0.1　　　　　B. 0.001　　　　　　C. 0.0001　　　　D. 1　　　　E. 10

二、判断题

1. 基准不重合和基准位置变动的误差，会造成定位误差。（　　）
2. 制订数控车床工艺时，必须考虑换刀、变速、切削液启停等辅助动作。（　　）
3. G71 指令中的 R 值是指粗加工过程中 X 方向的退刀量，该值为半径量。（　　）
4. G32 指令功能为螺纹切削加工，只能加工螺纹。（　　）
5. 影响切削温度的主要因素有工件材料、切削用量、刀具几何参数和冷却条件等。（　　）

三、项目训练

加工如图 2-2 所示的台阶轴零件，材料为 45 钢，规格为 ϕ60mm×70mm。要求：分析零件加工工艺、编制加工程序，并完成零件的加工。

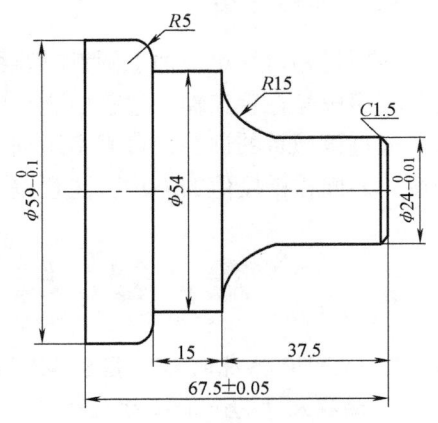

图 2-2　台阶轴零件

项目三
螺纹轴零件的加工（1）

一、项目描述

本项目的待加工零件为螺纹轴，如图 3-1 所示。已知毛坯为 φ45mm × 100mm 的棒料，材料为 45 钢，要求制订零件的加工工艺，编写零件加工程序，并通过数控仿真进行加工调试，优化程序，最后进行零件的加工检测。

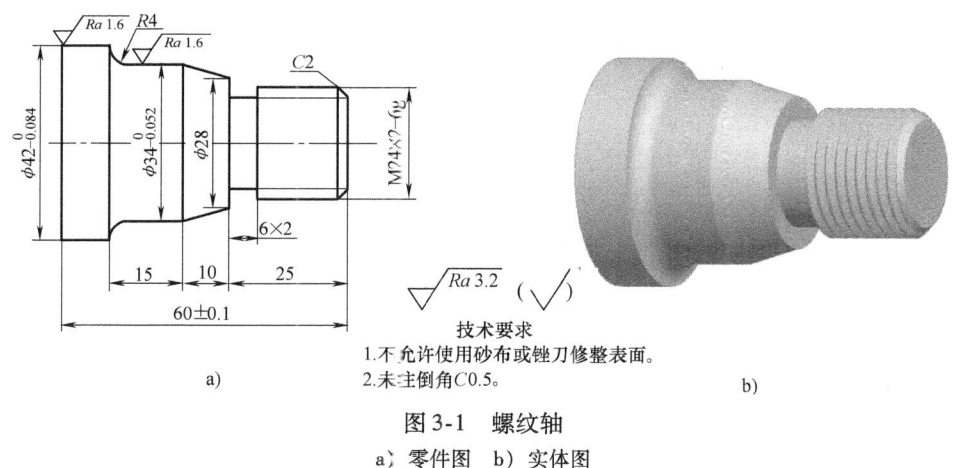

图 3-1　螺纹轴
a）零件图　b）实体图

二、项目教学目标

1) 掌握螺纹轴零件加工工艺的制订方法。
2) 掌握 G92 指令及其应用。
3) 熟悉相关的工具、量具、夹具，并能熟练操作数控车床。

三、项目实施

任务一　制订零件的加工工艺

1. 分析零件图

（1）分析尺寸　图 3-1 所示的螺纹轴形状简单，结构尺寸变化不大。该零件由圆柱面、圆弧、沟槽及外螺纹组成。外圆径向尺寸 φ34mm、φ42mm 的精度较高，其外圆的表面粗糙度值不大于 $Ra1.6\mu m$。螺纹有公差要求，零件总长有公差要求。

（2）确定加工基准　因为轴向尺寸采取分散标注的方式，所以加工基准选毛坯的左、右端面均可。但该螺纹轴零件的轴向尺寸 25mm 和总长尺寸 60mm 都以右端面为基准进行标注，所以从基准统一的原则出发，确定零件的右端面为加工基准。

2. 确定装夹方案

零件的毛坯左端为 φ45mm 的棒料，采用自定心卡盘进行装夹。为了便于装夹找正，毛坯的夹持部分可以适当加大，此处确定为 30mm，同时留出 5mm 作为加工完成后的切断宽度、5mm 作为安全距离。

3. 选择刀具及切削用量

因为此类零件的外径、沟槽、螺纹均要求加工，并且加工完成后需要切断，所以需要准备两把外圆车刀，分别置于 T01、T02 刀位；1 把车槽刀置于 T03 刀位；1 把螺纹车刀置于 T04 号刀位。

刀具及切削参数见表 3-1。

表 3-1　刀具及切削参数

序号	刀具号	刀具类型	加工表面	切削用量	
				主轴转速 $n/(r/min)$	进给量 $f/(mm/r)$
1	T0101	93°菱形外圆车刀	粗车外轮廓	600	0.25
2	T0202	93°菱形外圆车刀	精车外轮廓	1000	0.1
3	T0303	4mm 车槽刀	沟槽	350	0.1
4	T0404	60°外螺纹车刀	三角形螺纹	1000	2
编制		审核		批准	

4. 确定加工方案

按由粗到精、由近及远的加工原则确定加工顺序。

1）工步一：车削右端面。
2）工步二：粗、精加工外圆 φ28mm、φ34mm、φ42mm 圆柱面及 M24×2 螺纹大径等至尺寸要求，倒圆、倒角。
3）工步三：切槽。
4）工步四：加工螺纹。
5）工步五：切断。

5. 填写工序卡

按加工顺序将各工步的加工内容、所用刀具编号、切削用量等加工信息填入数控加工工序卡，见表 3-2。

表 3-2　数控加工工序卡

数控加工工序卡			产品名称	项目名称	项目序号
				螺纹轴零件的加工(1)	03
工序号	程序编号	夹具名称	夹具编号	使用设备	车间
001	O0031	自定心卡盘		CAK6150DJ	数控实训中心

（续）

工步号	工步内容	切削用量			刀具		量具名称	备注
		主轴转速 n/(r/min)	进给量 f/(mm/r)	背吃刀量 a_p/mm	编号	名称		
1	车削右端面	600	0.25	1~2	T0101	外圆车刀	游标卡尺	手动
2	粗车轮廓，留余量0.5mm	600	0.25	1~2	T0101	外圆车刀	外径千分尺	自动
3	精车轮廓	1000	0.1	0.25	T0202	外圆车刀	外径千分尺	自动
4	切槽	350	0.1	2	T0303	车槽刀	游标卡尺	自动
5	加工螺纹	1000	2	—	T0404	螺纹车刀	螺纹千分尺	自动
6	切断	350	—	—	T0303			手动
编制		审核			批准		共1页	第1页

任务二　编写数控加工程序

根据各加工工步的进给路线编写零件的加工程序，数控加工程序单见表3-3。

表3-3　数控加工程序单

项目序号	03	项目名称	螺纹轴零件的加工(1)	编程原点	安装后右端面中心
程序号	O0031	数控系统	FANUC 0i Mate-TC	编制	
程序内容			简要说明		

程序内容	简要说明
T0101；	换T0101刀到位
G00 X80 Z100；	快速定位到换刀点
M03 S600；	主轴正转，转速为600r/min
X45 Z3；	快速定位到循环起始点
G71 U1.5 R1；	用G71指令粗加工轮廓
G71 P10 Q20 U0.5 W0.2 F0.25；	设置G71加工参数
N10 G01 X14；	⎫
X24 Z-2；	⎪
Z-25；	⎪
X28；	⎬ 精加工轮廓
X34 Z-35；	⎪
Z-50 R4；	⎪
X42；	⎪
Z-60；	⎪
N20 X45；	⎭
G00 X80 Z100；	返回换刀点
M05；	主轴停止
M00；	程序暂停
T0202 M03 S1000 F0.1；	选择T0202号刀，设置主轴以1000r/min正转，进给量为0.1mm/r
G00 X45 Z3；	快速定位到循环起始点
G70 P10 Q20；	用G70指令精加工轮廓
G00 X80 Z100；	快速退刀，回换刀点
M05；	主轴停止

(续)

程 序 内 容	简 要 说 明
M00;	程序暂停
T0303 M03 S350 F0.1;	选择 T0303 号刀,主轴正转,转速为 350r/min,进给量为 0.1mm/r
G00 X30 Z-25;	快速移动至起刀点
G01 X20.1;	切槽
G00 X30;	快速移动点定位
G00 Z-23;	快速移动点定位
G01 X20;	切槽
G01 Z-25;	车削槽底
G00 X30;	快速移动点定位
G00 X80 Z100;	快速移动到换刀点
M05;	主轴停止
M00;	程序暂停
T0404 M03 S1000;	选择 T0404 号刀,主轴正转,转速为 1000r/min
G00 X26 Z2;	快速移动至起刀点
G92 X23.1 Z-21 F2;	螺纹切削循环,螺距为 2mm
X22.5;	
X21.9;	
X21.5;	
X21.4;	
X21.4;	精车螺纹
G00 X80 Z100;	回换刀点
M05;	主轴停止
M30;	程序结束

华中程序对比

SIEMENS 程序对比

任务三　数控仿真加工零件

数控仿真操作步骤如下:
1) 打开仿真软件,开机。
2) 选择面板,车床各轴回参考点。
3) 选择及安装刀具,定义毛坯及设置零件。
4) 对刀。
5) 输入程序。
6) 程序校验。
7) 自动运行仿真加工。
8) 测量工件,优化程序。

任务四　零件的加工检测

1. 加工准备

1）检查坯料尺寸。

2）开机，回参考点。

3）输入程序。将编写好的数控程序通过数控面板输入数控车床。

4）装夹工件。将工件装夹在自定心卡盘中，伸出55mm，找正并夹紧。

5）装夹刀具。将外圆车刀、车槽刀、螺纹车刀分别按要求装在刀架的T01、T02、T03、T04号刀位。

2. 对刀设置

外圆车刀和车槽刀对刀时，X轴、Z轴均采用试切法对刀，并把操作得到的数据输入相应的刀具补偿号中。螺纹车刀对刀时，X轴对刀与外圆车刀采用试切法对刀相同；Z轴对刀时，将车床主轴停转，采用目测法或借助金属直尺使螺纹车刀的刀尖与工件右端面对齐，然后将相应的数据输入刀具补偿号中。

3. 空运行及仿真

对输入的程序进行空运行或轨迹仿真，以检测程序是否正确。

4. 自动加工及尺寸控制

（1）零件的自动加工　选择自动加工模式，打开程序，调好进给倍率，按循环启动键进行加工。

（2）零件加工过程中的尺寸控制　外圆和长度尺寸的控制同前面项目。控制螺纹尺寸的步骤是：设置一定的螺纹车刀磨损量，在运行完一遍加工螺纹的程序后，停车检测；根据测量结果，修调螺纹车刀的磨损值，再次运行螺纹加工程序，直到达到尺寸要求为止。

5. 检测零件与评分

在零件加工结束后进行检测，对工件进行误差与质量分析，将结果填入表3-4。

表3-4　数控车床编程与操作考核表

班级			姓名		学号		日期	
项目名称			螺纹轴零件的加工(1)			项目序号	03	
基本检查		序号	检测项目		配分	学生自评	教师评分	
	编程	1	切削加工工艺制订正确		6			
		2	切削用量选用合理		6			
		3	程序正确、简单、明确且规范		6			
	操作	4	设备操作、维护保养正确		6			
		5	刀具选择、安装正确、规范		6			
		6	工件找正、安装正确、规范		6			
		7	安全文明生产		6			

(续)

项目名称		螺纹轴零件的加工（1）		项目序号	03
工作态度	序号	检测项目	配分	学生自评	教师评分
	8	行为规范、纪律良好	6		
外圆	9	$\phi 28$mm	5		
	10	$\phi 34_{-0.052}^{0}$mm	5		
	11	$\phi 42_{-0.084}^{0}$mm	5		
螺纹	12	M24×2	7		
长度	13	6mm×2mm	4		
	14	10mm	4		
	15	15mm	4		
	16	25mm	4		
	17	(60±0.1)mm	6		
倒圆	18	R4	2		
倒角	19	C2	2		
表面粗糙度值	20	Ra1.6μm	2		
其他	21		2		
综合得分			100		

四、项目总结

在机械制造业中，采用数控车削的方法加工螺纹是目前常用的方法。与普通车削相比，车削螺纹的进给速度要高出10倍，螺纹车刀刀尖处的作用力要高100～1000倍，切削速度较快，切削力较大而作用力聚集范围较窄，导致螺纹的加工难度高。在加工时可从刀具、切削液和程序的编制三方面来提高数控车削螺纹的精度。此外，加工时必须注意安全文明生产，一定要夹紧工件，以防车削时工件打滑飞出伤人和发生扎刀现象。

思 考 与 练 习

1. 简述外圆柱面的直径及螺纹实际小径的确定方法。
2. 车削螺纹时，确定主轴转速应遵循的原则有哪些？
3. 车削 M30×1.5 的外螺纹零件（材料为45钢），试确定实际车削时外圆柱面的直径 d_{j1}、螺纹实际牙型高度和螺纹实际小径 d_{j2}。

自 测 题

一、填空题

1. 代码解释：M02 ____，M04 ____，M08 ____，M30 ____。

2. 长度尺寸超过直径____倍以上的旋转零件称为轴类零件。
3. 在加工中使用切削液的作用是____和____。
4. 在数控车床上车削螺纹的进刀方法主要有____、____和左右进刀法三种。
5. G71 指令必须带有 P、Q 地址____，且应与精加工路径起、止顺序号对应，否则不能进行该循环加工。

二、判断题

1. 为防止工件变形，夹紧部位要与支承件对应，尽可能不在悬空处夹紧。（ ）
2. G71 指令中的 R 值是指粗加工过程中 X 方向的退刀量，该值为半径量。（ ）
3. G32 指令是 FANUC 系统中用于加工螺纹的单一固定循环指令。（ ）
4. 如果在单段方式下执行 G92 循环，则每执行一次循环必须按四次循环启动键。
（ ）
5. 车削螺纹时，必须设置升速段和降速段。（ ）

三、项目训练

加工图 3-2 所示的螺纹轴零件，材料为 45 钢，规格为 φ60mm×120mm。要求：分析零件的加工工艺，编制加工程序，并完成零件的加工。

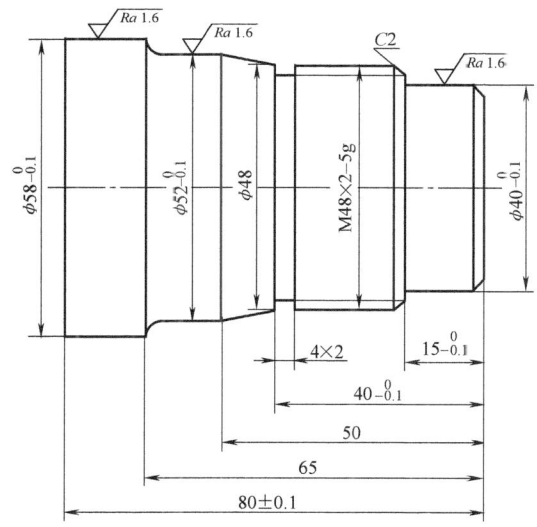

图 3-2 螺纹轴零件

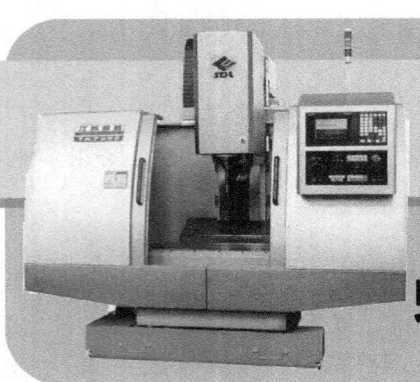

项目四

螺纹轴零件的加工（2）

一、项目描述

本项目的待加工零件为螺纹轴，如图 4-1 所示。已知毛坯为 $\phi 45\text{mm} \times 100\text{mm}$ 的棒料，材料为 45 钢，要求制订零件的加工工艺，编写数控加工程序，并通过数控仿真加工零件，优化程序，最后进行零件的加工检测。

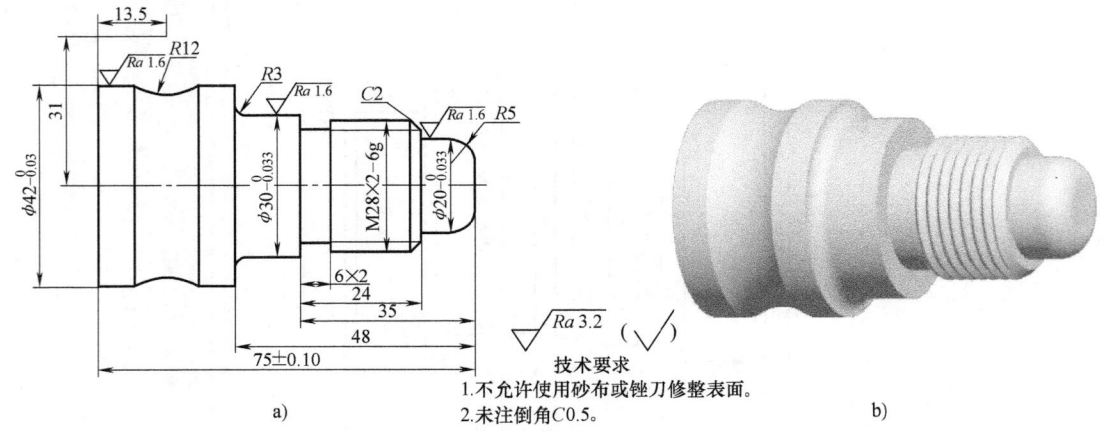

图 4-1 螺纹轴
a）零件图 b）实体图

二、项目教学目标

1) 巩固螺纹轴零件加工工艺的制订方法。
2) 掌握 G73 指令及其应用。
3) 掌握保证尺寸精度的方法。

三、项目实施

任务一 制订零件的加工工艺

1. 分析零件图

（1）分析尺寸 图 4-1 所示的零件形状简单，结构尺寸变化不大，零件的总体结构主要包括圆柱、圆弧、圆角、沟槽及外螺纹等，重要的径向加工部位有 φ20mm、φ30mm、φ42mm 外圆柱表面（其精度较高、表面粗糙度值为 $Ra1.6\mu m$），$R12mm$ 外圆弧面，$R3mm$、$R5mm$ 的过渡圆弧，以及零件右端的退刀槽及 M28×2 螺纹。零件总长有公差要求。

（2）确定加工基准 该零件的轴向尺寸以右端面为基准进行标注，所以从基准统一的原则出发，确定零件的右端面为加工基准。

2. 确定装夹方案

零件采用自定心卡盘进行装夹。零件的加工长度为75mm，加工完需要切断，留出5mm作为切断宽度，同时留5mm作为安全距离，因此零件伸出总长应为85mm以上。

3. 选择刀具及切削用量

由于此类零件的外径、沟槽、螺纹均要求加工，并且加工完成后需要切断，所以需要准备两把外圆车刀、1把车槽刀、1把螺纹车刀，分别置于 T01～T04 号刀位。

刀具及切削参数见表4-1。

表4-1 刀具及切削参数

序号	刀具号	刀具类型	加工表面	切削用量	
				主轴转速 $n/(r/min)$	进给量 $f/(mm/r)$
1	T0101	93°菱形外圆车刀	粗车外轮廓	600	0.25
2	T0202	93°菱形外圆车刀	精车外轮廓	1000	0.1
3	T0303	4mm车槽刀	沟槽	350	0.1
4	T0404	60°外螺纹车刀	三角形螺纹	1000	2
编制		审核		批准	

4. 确定加工方案

按由粗到精、由近及远的加工原则确定加工顺序。

1）工步一：车削右端面。

2）工步二：粗、精加工外圆 φ20mm、φ30mm、φ42mm 圆柱面及 M28×2 螺纹大径等至尺寸要求。

3）工步三：切槽。

4）工步四：加工螺纹。

5）工步五：切断。

5. 填写工序卡

按加工顺序将各工步的加工内容、所用刀具编号、切削用量等加工信息填入数控加工工序卡，见表4-2。

表4-2 数控加工工序卡

数控加工工序卡			产品名称	项目名称	项目序号
				螺纹轴零件的加工(2)	04
工序号	程序编号	夹具名称	夹具编号	使用设备	车间
001	O0041	自定心卡盘		CAK6150DJ	数控实训中心

(续)

工步号	工步内容	切削用量			刀具		量具名称	备注
		主轴转速 $n/(r/min)$	进给量 $f/(mm/r)$	背吃刀量 a_p/mm	编号	名称		
1	车削右端面	600	0.25	1~2	T0101	外圆车刀	游标卡尺	手动
2	粗车轮廓,留余量0.5mm	600	0.25	1~2	T0101	外圆车刀	外径千分尺	自动
3	精车轮廓	1000	0.1	0.25	T0202	外圆车刀	外径千分尺	自动
4	切槽	350	0.1	2	T0303	车槽刀	游标卡尺	自动
5	加工螺纹	1000	2	—	T0404	螺纹车刀	螺纹千分尺	自动
6	切断	350	—	—	T0303	—	—	手动
编制		审核		批准			共1页	第1页

任务二　编写数控加工程序

根据各加工工步的进给路线编写零件的加工程序,数控加工程序单见表4-3。

表4-3　数控加工程序单

项目序号	04	项目名称	螺纹轴零件的加工(2)	编程原点	安装后右端面中心
程序号	O0041	数控系统	FANUC 0i Mate-TC	编制	
程序内容			简要说明		
T0101;			换T0101刀到位		
G00 X80 Z100;			快速定位到换刀点		
M03 S600;			主轴正转,转速为600r/min		
G00 X45 Z3;			快速定位到循环起始点		
G73 U16 W0 R8;			用G73指令粗加工轮廓		
G73 P10 Q20 U0.5 W0.2 F0.25;			设置G73加工参数		
N10 X10;					
Z0;					
G03 X20 Z-5 R5;					
G01 Z-11;					
X23.85;					
X27.85 Z-13;					
Z-35;			精加工轮廓		
X30;					
Z-45;					
G02 X36 Z-48 R3;					
G01 X42;					
Z-55.15;					
G02 X42 Z-68.75 R12;					
G01 Z-75;					
N20 X45;					
G00 X80 Z100;			返回换刀点		

(续)

程 序 内 容	简 要 说 明
M05;	主轴停止
M00;	程序暂停
T0202;	换 T0202 刀到位
M03 S1000;	设置主轴以 1000r/min 正转
G00 X45 Z3;	快速定位到循环起始点
G70 P10 Q20 F0.1;	用 G70 指令精加工轮廓,进给量为 0.1mm/r
G00 X80 Z100;	快速退刀,回换刀点
M05;	主轴停止
M00;	程序暂停
T0303;	选择 T0303 号刀
M03 S350 F0.1;	主轴正转,转速为 350r/min,进给量为 0.1mm/r
G00 X32 Z-35;	快速移动至起刀点
G01 X24.1;	切槽
G00 X32;	快速移动点定位
G00 Z-33;	快速移动点定位
G01 X24;	切槽
Z-35;	车削槽底
G00 X32;	快速移动点定位
G00 X80 Z100;	快速移动到换刀点
M05;	主轴停止
M00;	程序暂停
T0404;	选择 T0404 号刀
M03 S1000;	主轴正转,转速为 1000r/min
G00 X30 Z-9;	快速移动至起刀点
G92 X27.85 Z-32 F2;	螺纹切削循环,螺距为 2mm
X27.2;	
X26.6;	
X26.3;	
X26;	
X25.835;	
X25.835;	精车螺纹
G00 X80 Z100;	快速移动到换刀点
M05;	主轴停止
M30;	程序结束

华中程序对比

SIEMENS 程序对比

任务三 数控仿真加工零件

数控仿真操作步骤如下:
1) 打开仿真软件,开机。
2) 选择面板,车床各轴回参考点。

3）选择及安装刀具，定义毛坯及设置零件。
4）对刀。
5）输入程序。
6）程序校验。
7）自动运行仿真加工。
8）测量工件，优化程序。

任务四　零件的加工检测

1. 加工准备

1）检查坯料尺寸。
2）开机，回参考点。
3）输入程序。将编写好的数控程序通过数控面板输入数控车床。
4）装夹工件。将工件装夹在自定心卡盘中，伸出90mm，找正并夹紧。
5）装夹刀具。将相关刀具分别按要求装夹在刀架的相应刀位上。

2. 对刀设置

四把刀依次采用试切法对刀。把通过对刀操作得到的零点偏置分别输入各自的长度补偿中。其中，车槽刀以左刀尖为刀位点，螺纹车刀以刀尖为刀位点，对刀步骤同项目三。

3. 空运行及仿真

对输入的程序进行空运行或轨迹仿真，以检测程序是否正确。

4. 自动加工及尺寸控制

（1）零件的自动加工　选择自动加工模式，打开程序，调好进给倍率，按循环启动键进行加工。

（2）零件加工过程中的尺寸控制　外圆、长度及螺纹的尺寸可通过修改刀具磨损量的方法进行控制。

5. 检测零件与评分

在零件加工结束后进行检测，对工件进行误差与质量分析，将结果填入表4-4中。

表4-4　数控车床编程与操作考核表

班级			姓名		学号		日期	
项目名称			螺纹轴零件的加工(2)			项目序号	04	
基本检查		序号	检测项目		配分	学生自评	教师评分	
	编程	1	切削加工工艺制订正确		6			
		2	切削用量选用合理		6			
		3	程序正确、简单、明确且规范		6			
	操作	4	设备操作、维护保养正确		6			
		5	刀具选择、安装正确、规范		6			
		6	工件找正、安装正确、规范		6			
		7	安全文明生产		6			

(续)

项目名称		螺纹轴零件的加工(2)		项目序号	04
工作态度	序号	检测项目	配分	学生自评	教师评分
	8	行为规范、纪律良好	6		
外圆	9	$\phi 20_{-0.033}^{0}$ mm	5		
	10	$\phi 30_{-0.033}^{0}$ mm	5		
	11	$\phi 42_{-0.03}^{0}$ mm	5		
螺纹	12	M28×2	8		
长度	13	6mm×2mm	3		
	14	24mm	3		
	15	35mm	3		
	16	48mm	3		
	17	(75±0.10)mm	5		
圆弧	18	R3mm	2		
	19	R5mm	2		
	20	R12mm	3		
倒角	21	C2	2		
其他	22		3		
综合得分			100		

四、项目总结

虽然仿形切削循环 G73 指令可以加工内凹的轮廓，但该指令主要用于已成形工件（如锻件、铸件等）的粗加工。因此，加工本项目工件时，刀具的空行程较多，切削效率较低。解决的方案是：先采用 G71 指令进行粗加工，再采用 G73 指令进行半精加工和精加工。

1. 简述 FANUC 系统 G71、G72、G73 指令的不同。
2. 简述对刀点的定义和选择原则。
3. 试叙述创建和编辑程序的过程。

一、填空题

1. 数控车床按功能可分为_____、_____和_____。
2. 成形面又称特形面，是指具有由线轮廓的_____。

3. 圆弧的顺、逆方向应从垂直于圆弧所在平面的坐标轴正向进行观察判断，顺时针走向的圆弧为_____，逆时针走向的圆弧为_____。

4. 螺纹牙型是通过_____上的螺纹的轮廓形状；牙型角α是在螺纹牙型上，相邻_____的夹角。

5. G73 指令与 G71 指令的功能相同，只是刀具路径按照工件_____进行循环。

二、判断题

1. 硬质合金是一种耐磨性好、耐热性高、抗弯强度和冲击韧度较高的材料。（　　）
2. 切削用量包括进给量、背吃刀量和工件转速。（　　）
3. 对于精度要求较高的零件，在精加工时最好采用一次装夹的方式。（　　）
4. 在恒转速条件下车削端面时，切削速度是变化的。（　　）
5. 位置公差是指关联实际要素的位置对基准所允许的变动全量。（　　）

三、项目训练

加工如图 4-2 所示的螺纹轴零件，材料为 45 钢，规格为 φ30mm×80mm。要求：分析零件的加工工艺，编制加工程序，并完成零件的加工。

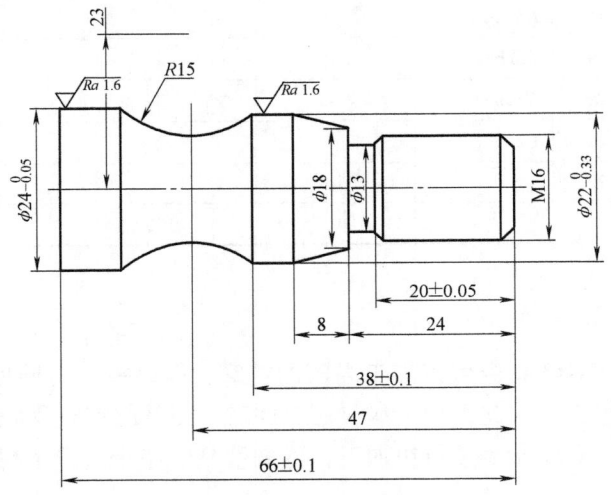

图 4-2　螺纹轴零件

项目五

螺纹轴零件的加工（3）

一、项目描述

本项目的待加工零件为螺纹轴，如图 5-1 所示。已知毛坯为 $\phi45\text{mm}\times80\text{mm}$ 的棒料，材料为 45 钢，要求制订零件的加工工艺，编写数控加工程序，并通过数控仿真进行加工调试，优化程序，最后进行零件的加工检测。

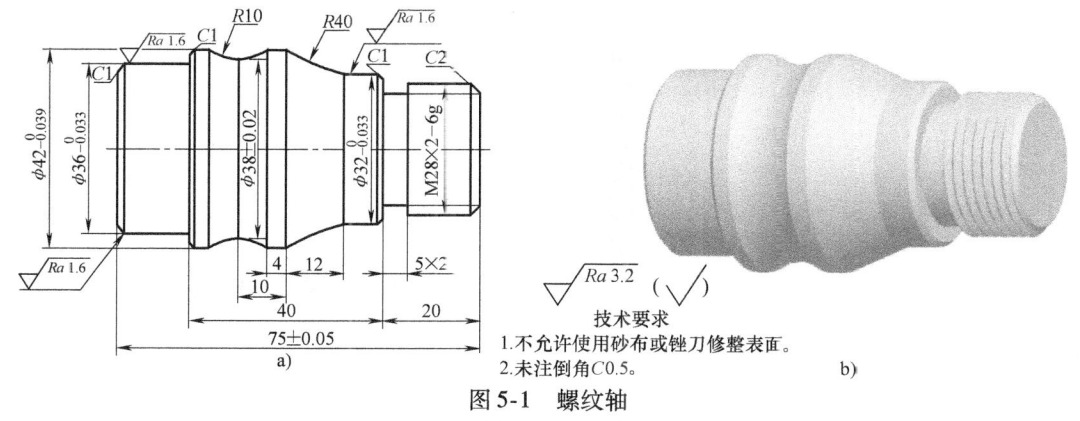

图 5-1 螺纹轴
a）零件图 b）实体图

二、项目教学目标

1）掌握通过两次装夹加工螺纹轴零件的工艺方法的制订。
2）会制订合理的加工路线。
3）掌握修正零件尺寸精度的方法。

三、项目实施

任务一 制订零件的加工工艺

1. 分析零件图

图 5-1 所示的零件由外圆柱面、外圆锥面、圆弧面、沟槽、三角形螺纹组成。该工件三处外圆 $\phi32\text{mm}$、$\phi36\text{mm}$、$\phi42\text{mm}$ 的尺寸精度要求较高，表面粗糙度值为 $Ra1.6\mu\text{m}$。同时为

了保证螺纹及总长的尺寸精度，其尺寸公差应控制在要求范围内。

2. 确定装夹方案

为了保证尺寸公差的要求，此零件的加工需要经过两次装夹，分别采用自定心卡盘和一夹一顶的装夹方式，采用设计基准作为定位基准，符合基准重合原则。

3. 选择刀具及切削用量

刀具及切削参数见表5-1。

表5-1 刀具及切削参数

序号	刀具号	刀具类型	加工表面	切削用量 主轴转速 $n/(r/min)$	切削用量 进给量 $f/(mm/r)$
1	T0101	93°菱形外圆车刀	粗车外轮廓	600	0.25
2	T0202	93°菱形外圆车刀	精车外轮廓	1000	0.1
3	T0303	4mm车槽刀	沟槽	350	0.1
4	T0404	60°外螺纹车刀	三角形螺纹	1000	2
编制		审核		批准	

4. 确定加工方案

（1）工序一

1）工步一：用自定心卡盘装夹毛坯，伸出约45mm，车削左端面。

2）工步二：粗车ϕ36mm、ϕ42mm外圆，R10mm圆弧，留精车余量0.5mm。

3）工步三：精车ϕ36mm、ϕ42mm外圆，R10mm圆弧。

（2）工序二

1）工步一：调头，车削工件右端面，保证总长，钻中心孔，用铜皮包ϕ36mm外圆，一夹一顶装夹。

2）工步二：粗车ϕ32mm圆柱面、R40mm圆弧和M28×2螺纹大径等尺寸，留精车余量0.5mm。

3）工步三：精车各外圆、圆弧至尺寸要求。

4）工步四：切退刀槽至尺寸要求。

5）工步五：车削螺纹M28×2至尺寸要求。

5. 填写工序卡

按加工顺序将各工步的加工内容、所用刀具编号、切削用量等加工信息填入数控加工工序卡，见表5-2、表5-3。

表5-2 数控加工工序卡（1）

数控加工工序卡(1)			产品名称	项目名称 螺纹轴零件的加工(3)	项目序号 05
工序号	程序编号	夹具名称	夹具编号	使用设备	车间
001	O0051	自定心卡盘		CAK6150DJ	数控实训中心

工步号	工步内容	切削用量 主轴转速 $n/(r/min)$	切削用量 进给量 $f/(mm/r)$	切削用量 背吃刀量 $a_p/(mm)$	刀具 编号	刀具 名称	量具名称	备注
1	车削左端面	600	0.25	1~2	T0101	外圆车刀	游标卡尺	手动
2	粗车轮廓，留余量0.5mm	600	0.25	1~2	T0101	外圆车刀	外径千分尺	自动
3	精车轮廓	1000	0.1	0.25	T0202	外圆车刀	外径千分尺	自动
编制		审核		批准			共1页	第1页

项目五 螺纹轴零件的加工（3）

表 5-3 数控加工工序卡（2）

数控加工工序卡(2)			产品名称		项目名称		项目序号
					螺纹轴零件的加工(3)		05
工序号	程序编号	夹具名称	夹具编号		使用设备		车间
002	O0052	一夹一顶			CAK6_50DJ		数控实训中心
工步号	工步内容		切削用量			刀 具	量具名称	备注
		主轴转速 $n/(r/min)$	进给量 $f/(mm/r)$	背吃刀量 $a_p/(mm)$	编号	名称		
1	车削右端面	600	0.25	1~2	T0101	外圆车刀	游标卡尺	手动
2	钻中心孔	800	—			中心钻	—	手动
3	粗车右端轮廓,留余量	600	0.25	1~2	T0101	外圆车刀	外径千分尺	自动
4	精车轮廓	1000	0.1	0.25	T0202	外圆车刀	外径千分尺	自动
5	切槽	350	0.1	2	T0303	车槽刀	游标卡尺	自动
6	加工螺纹	1000	2	—	T0404	螺纹车刀	螺纹千分尺	自动
编制		审核			批准		共1页 第1页

任务二　编写数控加工程序

根据各加工工步的进给路线编写零件的加工程序，数控加工程序单见表 5-4、表 5-5。

表 5-4 数控加工程序单（1）

项目序号	05	项目名称	螺纹轴零件的加工(3)	编程原点	安装后工件右端面中心
程序号	O0051	数控系统	FANUC 0i Mate-TC	编制	
程序内容				简要说明	

左侧：

程序内容	简要说明
T0101；	换 T0101 刀到位
G00 X80 Z100；	快速定位到换刀点
M03 S600；	主轴正转,转速为600r/min
G00 X45 Z2；	快速定位到循环起始点
G73 U4 W0 R3；	用 G73 指令粗加工轮廓
G73 P10 Q20 U0.5 W0.1 F0.25；	设置 G73 加工参数
N10 X30；	
G01 X36 Z-1；	
Z-15；	
X40；	
X42 Z-16；	精加工轮廓
Z-19；	
G02 X42 Z-31 R10；	
G01 Z-36；	
N20 X45；	
G00 X80 Z100；	返回换刀点

(续)

程序内容	简要说明
M05；	主轴停止
M00；	程序暂停
M03 S1000 T0202；	换T0202刀到位，设置主轴以1000r/min正转
G00 X45 Z2；	快速定位到循环起始点
G70 P10 Q20 F0.1；	用G70指令精加工轮廓，进给量为0.1mm/r
G00 X80 Z100；	快速退刀，回换刀点
M05；	主轴停止
M30；	程序结束

华中程序对比　　　　SIEMENS程序对比

表5-5　数控加工程序单（2）

项目序号	05	项目名称	螺纹轴零件的加工(3)	编程原点	安装后右端面中心
程序号	O0052	数控系统	FANUC 0i Mate-TC	编制	

程序内容	简要说明
右侧：	
T0101；	换T0101刀到位
G00 X80 Z100；	快速定位到换刀点
M03 S600；	主轴正转，转速为600r/min
G00 X45 Z2；	快速定位到循环起始点
G71 U2 R1；	用G71指令粗加工轮廓
G71 P10 Q20 U0.5 W0.1 F0.25；	设置G71加工参数
N10 G00 X19.85；	
G01 X27.85 Z-2；	
Z-20；	
X30；	
X32 Z-21；	精加工轮廓
Z-28；	
G02 X42 Z-40 R40；	
N20 G01 X45；	
G00 X80 Z100；	返回换刀点
M05；	主轴停止
M00；	程序暂停
M03 S1000 T0202；	换T0202刀到位，设置主轴以1000r/min正转
G00 X45 Z2；	快速定位到循环起始点
G70 P10 Q20 F0.1；	用G70指令精加工轮廓，进给量为0.1mm/r
G00 X80 Z100；	快速退刀，回换刀点
M05；	主轴停止
M00；	程序暂停

(续)

程 序 内 容	简 要 说 明
T0303;	选择 T0303 号刀
M03 S350 F0.1;	主轴正转,转速为 350r/min,进给量为 0.1mm/r
G00 X33 Z-20;	快速移动至起刀点
G01 X24.1;	切槽
G00 X33;	快速移动点定位
Z-19;	快速移动点定位
G01 X24;	切槽
Z-20;	车削槽底
G00 X33;	快速移动点定位
G00 X80 Z100;	快速移动到换刀点
M05;	主轴停止
M00;	程序暂停
T0404;	选择 T0404 号刀
M03 S1000;	主轴正转,转速为 1000r/min
G0 X30 Z2;	快速移动至起刀点
G92 X27.85 Z-17 F2;	螺纹切削循环,螺距为 2mm
X27.2;	
X26.6;	
X26.3;	
X26;	
X25.835;	
X25.835;	精车螺纹
G00 X80 Z100;	快速移动到换刀点
M05;	主轴停止
M30;	程序结束

华中程序对比

SIEMENS 程序对比

任务三　数控仿真加工零件

数控仿真操作步骤如下：
1）打开仿真软件，开机。
2）选择面板，车床各轴回参考点。
3）选择及安装刀具，定义毛坯及设置零件。
4）对刀。
5）输入程序。
6）程序校验。
7）自动运行仿真加工。
8）测量工件，优化程序。

任务四　零件的加工检测

1. 加工准备

1）检查坯料尺寸。
2）开机，回参考点。
3）程序输入。
4）装夹工件。
5）装夹刀具。

2. 对刀设置

四把刀依次采用试切法对刀。把通过对刀操作得到的零点偏置分别输入各自的长度补偿中。其中，车槽刀以左刀尖为刀位点，螺纹车刀以刀尖为刀位点，对刀步骤同项目三。

3. 空运行及仿真

对输入的程序进行空运行或轨迹仿真，以检测程序是否正确。

4. 自动加工及尺寸控制

（1）零件的自动加工　选择自动加工模式，打开程序，调好进给倍率，按循环启动键进行加工。

（2）零件加工过程中的尺寸控制　通过修改刀具的磨损量来控制外圆、长度及螺纹的尺寸。

5. 检测零件与评分

在零件加工结束后进行检测，对工件进行误差与质量分析，将结果填入表5-6。

表5-6　数控车床编程与操作考核表

班级			姓名		学号		日期	
项目名称			螺纹轴零件的加工(3)			项目序号	05	
基本检查		序号	检测项目			配分	学生自评	教师评分
基本检查	编程	1	切削加工工艺制订正确			6		
		2	切削用量选用合理			6		
		3	程序正确、简单、明确且规范			6		
	操作	4	设备操作、维护保养正确			6		
		5	刀具选择、安装正确、规范			6		
		6	工件找正、安装正确、规范			6		
		7	安全文明生产			6		
工作态度		8	行为规范、纪律良好			6		
外圆		9	$\phi 32_{-0.033}^{0}$ mm			5		
		10	$\phi 36_{-0.033}^{0}$ mm			5		
		11	$(\phi 38 \pm 0.02)$ mm			5		
		12	$\phi 42_{-0.039}^{0}$ mm			5		

项目五　螺纹轴零件的加工（3）

（续）

项目名称		螺纹轴零件的加工(3)		项目序号	05
螺纹	序号	检测项目	配分	学生自评	教师评分
	13	M28×2	8		
长度	14	5mm×2mm	2		
	15	4mm	2		
	16	10mm	2		
	17	12mm	2		
	18	20mm	2		
	19	40mm	2		
	20	(75±0.05)mm	3		
圆弧	21	R10mm	2		
	22	R40mm	2		
倒角	23	C2、C1（两处）	2		
其他	24		3		
综合得分			100		

四、项目总结

此零件需要进行两头加工，事先应考虑好加工工艺，特别是第二次装夹的位置要选择恰当。二次装夹时应避免夹伤已加工表面，一般可采用铜皮包裹。工件在使用顶尖装夹时，应使顶尖顶紧力适当，在切削过程中，要随时注意顶尖的松紧程度，及时进行检查调整。

1. 钻中心孔时，中心钻折断的原因有哪些？
2. 切削液具有哪些作用？
3. 车削外圆时，表面粗糙度值达不到要求是由哪些原因造成的？怎样改善？

一、填空题

1. 刀位点是指刀具的_____。例如，车刀的刀位点是刀尖或刀尖圆弧的中心点。
2. 数控车削中的切削用量是指_____、_____、和_____。
3. 常用切削液分为_____和_____两大类。
4. G90指令中U、W的符号由起始运动轨迹决定，沿正方向移动为_____，否则为_____。
5. G73指令与G71指令的功能相同，只是刀具的路径按照工件_____进行循环。

二、判断题

1. 辅助性工艺指令在程序中是可有可无的。（ ）
2. 对刀点与换刀点是同一概念。（ ）
3. 车刀出现卷刃和崩刃属于正常磨损。（ ）
4. 如果在 FANUC0T 系统 G71 指令中的 $n_s \sim n_f$ 程序段编写了非单调变化的轮廓，则在 G71 指令执行过程中会发生程序报警。（ ）
5. 车削螺纹期间的进给速度倍率、主轴速度倍率有效。（ ）

三、项目训练

加工如图 5-2 所示的综合零件，材料为 45 钢，规格为 $\phi50mm \times 100mm$。要求：分析零件的加工工艺，编制加工程序，并完成零件的加工。

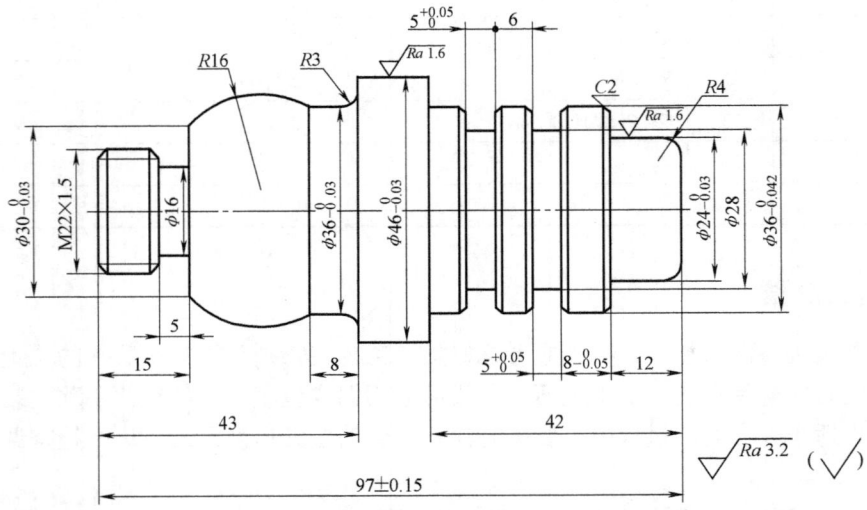

图 5-2　综合零件

项目六

带孔螺纹轴零件的加工

一、项目描述

在前面的项目中学习了各种外轮廓的加工方法。在数控车床中级职业技能鉴定中,经常会遇到各种各样的孔。通过钻、铰、镗、扩等方法可以加工出不同精度的孔,其加工方法简单,加工精度也比用普通车床车削高。孔加工是数控车床上常见的加工项目。

本项目的待加工零件为带孔螺纹轴,如图6-1所示。已知毛坯为 $\phi 45mm \times 65mm$ 的棒料,材料为45钢,要求制订零件的加工工艺,编写数控加工程序,并通过数控仿真进行加工调试,优化程序,最后进行零件的加工检测。

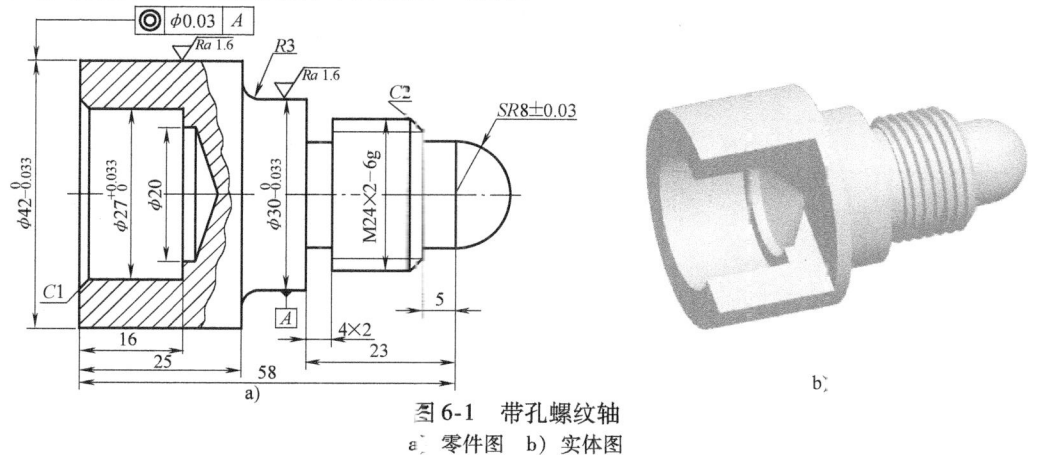

图6-1 带孔螺纹轴
a) 零件图 b) 实体图

二、项目教学目标

1) 掌握带孔螺纹轴类零件加工工艺的制订方法。
2) 掌握车削内孔的方法。
3) 掌握镗孔加工的方法。

三、项目实施

任务一 制订零件的加工工艺

1. 分析零件图

图6-1所示的零件由外圆柱面、圆弧面、球面、沟槽、三角形螺纹和内孔组成。其中,

外圆 ϕ30mm、ϕ42mm、孔 ϕ27mm 和球面 SR8mm 有严格的尺寸精度及表面粗糙度要求；ϕ42mm 外圆轴线对 ϕ30mm 外圆轴线有同轴度要求；螺纹也有尺寸精度要求。零件的材料为 45 钢，无热处理和硬度要求。

2. 确定装夹方案

此零件需要经过两次装夹才能完成全部的加工内容。第一次采用自定心卡盘装夹，装夹右端，车削左端面，完成 ϕ27mm 孔和 ϕ42mm 外圆的加工；第二次以精车后的 ϕ42mm 外圆为定位基准，采用铜皮包裹、自定心卡盘夹持的方式完成右端外形的加工。

3. 选择刀具及切削用量

刀具及切削参数见表 6-1。

表 6-1 刀具及切削参数

序号	刀具号	刀具类型	加工表面	切削用量	
				主轴转速 n/(r/min)	进给量 f/(mm/r)
1	T0101	93°菱形外圆车刀	外圆表面、端面	600、1000	0.25、0.1
2	T0202	75°镗孔刀	孔	600、1000	0.25、0.1
3	T0303	4mm 车槽刀	沟槽、切断	350	0.1
4	T0404	60°外螺纹车刀	三角形螺纹	1000	2
5	—	中心钻	—	800	—
6	—	ϕ20mm 麻花钻		350	
编制		审核		批准	

4. 确定加工方案

（1）工序一

1）工步一：车削左端面，钻中心孔。

2）工步二：钻 ϕ20mm 毛坯孔。

3）工步三：粗、精镗 ϕ27mm 内孔。

4）工步四：粗、精车 ϕ42mm 外圆柱面。

（2）工序二

1）工步一：调头，车削工件右端面，保证总长。用铜皮包裹 ϕ42mm 外圆，用自定心卡盘装夹。

2）工步二：粗车 ϕ30mm 圆柱面，R3mm、SR8mm 圆弧及 M24×2 螺纹大径等尺寸，留精车余量 0.5mm。

3）工步三：精车各外圆、圆弧至尺寸要求。

4）工步四：切退刀槽至尺寸要求。

5）工步五：车削螺纹 M24×2 至尺寸要求。

5. 填写工序卡

按加工顺序将各工步的加工内容、所用刀具编号、切削用量等加工信息填入数控加工工序卡，见表 6-2、表 6-3。

表 6-2 数控加工工序卡（1）

数控加工工序卡(1)			产品名称		项目名称		项目序号	
					带孔螺纹轴零件的加工		06	
工序号	程序编号	夹具名称	夹具编号		使用设备		车间	
001	O0061	自定心卡盘			CAK6150DJ		数控实训中心	
工步号	工步内容		切削用量			刀具	量具名称	备注
			主轴转速 $n/(r/min)$	进给量 $f/(mm/r)$	背吃刀量 a_p/mm	编号	名称	
1	车削左端面		600	0.25	1~2	T0101	外圆车刀	游标卡尺	手动
2	钻中心孔		800	—	—	—	中心钻		手动
3	钻φ20mm 毛坯孔		350	—	—	—	φ18mm 麻花钻		手动
4	粗镗φ27mm 孔		600	0.25	1.5	T0202	75°镗孔刀	内径量表	自动
5	精镗φ27mm 孔		1000	0.1	0.25	T0202	75°镗孔刀	内径量表	自动
6	粗车φ42mm 外圆，留余量		600	0.25	1~2	T0101	外圆车刀	外径千分尺	自动
7	精车φ42mm 外圆		1000	0.1	0.25	T0101	外圆车刀	外径千分尺	自动
编制		审核			批准		共1页	第1页

表 6-3 数控加工工序卡（2）

数控加工工序卡(2)			产品名称		项目名称		项目序号	
					带孔螺纹轴零件的加工		06	
工序号	程序编号	夹具名称	夹具编号		使用设备		车间	
002	O0062	自定心卡盘			CAK6150DJ		数控实训中心	
工步号	工步内容		切削用量			刀具	量具名称	备注
			主轴转速 $n/(r/min)$	进给量 $f/(mm/r)$	背吃刀量 a_p/mm	编号	名称	
1	车削右端面		600	0.25	1~2	T0101	外圆车刀	游标卡尺	手动
2	粗车右边轮廓，留余量		600	0.25	1~2	T0101	外圆车刀	外径千分尺	自动
3	精车轮廓		1000	0.1	0.25	T0101	外圆车刀	外径千分尺	自动
4	切槽		350	0.1	2	T0303	车槽刀	游标卡尺	自动
5	加工螺纹		1000	2	—	T0404	螺纹车刀	螺纹千分尺	自动
编制		审核			批准		共1页	第1页

任务二　编写数控加工程序

根据各加工工步的进给路线编写零件的加工程序，数控加工程序单见表 6-4、表 6-5。

表 6-4 数控加工程序单（1）

项目序号	06	项目名称	带孔螺纹轴零件的加工	编程原点	安装后右端面中心
程序号	O0061	数控系统	FANUC 0i Mate-TC	编制	
程序内容			简 要 说 明		

程序内容	简要说明
左侧	
T0202;	换 T0202 镗孔刀到位
G00 X80 Z100;	快速定位到换刀点
M03 S600;	主轴正转，转速为 600r/min
G00 X18 Z2;	快速定位到循环起始点
G71 U2 R1;	调用 G71 循环粗镗孔
G71 P10 Q20 U－0.5 W0.1 F0.25;	设置 G71 加工参数
N10 G00 X33;	
G01 X27 Z-1;	
Z-16;	精加工轮廓
N20 X18;	
G70 P10 Q20 F0.1;	调用 G70 循环精镗孔
G00 X18 Z200;	返回换刀点
M05;	主轴停止
M00;	程序暂停
T0101;	换 T0101 外圆车刀
M03 S600;	设置主轴转速为 600r/min
G00 X45 Z2;	快速定位到循环起始点
G71 U2 R1;	调用 G71 循环粗车外圆
G71 P30 Q40 U0.5 W0.1 F0.25;	设置 G71 加工参数
N30 X42;	
G01 Z－30;	精加工轮廓
N40 X45;	
G00 X80 Z100;	返回换刀点
M05;	主轴停止
M00;	程序暂停
M03 S1000;	主轴正转，转速为 1000r/min
G00 X45 Z2;	快速定位到循环起始点
G70 P30 Q40 F0.1;	用 G70 精加工外轮廓
G00 X80 Z100;	回换刀点
M05;	主轴停止
M30;	程序结束

华中程序对比　　　SIEMENS 程序对比

表 6-5 数控加工程序单（2）

项目序号	06	项目名称	带孔螺纹轴零件的加工	编程原点	安装后右端面中心
程序号	O0062	数控系统	FANUC 0i Mate-TC	编制	
程序内容			简 要 说 明		

程序内容	简要说明
右侧	
T0101;	换 T0101 外圆车刀
G00 X80 Z100;	快速定位到换刀点
M03 S600;	主轴正转，转速为 600r/min
G00 X45 Z2;	快速定位到循环起始点
G71 U2 R1;	调用 G71 循环加工外轮廓
G71 P10 Q20 U0.5 W0.1 F0.25;	设置 G71 加工参数

（续）

程序内容	简要说明
N10　X0; G01　Z0; G03　X18　Z-8　R8; G01　Z-13; X19.85; X23.85　Z-15; Z-31; X30; Z-30; G02　X36　Z-33　R3; N20　G01　X45;	精加工轮廓
G00　X80　Z100;	快速退刀,回换刀点
M05;	主轴停止
M00;	程序暂停
M03　S1000;	主轴正转,转速为1000r/min
G00　X45　Z2;	快速定位到循环起始点
G70　P10　Q20　F0.1;	用G70指令精加工外轮廓
G00　X80　Z100;	回换刀点
M05;	主轴停止
M00;	程序暂停
T0303;	换T0303车槽刀
M03　S350;	主轴正转,转速为350r/min
G00　X32　Z-31;	快速移动到起刀点
G01　X20.1;	切削加工
G00　X32;	快速移动点定位
G00　X80　Z100;	回换刀点
M05;	主轴停止
M00;	程序暂停
T0404;	换T0404号螺纹车刀
M03　S1000;	主轴正转,转速为1000r/min
G00　X30　Z-10;	快速移动到起刀点
G92　X27.85　Z-29　F2;	车削螺纹,螺距为2mm
X27.2; X26.2; X26.3; X26; X25.835; X25.835;	精车螺纹
G00　X80　Z100;	快速移动到换刀点
M05;	主轴停止
M30;	程序结束

华中程序对比

SIEMENS程序对比

任务三　数控仿真加工零件

数控仿真操作步骤如下：

1) 打开仿真软件，开机。
2) 选择面板，车床各轴回参考点。
3) 选择及安装刀具，定义毛坯及设置零件。
4) 对刀。
5) 输入程序。
6) 程序校验。
7) 自动运行仿真加工。
8) 测量工件，优化程序。

任务四 零件的加工检测

1. 加工准备

1) 检查坯料尺寸。
2) 开机，回参考点。
3) 输入程序。
4) 装夹工件。
5) 装夹刀具。

2. 对刀设置

四把刀依次采用试切法对刀。把通过对刀操作得到的零点偏置分别输入各自的长度补偿中。其中，车槽刀以左刀尖为刀位点，螺纹车刀以刀尖为刀位点，对刀步骤同项目三。

3. 空运行及仿真

对输入的程序进行空运行或轨迹仿真，以检测程序是否正确。

4. 自动加工及尺寸控制

（1）零件的自动加工　选择自动加工模式，打开程序，调好进给倍率，按循环启动键进行加工。

（2）零件加工过程中的尺寸控制　通过修改刀具的磨损量来控制外圆长度和螺纹的尺寸。

5. 检测零件与评分

在零件加工结束后进行检测，对工件进行误差与质量分析，将结果填入表6-6。

表6-6　数控车床编程与操作考核表

班级			姓名		学号		日期	
项目名称			带孔螺纹轴零件的加工			项目序号		06
		序号	检测项目		配分	学生自评		教师评分
基本检查	编程	1	切削加工工艺制订正确		6			
		2	切削用量选用合理		6			
		3	程序正确、简单、明确且规范		6			
	操作	4	设备操作、维护保养正确		6			
		5	刀具选择、安装正确、规范		6			
		6	工件找正、安装正确、规范		6			
		7	安全文明生产		6			

（续）

项目名称		带孔螺纹轴零件的加工		项目序号	06
工作态度	序号	检测项目	配分	学生自评	教师评分
	8	行为规范、纪律良好	6		
外圆	9	$\phi30_{-0.033}^{0}$ mm	6		
	10	$\phi42_{-0.033}^{0}$ mm	6		
内孔	11	$\phi27_{0}^{+0.033}$ mm	6		
螺纹	12	M24×2	8		
长度	13	4mm×2mm	2		
	14	5mm	2		
	15	16mm	3		
	16	23mm	2		
	17	25mm	2		
	18	58mm	2		
圆弧	19	R3mm、(SR8±0.03)mm	5		
倒角	20	C1、C2	3		
几何公差	21	同轴度	2		
其他	22		3		
综合得分			100		

四、项目总结

在车床上对工件上的孔进行车削的方法称为镗孔（又叫车孔），镗孔既可以作为粗加工工序，也可以作为精加工工序。镗孔分为镗通孔和镗不通孔。镗通孔基本上与车削外圆相同，只是进刀和退刀的方向相反。粗镗和精镗内孔时，也要进行试切和试测，其方法与车削外圆相同。

车削内孔时的质量分析有以下两点。

（1）尺寸精度达不到要求　孔径大于或小于要求尺寸。其原因是镗孔刀调试得不对，刀尖不锋利，孔偏斜、跳动，测量不及时。

（2）几何精度达不到要求　原因如下：

1）内孔呈多边形，内壁厚薄不均匀。

2）内孔有锥度。其原因是主轴中心线与导轨不平行，车床的导向套可能大了。

3）表面粗糙度值达不到要求。其原因是切削刃不锋利，角度不正确，切削用量选择不当，切削液不充分。

1. 对刀具材料的基本要求是什么？常用的刀具材料有哪些？
2. 简述数控车削加工工艺的内容。

自测题

一、选择题

1. FANUC 系统车削复合循环指令 "G73 U(Δi) W(Δk) R(d)；G73 P(m) Q(n_f) U(Δu) W(Δw) F__ S__ T__;" 中的 d 是指（　　）。
   A. X 方向的退刀量　　　　　　　B. Z 方向的退刀量
   C. X 和 Z 两个方向的退刀量　　　D. 粗车重复加工次数

2. 在程序 "G32 X(U)__ Z(W) __F__;" 中，F 表示（　　）。
   A. 主轴转速　　　B. 进给速度　　　C. 螺纹螺距　　　D. 背吃刀量

3. 总结合理的加工方法和工艺内容，规定产品或零部件制造工艺过程和操作方法等的工艺文件称为（　　）。
   A. 工艺规程　　　B. 加工工艺卡　　　C. 加工工序卡　　　D. 工艺路线

4. 现代数控车床的进给工作电动机一般都采用（　　）电动机。
   A. 异步　　　B. 伺服　　　C. 步进

5. 车削长轴时，出现双曲线误差的原因是（　　）。
   A. 车刀刀尖不规则　　　B. 车床滑板有间隙　　　C. 车刀没有对准工件

二、判断题

1. 在同一加工程序中，允许绝对值方式和增量方式组合运用。　　　　（　　）
2. 某一零件的实际偏差越大，其加工误差也越大。　　　　　　　　　（　　）
3. 螺纹加工中的进给次数和背吃刀量会直接影响螺纹的加工质量。　（　　）
4. 用 G73 指令循环加工的轮廓形状没有单调递增或单调递减形式的限制。（　　）
5. G 指令是使控制器和车床按工艺要求顺序动作的编程代码，M 指令是使控制器进行辅助加工的编程代码。　　　　　　　　　　　　　　　　　　（　　）

三、项目训练

加工如图 6-2 所示的综合零件，材料为 45 钢，规格为 $\phi 45\text{mm} \times 75\text{mm}$。要求：分析零件的加工工艺，编制加工程序，并完成零件的加工。

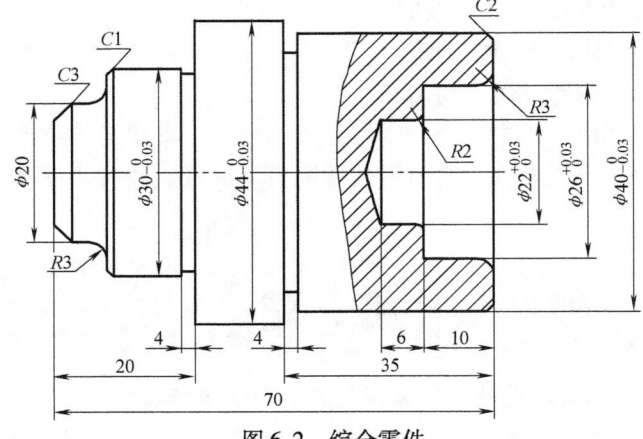

图 6-2　综合零件

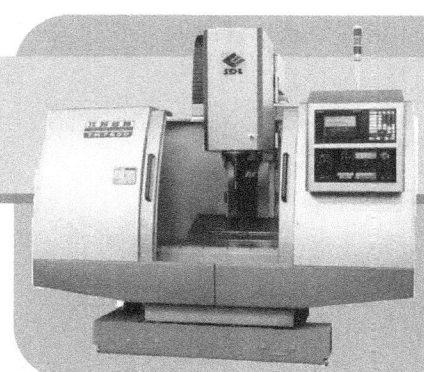

项目七

梯形槽螺纹轴的加工

一、项目描述

本项目的待加工零件为梯形槽螺纹轴,如图 7-1 所示。已知毛坯为 $\phi 45\mathrm{mm} \times 90\mathrm{mm}$ 的棒料,材料为 45 钢,要求制订零件的加工工艺,编写数控加工程序,并通过数控仿真进行加工调试,优化程序,最后进行零件的加工检测。

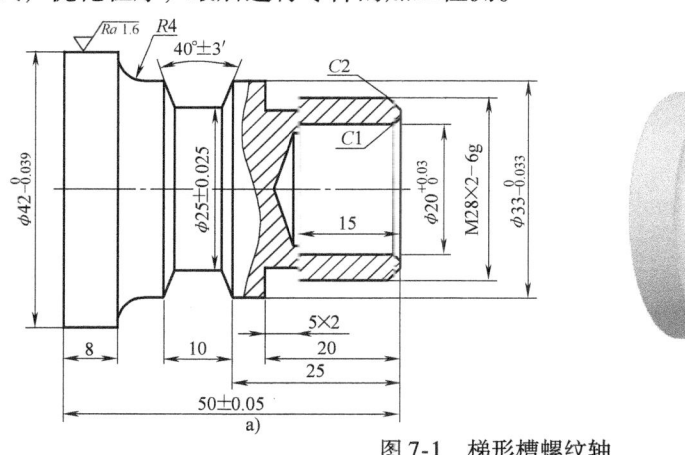
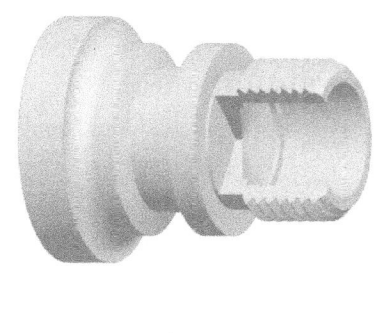

图 7-1 梯形槽螺纹轴
a) 零件图 b) 实体图

二、项目教学目标

1) 巩固内孔车削的加工工艺。
2) 能根据零件图确定切槽程序的编制方法。
3) 能使用合理的加工方法保证槽的精度。

三、项目实施

任务一 制订零件的加工工艺

1. 分析零件图

图 7-1 所示的零件由外圆柱面、圆弧面、梯形沟槽、三角形螺纹和内孔组成。其中,三

处外圆φ25mm、φ33mm、φ42mm 和孔 φ20mm 有严格的尺寸精度要求，螺纹及总长也有尺寸精度要求。零件材料为 45 钢，无热处理和硬度要求。

2. 确定装夹方案

此零件的外形规整，加工基准可选择外圆柱面，采用自定心卡盘装夹。

3. 选择刀具及切削用量

刀具及切削参数见表 7-1。

表 7-1 刀具及切削参数

序号	刀具号	刀具类型	加工表面	切削用量	
				主轴转速 n/(r/min)	进给量 f/(mm/r)
1	T0101	93°菱形外圆车刀	外圆表面、端面	600、1000	0.25、0.1
2	T0202	75°镗孔刀	孔	800	0.1
3	T0303	4mm 车槽刀	沟槽、切断	350	0.1
4	T0404	60°外螺纹车刀	三角形螺纹	1000	2
5	—	中心钻		800	—
6	—	φ18mm 麻花钻	—	350	—
编制		审核		批准	

4. 确定加工方案

1）工步一：车削右端面，钻中心孔。
2）工步二：钻 φ18mm 毛坯孔。
3）工步三：镗 φ20mm 内孔。
4）工步四：粗、精车 φ33mm、φ42mm 外圆柱面，R4mm 圆弧，M28×2 螺纹大径。
5）工步五：切退刀槽。
6）工步六：切梯形槽。
7）工步七：加工螺纹。
8）工步八：切断。

5. 填写工序卡

按加工顺序将各工步的加工内容、所用刀具编号、切削用量等加工信息填入数控加工工序卡，见表 7-2。

表 7-2 数控加工工序卡

数控加工工序卡			产品名称		项目名称		项目序号	
					梯形槽螺纹轴的加工		07	
工序号	程序编号	夹具名称	夹具编号		使用设备		车间	
001	O0071	自定心卡盘			CAK6150DJ		数控实训中心	
工步号	工步内容		切削用量			刀具		量具名称	备注
		主轴转速 n/(r/min)	进给量 f/(mm/r)	背吃刀量 a_p/mm	编号	名称		
1	车削右端面	600			T0101	外圆车刀	游标卡尺	手动
2	钻中心孔	800				中心钻		手动
3	钻 φ18mm 毛坯孔	350				φ18mm 麻花钻		手动
4	镗 φ20mm 内孔	800	0.1	0.25	T0202	75°镗孔刀	内径量表	自动

(续)

工步号	工步内容	切削用量			刀具		量具名称	备注
		主轴转速 $n/(r/min)$	进给量 $f/(mm/r)$	背吃刀量 $a_p/(mm)$	编号	名称		
5	粗车轮廓,留余量	600	0.25	1~2	T0101	外圆车刀	外径千分尺	自动
6	精车轮廓	1000	0.1	0.25	T0101	外圆车刀	外径千分尺	自动
7	切槽	350	0.1	2	T0303	车槽刀	游标卡尺	自动
8	加工螺纹	1000	2		T0404	螺纹车刀	螺纹千分尺	自动
编制		审核			批准		共1页	第1页

任务二　编写数控加工程序

根据各加工工步的进给路线编写零件的加工程序，数据加工程序单见表7-3。

表7-3　数控加工程序单

项目序号	07	项目名称	梯形槽螺纹轴的加工	编程原点	安装后右端面中心
程序号	O0071	数控系统	FANUC 0i Mate-TC	编制	
程序内容			简要说明		
T0202;			换T0202镗孔刀到位		
G00　X26　Z2;			快速定位到起始点		
M03　S800;			主轴正转,转速为800r/min		
G01　X20　Z-1　F0.1;			⎱ 镗孔		
Z-15;					
X18;					
G00　Z5;			快速退刀		
G00　X80　Z100;			回换刀点		
M05;			主轴停止		
M00;			程序暂停		
T0101;			换T0101外圆车刀		
M03　S600;			主轴正转,转速为600r/min		
G00　X45　Z2;			快速定位到循环起始点		
G71　U2　R1;			调用G71循环加工外轮廓		
G71　P10　Q20　U0.5　W0.1　F0.25;			设置G71加工参数		
N10　G00　X19.85;					
G01　X27.85　Z-2;					
Z-20;					
X33;					
Z-38;			⎱ 精加工轮廓		
G02　X41　Z-39　R4;					
G01　X42;					
Z-50;					
N20　X45;					
G00　X80　Z100;			返回换刀点		
M05;			主轴停止		
M00;			程序暂停		
M03　S1000;			主轴正转,转速为1000r/min		
G00　X45　Z2;			快速定位到循环起始点		

(续)

程序内容	简要说明
G70　P10　Q20　F0.1;	用 G70 精加工外轮廓
G00　X80　Z100;	回换刀点
M05;	主轴停止
M00;	程序暂停
T0303;	换 T0303 车槽刀
M03　S350　F0.1;	主轴正转,转速为350r/min,进给量为0.1mm/r
G00　X35　Z−20;	
G01　X24;	
G00　X35;	
G00　Z−19;	加工退刀槽
G01　X24;	
Z−20;	
G00　X35;	
Z−33.544;	
G01　X25;	
G00　X35;	
G00　X35　Z−30.456;	
G01　X25;	
G00　X35;	
G00　Z−35;	加工梯形槽
G01　X33;	
G01　X25　Z−33.544;	
G00　X35;	
G00　Z−39;	
G01　X33;	
G01　X25　Z−30.456;	
G00　X35;	
G00　X80　Z100;	回换刀点
M05;	主轴停止
M00;	程序暂停
T0404;	换 T0404 螺纹车刀
M03　S1000;	主轴正转,转速为1000r/min
G00　X28　Z5;	快速移动至起刀点
G92　X27.85　Z−16　F2;	车削螺纹,螺距为2mm
X27.4;	
X27;	
X26.6;	
X26.3;	
X26;	
X25.835;	
X25.835;	精车螺纹
G00X80　Z100;	返回换刀点
M05;	主轴停止
M30;	程序结束

华中程序对比

SIEMENS 程序对比

任务三　数控仿真加工零件

数控仿真操作步骤如下：
1）打开仿真软件，开机。
2）选择面板，车床各轴回参考点。
3）选择及安装刀具，定义毛坯及设置零件。
4）对刀。
5）输入程序。
6）程序校验。
7）自动运行仿真加工。
8）测量工件，优化程序。

任务四　零件的加工检测

1. 加工准备

1）检查坯料尺寸。
2）开机，回参考点。
3）输入程序。
4）装夹工件。
5）装夹刀具。

2. 对刀设置

四把刀依次采用试切法对刀。把通过对刀操作得到的零点偏置分别输入各自的长度补偿中。其中，车槽刀以左刀尖为刀位点，螺纹车刀以刀尖为刀位点，对刀步骤同项目三。

3. 空运行及仿真

对输入的程序进行空运行或轨迹仿真，以检测程序是否正确。

4. 自动加工及尺寸控制

（1）零件的自动加工　选择自动加工模式，打开程序，调好进给倍率，按循环启动键进行加工。

（2）零件加工过程中的尺寸控制　通过修改刀具的磨损量来控制外圆、长度和螺纹的尺寸。

5. 检测零件与评分

在零件加工结束后进行检测，对工件进行误差与质量分析，将结果填入表7-4。

表7-4　数控车床编程与操作考核表

班级			姓名		学号		日期	
项目名称			梯形槽螺纹轴的加工			项目序号	07	
基本检查	编程	序号	检测项目		配分	学生自评	教师评分	
		1	切削加工工艺制订正确		6			
		2	切削用量选用合理		6			
		3	程序正确、简单、明确且规范		6			

(续)

项目名称		序号	检测项目	配分	学生自评	教师评分
项目名称			梯形槽螺纹轴的加工		项目序号	07
基本检查	操作	4	设备操作、维护保养正确	6		
		5	刀具选择、安装正确、规范	6		
		6	工件找正、安装正确、规范	6		
		7	安全文明生产	6		
工作态度		8	行为规范、纪律良好	6		
外圆		9	$(\phi25 \pm 0.025)$mm	5		
		10	$\phi33_{-0.033}^{0}$mm	5		
		11	$\phi42_{-0.039}^{0}$mm	5		
内孔		12	$\phi20_{0}^{+0.03}$mm	5		
螺纹		13	M28×2	8		
长度		14	5mm×2mm	2		
		15	8mm	2		
		16	10mm	2		
		17	15mm	2		
		18	20mm	2		
		19	25mm	2		
		20	(50 ± 0.05)mm	3		
圆弧		21	R4mm	3		
倒角		22	C1、C2	3		
其他		23		3		
综合得分				100		

四、项目总结

切槽加工是数控车床中级职业技能鉴定的重要知识点，在训练中应加以重视。车削精度不高且宽度较窄的矩形槽时，可用刀宽等于槽宽的车槽刀，采用直进法一次进给车出。对于精度要求较高的沟槽，一般采用两次进给车成，即第一次进给时，槽壁两侧留精车余量；第二次进给时，用等宽刀修整。车削较宽的沟槽时，可以采用多次直进法切削，并在槽壁及底面留精加工余量，最后一刀精车至尺寸。

较小的梯形槽一般用成形刀具车削完成。对于较大的梯形槽，通常先车削直槽，然后采用直进法或左右切削法加工梯形槽。

1. 简述槽的作用与种类。
2. 什么是对刀点？确定对刀点时应考虑哪些因素？
3. 车削外圆时，造成工件表面产生椭圆缺陷的原因有哪些？

自测题

一、选择题

1. 对于 G71 指令中的精加工余量，当使用硬质合金刀具加工 45 钢材料的内孔时，通常取（　　）mm 较为合适。
   A. 0.5　　　　　　　B. -0.5　　　　　　　C. 0.05　　　　　　　D. -0.05

2. G73 指令中的 R 是指（　　）。
   A. X 向退刀量　　　B. Z 向退刀量　　　C. 总退刀量　　　D. 分层切削次数

3. 麻花钻的圆锥角为（　　）。
   A. 115°　　　　　　B. 118°　　　　　　C. 150°　　　　　　D. 120°

4. 有一工件标注为 $\phi 10cd7$，其中 cd7 表示（　　）公差代号。
   A. 轴　　　　　　　B. 孔　　　　　　　C. 配合

5. 车削端面时，如果刀尖中心低于工件中心，易产生（　　）的缺陷。
   A. 表面粗糙度值太大　　B. 端面出现凹面　　C. 中心处有凸面

二、判断题

1. 在某些情况下，螺纹车刀的刀尖可适当高于零件的中心。　　　　　　　　　（　　）
2. 在蜗轮蜗杆传动中，通常蜗轮是主动件。　　　　　　　　　　　　　　　（　　）
3. $(\phi 25 \pm 0.12)$mm 工件的公差为 0.10mm。　　　　　　　　　　　　　　（　　）
4. 静电对数控车床是有害的。　　　　　　　　　　　　　　　　　　　　　（　　）
5. 螺纹传动不但传动平稳，而且能传递较大的动力。　　　　　　　　　　　（　　）

三、项目训练

加工如图 7-2 所示的综合零件，材料为 45 钢，规格为 $\phi 40\text{mm} \times 120\text{mm}$。要求：分析零件的加工工艺，编制加工程序，并完成零件的加工。

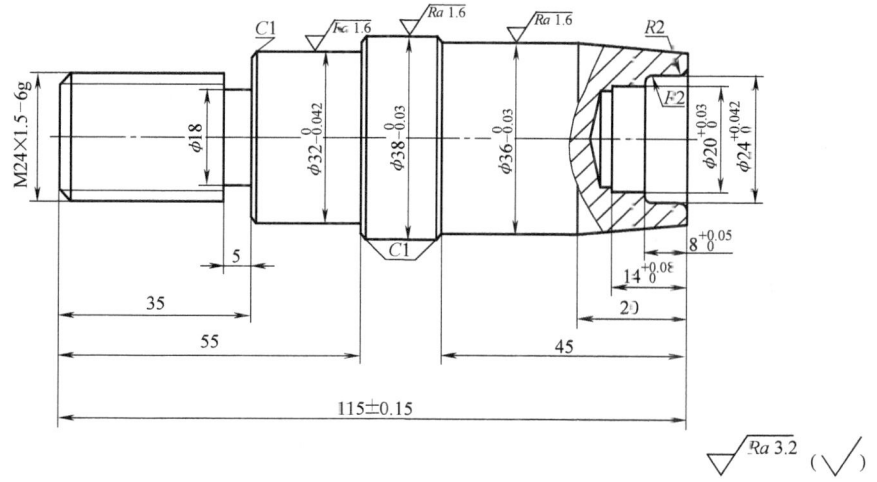

图 7-2　综合零件

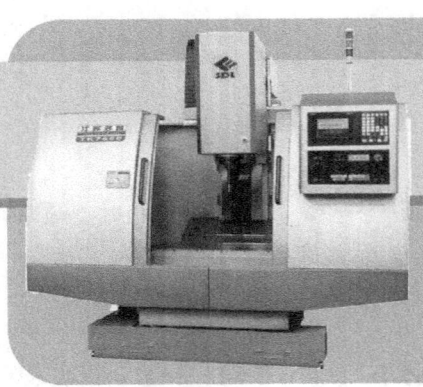

项目八

综合零件的加工（1）

一、项目描述

本项目的待加工零件为综合零件，如图 8-1 所示。已知毛坯为 $\phi 50\text{mm} \times 90\text{mm}$ 的棒料，材料为 45 钢，要求制订零件的加工工艺，编写数控加工程序，并通过数控仿真进行加工调试，优化程序，最后进行零件的加工检测。

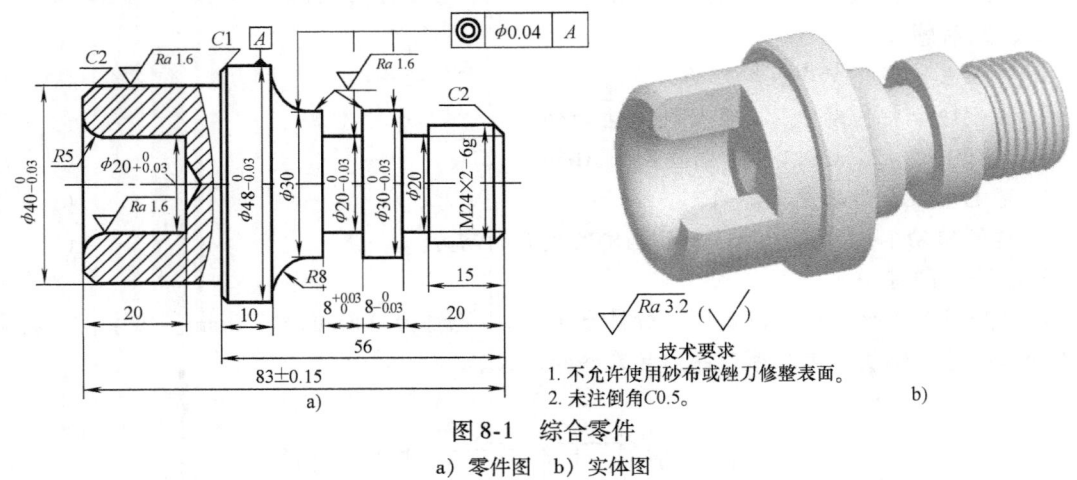

图 8-1 综合零件
a）零件图　b）实体图

技术要求
1. 不允许使用砂布或锉刀修整表面。
2. 未注倒角C0.5。

二、项目教学目标

1) 掌握综合零件加工工艺的制订方法。
2) 会运用各指令编写数控加工程序。
3) 会合理选择刀具及切削用量。

三、项目实施

任务一　制订零件的加工工艺

1. 分析零件图

图 8-1 所示的零件结构形状比较复杂，零件尺寸精度和几何精度的要求也较高。该零件

重要的径向加工部位为 φ20mm 外圆、φ30mm 外圆、φ40mm 外圆、φ48mm 外圆和 φ20mm 内孔，轴向加工部位为槽的轴向长度 8mm，总长 83mm。该零件的材料为 45 钢，无热处理和硬度要求。

2. 确定装夹方案

此零件需要经过两次装夹才能完成全部加工内容。第一次采用自定心卡盘装夹右端，车削左端面，完成内孔、φ40mm 及 φ48mm 外圆的加工；第二次以精车后的 φ40mm 外圆为定位基准，采用铜皮包裹、一夹一顶的方式装夹，完成右端外形的加工。

3. 选择刀具及切削用量

刀具及切削参数见表 8-1。

表 8-1　刀具及切削参数

序号	刀具号	刀具类型	加工表面	切削用量 主轴转速 n/(r/min)	进给量 f/(mm/r)
1	T0101	93°菱形外圆车刀	外圆表面、端面	600、1000	0.25、0.1
2	T0202	75°镗孔刀	孔	600、1000	0.25、0.1
3	T0303	4mm 车槽刀	沟槽、切断	350	0.1
4	T0404	60°外螺纹车刀	三角形螺纹	1000	2
5	—	中心钻	—	800	—
6	—	φ18mm 麻花钻	—	350	—
编制		审核		批准	

4. 确定加工方案

（1）工序一

1）工步一：车削左端面，钻中心孔。

2）工步二：钻 φ18mm 毛坯孔。

3）工步三：镗 φ20mm 内孔。

4）工步四：粗、精车 φ40mm、φ48mm 外圆柱面。

（2）工序二

1）工步一：调头，车削工件右端面，保证总长，钻中心孔。用铜皮包裹 φ40mm 外圆，采用一夹一顶的方式装夹。

2）工步二：粗车 φ30mm 圆柱面、R8mm 圆弧面，以及 M24×2 螺纹大径等尺寸，留精车余量 0.5mm。

3）工步三：精车各外圆、圆弧至尺寸要求。

4）工步四：切两处槽至尺寸要求。

5）工步五：车削螺纹 M24×2 至尺寸要求。

5. 填写工序卡

按加工顺序将各工步的加工内容、所用刀具编号、切削用量等加工信息填入数控加工工序卡，见表 8-2、表 8-3。

表 8-2　数控加工工序卡（1）

数控加工工序卡(1)			产品名称		项目名称		项目序号	
					综合零件的加工(1)		08	
工序号	程序编号	夹具名称	夹具编号		使用设备		车间	
001	O0081	自定心卡盘			CAK6150DJ		数控实训中心	
工步号	工步内容		切削用量			刀具	量具名称	备注
		主轴转速 $n/(\text{r/min})$	进给量 $f/(\text{mm/r})$	背吃刀量 $a_p/(\text{mm})$	编号	名称		
1	车削左端面	600	0.25	1~2	T0101	外圆车刀	游标卡尺	手动
2	钻中心孔	800	—	—	—	中心钻	—	手动
3	钻 $\phi18$mm 毛坯孔	350	—	—	—	$\phi18$mm 麻花钻	—	手动
4	镗 $\phi20$mm 孔	600	0.25	1.5	T0202	75°镗孔刀	内径量表	自动
5	粗车 $\phi40$mm、$\phi48$mm 外圆	600	0.25	1~2	T0101	外圆车刀	外径千分尺	自动
6	精车 $\phi40$mm、$\phi48$mm 外圆	1000	0.1	0.25	T0101	外圆车刀	外径千分尺	自动
编制		审核			批准		共 1 页	第 1 页

表 8-3　数控加工工序卡（2）

数控加工工序卡(2)			产品名称		项目名称		项目序号	
					综合零件的加工(1)		08	
工序号	程序编号	夹具名称	夹具编号		使用设备		车间	
002	O0082	一夹一顶			CAK6150DJ		数控实训中心	
工步号	工步内容		切削用量			刀具	量具名称	备注
		主轴转速 $n/(\text{r/min})$	进给量 $f/(\text{mm/r})$	背吃刀量 $a_p/(\text{mm})$	编号	名称		
1	车削右端面	600	0.25	1~2	T0101	外圆车刀	游标卡尺	手动
2	钻中心孔	800	—	—	—	中心钻	—	手动
3	粗车右边轮廓，留余量	600	0.25	1~2	T0101	外圆车刀	外径千分尺	自动
4	精车轮廓	1000	0.1	0.25	T0101	外圆车刀	外径千分尺	自动
5	切槽	350	0.1	2	T0303	车槽刀	游标卡尺	自动
6	加工螺纹	1000	2	—	T0404	螺纹车刀	螺纹千分尺	自动
编制		审核			批准		共 1 页	第 1 页

任务二　编写数控加工程序

根据各加工工步的进给路线，编写零件的加工程序，数控加工程序单见表 8-4、表 8-5。

表 8-4　数控加工程序单（1）

项目序号	08	项目名称	综合零件的加工(1)	编程原点	安装后右端面中心
程序号	O0081	数控系统	FANUC 0i Mate-TC	编制	
程序内容			简要说明		

程序内容	简要说明
左侧	
T0202;	换 T0202 镗孔刀到位
G00 X80 Z100;	快速定位到换刀点
M03 S600;	主轴正转，转速为 600r/min
G00 X16 Z2;	快速定位到循环起始点
G71 U2 R1;	调用 G71 循环粗镗孔
G71 P10 Q20 U-0.5 W0.1 F0.25;	设置 G71 循环各参数
N10 G00 X30;	⎫
G01 Z0;	⎬ 精加工轮廓
G02 X20 Z-5 R5;	
Z-20;	
N20 X18;	⎭
G00 X80 Z100;	返回换刀点
M05;	主轴停止
M00;	程序暂停
M03 S600;	主轴正转，转速为 600r/min
G00 X16 Z2;	快速定位到循环起始点
G70 P10 Q20 F0.1;	调用 G70 循环精镗孔
G00 X16 Z100;	返回换刀点
M05;	主轴停止
M00;	程序暂停
T0101;	换 T0101 外圆车刀
M03 S600;	主轴正转，转速为 600r/min
G00 X50 Z2;	快速定位到循环起始点
G71 U2 R1;	调用 G71 循环粗车外圆
G71 P30 Q40 U0.5 W0.1 F0.25;	设置 G71 参数
N30 X32;	⎫
G01 X40 Z-2;	
Z-27;	⎬ 精加工轮廓
X46;	
X48 Z-28;	
Z-40;	
N40 X50;	⎭
G00 X80 Z100;	返回换刀点
M05;	主轴停止
M00;	程序暂停
M03 S1000;	主轴正转，转速为 1000r/min
G00 X50 Z2;	快速移动到起刀点
G70 P30 Q40 F0.1;	用 G70 指令精加工外轮廓
G00 X80 Z100;	返回换刀点
M05;	主轴停止
M30;	程序结束

华中程序对比

SIEMENS 程序对比

表8-5 数控加工程序单（2）

项目序号	08	项目名称	综合零件的加工（1）	编程原点	安装后右端面中心
程序号	O0082	数控系统	FANUC 0i Mate-TC	编制	
程序内容			简要说明		

程序内容	简要说明
右侧	
T0101；	换T0101外圆车刀
G00 X80 Z100；	快速定位到换刀点
M03 S600；	主轴正转,转速为600r/min
G00 X52 Z2；	快速定位到循环起始点
G71 U2 R1；	调用G71循环粗加工外轮廓
G71 P10 Q20 U-0.5 W0.1 F0.25；	设置G71参数
N10 X15.85；	
G01 X23.85 Z-2；	
Z-20；	
X30；	精加工轮廓
Z-38；	
G02 X46 Z-46 R8；	
N20 G01 X50；	
G00 X80 Z100；	返回换刀点
M05；	主轴停止
M00；	程序暂停
M03 S1000；	主轴正转,转速为1000r/min
G00 X52 Z2；	快速移动到起刀点
G70 P10 Q20 F0.1；	用G70指令精加工外轮廓
G00 X80 Z100；	回换刀点
M05；	主轴停止
M00；	程序暂停
T0303；	换T0303车槽刀
M03 S350 F0.1；	主轴正转,转速为350r/min,进给量为0.1mm/r
G00 X32 Z-20；	快速移动到起刀点
G01 X20.1；	切槽
G00 X32；	快速移动点定位
Z-19；	快速移动点定位
G01 X20；	切槽
Z-20；	车削槽底
G00 X32；	快速移动点定位
Z-36；	快速移动点定位
G01 X20.1；	切槽
G00 X32；	快速移动点定位
Z-32；	快速移动点定位
G01 X20；	切槽
Z-36；	车削槽底
G00 X32；	快速移动点定位
G00 X80 Z100；	回换刀点
M05；	主轴停止
M00；	程序暂停
T0404；	换T0404螺纹车刀
M03 S1000；	主轴正转,转速为1000r/min
G00 X26 Z2；	快速移动至起刀点

(续)

程序内容	简要说明
G92 X25.85 Z-17 F2;	车削螺纹,螺距为2mm
X25.2;	
X24.6;	
X24.3;	
X24;	
X23.835;	
X23.835;	精车螺纹
G00 X80 Z100;	返回换刀点
M05;	主轴停止
M30;	程序结束

华中程序对比

SIEMENS 程序对比

任务三 数控仿真加工零件

数控仿真操作步骤如下:
1) 打开仿真软件,开机。
2) 选择面板,车床各轴回参考点。
3) 选择及安装刀具,定义毛坯及设置零件。
4) 对刀。
5) 输入程序。
6) 程序校验。
7) 自动运行仿真加工。
8) 测量工件,优化程序。

任务四 零件的加工检测

1. 加工准备

1) 检查坯料尺寸。
2) 开机,回参考点。
3) 输入程序。
4) 装夹工件。
5) 装夹刀具。

2. 对刀设置

四把刀依次采用试切法对刀。把通过对刀操作得到的零点偏置分别输入各自的长度补偿中。其中,车槽刀以左刀尖为刀位点,螺纹车刀以刀尖为刀位点,对刀步骤同项目三。

3. 空运行及仿真

对输入的程序进行空运行或轨迹仿真,以检测程序是否正确。

4. 自动加工及尺寸控制

(1)零件的自动加工　选择自动加工模式,打开程序,调好进给倍率,按循环启动键进行加工。

(2)零件加工过程中的尺寸控制　通过修改刀具的磨损量来控制外圆、长度和螺纹的尺寸。

5. 检测零件与评分

在零件加工结束后进行检测,对工件进行误差与质量分析,将结果填入表8-6。

表8-6　数控车床编程与操作考核表

班级			姓名		学号		日期	
项目名称			综合零件的加工(1)			项目序号	08	
		序号	检测项目		配分	学生自评	教师评分	
基本检查	编程	1	切削加工工艺制订正确		6			
		2	切削用量选用合理		6			
		3	程序正确、简单、明确且规范		6			
	操作	4	设备操作、维护保养正确		6			
		5	刀具选择、安装正确、规范		6			
		6	工件找正、安装正确、规范		6			
		7	安全文明生产		6			
工作态度		8	行为规范、纪律良好		6			
外圆		9	$\phi 20_{-0.03}^{0}$ mm		4			
		10	$\phi 30_{-0.03}^{0}$ mm		4			
		11	$\phi 40_{-0.03}^{0}$ mm		4			
		12	$\phi 48_{-0.03}^{0}$ mm		4			
内孔		13	$\phi 20_{+0.03}^{0}$ mm		4			
螺纹		14	M24×2		5			
长度		15	$8_{+0.03}^{0}$ mm		3			
		16	$8_{+0.03}^{0}$ mm		3			
		17	10mm		2			
		18	15mm		2			
		19	20mm		2			
		20	20mm		2			
		21	56mm		2			
		22	(83±0.15)mm		3			
圆弧		23	R8mm		2			
倒角		24	C1、C2(两处)		3			
几何公差		25	同轴度		2			
其他		26			1			
综合得分					100			

四、项目总结

由于数控车工等级考试是单件生产，为了方便对程序进行调试和修改，建议将各部分加工内容写成单独的程序。例如在本项目中，可以将内轮廓和外轮廓的加工程序分开编写。

在数控加工中，合理选择切削用量是保证加工精度的关键。因此，在编程与加工前应合理规划各刀具的切削用量。粗加工时，应根据刀具的切削性能和车床的性能选择切削用量。选择次序是：首先选取尽可能大的背吃刀量 a_p；然后根据车床动力和刚性的限制条件，选取尽可能大的进给量 f；最后根据刀具使用寿命的要求，确定合适的切削速度 v_c。精加工时，应根据零件的加工精度和表面质量来选择切削用量。首先根据粗加工后的余量确定背吃刀量 a_p；然后根据已加工表面的表面粗糙度值要求，选取合适的进给量 f；最后在保证刀具使用寿命的前提下，尽可能选取较大的切削速度 v_c。

1. 保证有孔工件的同轴度和垂直度有哪些方法？
2. 简述工件原点和工件坐标系的含义。

一、选择题

1. 夹具装置的基本要求是使工件占有正确的加工位置，并使其在加工过程中（　　）。
   A. 保持不变　　　　B. 灵活调整　　　　C. 相对滑动　　　　D. 便于安装
2. 车削时，增大（　　）可以减少进给次数，从而缩短机动时间。
   A. 切削速度　　　　B. 进给量　　　　　C. 背吃刀量　　　　D. 转速
3. 数控车削加工遵循的原则之一是"先近后远"，所谓的远与近是按加工部位相对于（　　）的距离大小而言的。
   A. 对刀点　　　　　B. 刀具　　　　　　C. 夹具　　　　　　D. 定位面
4. 进行数控车削时，确定进给路线的工作重点主要是确定（　　）的进给路线。
   A. 粗加工和空行程　B. 空行程　　　　　C. 粗加工　　　　　D. 精加工
5. 为了高效切削铸造成形、粗车成形的工件，避免较多的空行程，选用（　　）指令作为粗加工循环指令较为合适。
   A. G71　　　　　　B. G72　　　　　　C. G73　　　　　　D. G74

二、判断题

1. 当车床低速开动时，可测量工件。（　　）
2. 工厂车床动力配线一般为三相四线制，其中线电压为220V，相电压为380V。
（　　）

3. 车床进行粗加工时,产生热量大,应选择以冷却为主的乳化液以减少刀具的磨损。
(　　)

4. 在多轴自动车床中,第二主参数表示最大工件的长度。(　　)

5. 车床的分辨率越高,其加工精度越高。(　　)

三、项目训练

加工如图 8-2 所示的综合零件,材料为 45 钢,规格为 φ50mm×110mm。要求：分析零件的加工工艺,编制加工程序,并完成零件的加工。

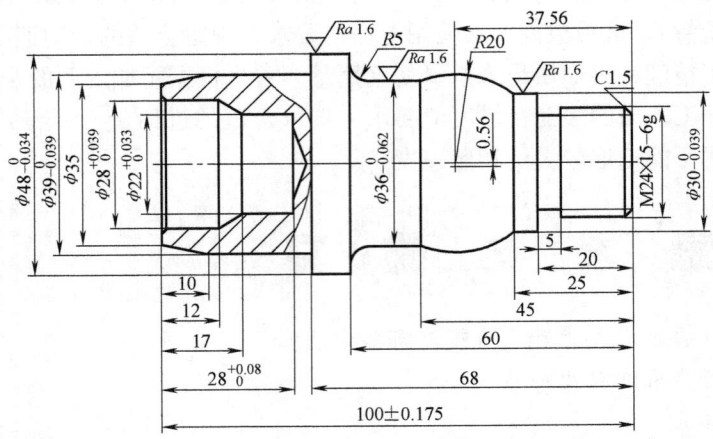

图 8-2　综合零件

项目九 综合零件的加工（2）

一、项目描述

本项目的待加工零件为综合零件，如图 9-1 所示。已知毛坯为 $\phi50mm \times 85mm$ 的棒料，材料为 45 钢，要求制订零件的加工工艺，编写数控加工程序，并通过数控仿真进行加工调试，优化程序，最后进行零件的加工检测。

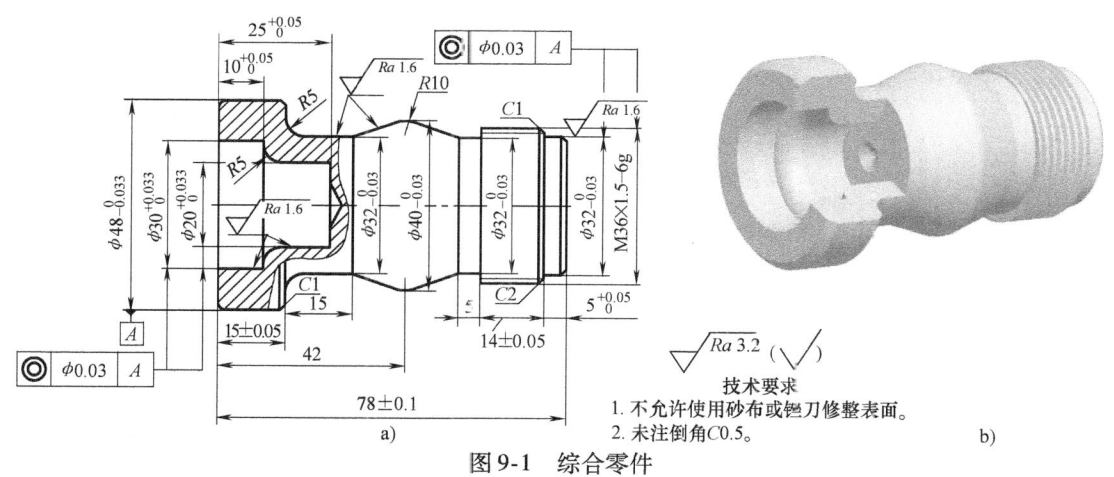

图 9-1 综合零件
a）零件图 b）实体图

二、项目教学目标

1）掌握综合零件加工工艺的制订方法。
2）会合理选择刀具及切削用量。
3）掌握修整方法控制零件的尺寸精度。

三、项目实施

任务一 制订零件的加工工艺

1. 分析零件图

图 9-1 所示的零件结构形状比较复杂，零件的尺寸精度和几何精度要求也较高。该零

件重要的径向加工部位为 $\phi32$mm 外圆、$\phi48$mm 外圆，以及 $\phi20$mm 内孔、$\phi30$mm 内孔。轴向加工部位为 $\phi48$mm 外圆的轴向长度 15mm，$\phi32$mm 外圆的轴向长度 5mm，螺纹的轴向长度 14mm，总长 78mm。该零件的材料为 45 钢，无热处理和硬度要求。

2. 确定装夹方案

此零件需要经过两次装夹才能完成全部加工内容。第一次采用自定心卡盘装夹右端，车削左端面，完成内孔及 $\phi48$mm 外圆的加工；第二次以精加工后的 $\phi48$mm 外圆为定位基准，采用铜皮包裹、一夹一顶的方式装夹，完成右端外形的加工。

3. 选择刀具及切削用量

刀具及切削参数见表 9-1。

表 9-1　刀具及切削参数

序号	刀具号	刀具类型	加工表面	切削用量	
				主轴转速 n/(r/min)	进给量 f/(mm/r)
1	T0101	93°菱形外圆车刀	外圆表面、端面	600、1000	0.25、0.1
2	T0202	75°镗孔刀	孔	600、1000	0.25、0.1
3	T0303	4mm 车槽刀	沟槽、切断	350	0.1
4	T0404	60°外螺纹车刀	三角形螺纹	1000	2
5	—	中心钻	—	800	—
6	—	$\phi18$mm 麻花钻		350	
编制		审核		批准	

4. 确定加工方案

(1) 工序一

1) 工步一：车削左端面，钻中心孔。

2) 工步二：钻 $\phi18$mm 毛坯孔。

3) 工步三：粗、精镗内轮廓。

4) 工步四：粗、精车 $\phi48$mm 外圆柱面。

(2) 工序二

1) 工步一：调头，车削工件右端面，保证总长，钻中心孔。用铜皮包裹 $\phi48$mm 外圆，采用一夹一顶的方式装夹。

2) 工步二：粗车 $\phi32$mm 圆柱面、$R10$mm 圆弧面、$R5$mm 圆弧面，以及 M36×1.5 螺纹大径等尺寸，留精车余量 0.5mm。

3) 工步三：精车各外圆、圆弧至尺寸要求。

4) 工步四：切退刀槽至尺寸要求。

5) 工步五：车削螺纹 M36×1.5 至尺寸要求。

5. 填写工序卡

按加工顺序将各工步的加工内容、所用刀具编号、切削用量等加工信息填入数控加工工序卡，见表 9-2、表 9-3。

项目九　综合零件的加工（2）

表 9-2　数控加工工序卡（1）

数控加工工序卡(1)			产品名称		项目名称		项目序号	
					综合零件的加工(2)		09	
工序号	程序编号	夹具名称	夹具编号		使用设备		车间	
001	O0091	自定心卡盘			CAK6150DJ		数控实训中心	
工步号	工步内容		切削用量			刀具	量具名称	备注
		主轴转速 $n/(\text{r/min})$	进给量 $f/(\text{mm/r})$	背吃刀量 $a_p/(\text{mm})$	编号	名称		
1	车削左端面	600	0.25	1~2	T0101	外圆车刀	游标卡尺	手动
2	钻中心孔	800	—	—		中心钻		手动
3	钻φ18mm毛坯孔	350	—	—		φ18mm麻花钻	—	手动
4	粗镗φ20mm、φ30mm孔	600	0.25	1.5	T0202	75°镗孔刀	内径量表	自动
5	精镗φ20mm、φ30mm孔	1000	0.1	0.25	T0202	75°镗孔刀	内径量表	自动
6	粗车φ40mm、φ48mm外圆	600	0.25	1~2	T0101	外圆车刀	外径千分尺	自动
7	精车φ40mm、φ48mm外圆	1000	0.1	0.25	T0101	外圆车刀	外径千分尺	自动
编制		审核		批准			共1页	第1页

表 9-3　数控加工工序卡（2）

数控加工工序卡(2)			产品名称		项目名称		项目序号	
					综合零件的加工(2)		09	
工序号	程序编号	夹具名称	夹具编号		使用设备		车间	
002	O0092	一夹一顶			CAK6150DJ		数控实训中心	
工步号	工步内容		切削用量			刀具	量具名称	备注
		主轴转速 $n/(\text{r/min})$	进给量 $f/(\text{mm/r})$	背吃刀量 $a_p/(\text{mm})$	编号	名称		
1	车削右端面	600	0.25	1~2	T0101	外圆车刀	游标卡尺	手动
2	钻中心孔	800	—	—		中心钻	—	手动
3	粗车右边轮廓,留余量	600	0.25	1~2	T0101	外圆车刀	外径千分尺	自动
4	精车轮廓	1000	0.1	0.25	T0101	外圆车刀	外径千分尺	自动
5	切槽	350	0.1	2	T0303	车槽刀	游标卡尺	自动
6	加工螺纹	1000	2		T0404	螺纹车刀	螺纹千分尺	自动
编制		审核		批准			共1页	第1页

任务二　编写数控加工程序

根据各加工工步的进给路线，编写零件的加工程序，数控加工程序单见表 9-4、表 9-5。

表9-4 数控加工程序单（1）

项目序号	09	项目名称	综合零件的加工(2)	编程原点	安装后右端面中心
程序号	O0091	数控系统	FANUC 0i Mate-TC	编制	
程序内容			简要说明		

程序内容	简要说明
左侧	
T0202;	换 T0202 镗孔刀到位
G00　X80　Z100;	快速定位到换刀点
M03　S600;	主轴正转，转速为 600r/min
G00　X16　Z2;	快速定位到循环起始点
G71　U2　R1;	调用 G71 循环粗镗孔
G71　P10　Q20　U-0.5　W0.1　F0.25;	设置 G71 参数
N10　X30;	
G01　Z-10;	
G02　X20　Z-15　R5;	精加工轮廓
G01　Z-25;	
N20　X16;	
G00　X80　Z100;	返回换刀点
M05;	主轴停止
M00;	程序暂停
M03　S1000;	主轴正转，转速为 1000r/min
G00　X16　Z2;	快速定位到循环起始点
G70　P10Q20　F0.1;	调用 G70 循环精镗孔
G00　X80　Z100;	返回换刀点
M05;	主轴暂停
M00;	程序停止
T0101　M03　S600;	换 T0101 外圆车刀，主轴正转，转速为 600r/min
G00　X50　Z2;	快速定位
X42;	
G01　X48　Z-1　F0.2;	车削加工
G01　Z-20;	
G01　X50;	
G00　X80　Z100;	返回换刀点
M05;	主轴停止
M30;	程序结束

华中程序对比

SIEMENS 程序对比

表9-5 数控加工程序单（2）

项目序号	09	项目名称	综合零件的加工(2)	编程原点	安装后右端面中心
程序号	O0092	数控系统	FANUC 0i Mate-TC	编制	
程序内容			简要说明		

程序内容	简要说明
右侧	
T0101;	换 T0101 外圆车刀
G00　X80　Z100;	快速定位到换刀点
M03　S600;	主轴正转，转速为 600r/min
G00　X50　Z2;	快速定位到循环起始点
G73　U8　W0　R6;	调用 G73 循环加工外轮廓
G73　P10　Q20　U-0.5　W0.1　F0.25;	设置 G73 各加工参数

（续）

程序内容	简要说明
N10　X30; Z0; G01　X32　Z-1; Z-5; X31.8; X35.8　Z-7; Z-19; X32　Z-24; X40　Z-36　R3; X32　Z-48; Z-58; G02　X42　Z-63　R5; G01　X46; X48　Z-64; N20　X50;	精加工轮廓
G00　X80　Z100;	返回换刀点
M05;	主轴停止
M00;	程序暂停
M03　S1000;	主轴正转,转速为1000r/min
G70　P10　Q20　F0.1;	用G70指令精加工外轮廓
G00　X80　Z100;	回换刀点
M05;	主轴停止
M00;	程序暂停
T0303　M03　S350　F0.1;	换T0303车槽刀,主轴正转,转速为350r/min,进给量为0.1mm/r
G00　X34　Z-24;	快速移动到起刀点
G01　X32.1;	切槽
G00　X34;	快速移动点定位
Z-23;	快速移动点定位
G01　X32;	切槽
Z-24;	车削槽底
G00　X34;	快速移动点定位
G00　X80　Z100;	回换刀点
M05;	主轴停止
M00;	程序暂停
T0404　M03　S1000;	换T0404螺纹车刀,主轴正转,转速为1000r/min
G00　X34　Z-3;	快速移动至起刀点
G92　X35.8　Z-21　F1.5;	螺纹切削循环,螺距为1.5mm
X35.2; X34.6; X34.376; X34.376;	精车螺纹
G00　X80　Z100;	返回换刀点
M05;	主轴停止
M30;	程序结束

华中程序对比

SIEMENS程序对比

数控车削加工技术与技能（FANUC系统）

任务三　数控仿真加工零件

数控仿真操作步骤如下：
1) 打开仿真软件，开机。
2) 选择面板，车床各轴回参考点。
3) 选择及安装刀具，定义毛坯及设置零件。
4) 对刀。
5) 输入程序。
6) 程序校验。
7) 自动运行仿真加工。
8) 测量工件，优化程序。

任务四　零件的加工检测

1. 加工准备

1) 检查坯料尺寸。
2) 开机，回参考点。
3) 输入程序。
4) 装夹工件。
5) 装夹刀具。

2. 对刀设置

四把刀依次采用试切法对刀。把通过对刀操作得到的零点偏置分别输入各自的长度补偿中。其中，车槽刀以左刀尖为刀位点，螺纹车刀以刀尖为刀位点，对刀步骤同项目三。

3. 空运行及仿真

对输入的程序进行空运行或轨迹仿真，以检测程序是否正确。

4. 自动加工及尺寸控制

(1) 零件的自动加工　选择自动加工模式，打开程序，调好进给倍率，按循环启动键进行加工。

(2) 零件加工过程中的尺寸控制　通过修改刀具的磨损量来控制外圆、长度和螺纹的尺寸。

5. 检测零件与评分

在零件加工结束后进行检测，对工件进行误差与质量分析，将结果填入表9-6中。

表9-6　数控车床编程与操作考核表

班级			姓名		学号		日期	
项目名称			综合零件的加工(2)			项目序号	09	
基本检查	编程	序号	检测项目		配分	学生自评	教师评分	
		1	切削加工工艺制订正确		6			
		2	切削用量选用合理		6			
		3	程序正确、简单、明确且规范		6			

项目九 综合零件的加工（2）

（续）

项目名称		综合零件的加工(2)			项目序号	09
		序号	检测项目	配分	学生自评	教师评分
基本检查	操作	4	设备操作、维护保养正确	6		
		5	刀具选择、安装正确、规范	6		
		6	工件找正、安装正确、规范	6		
		7	安全文明生产	6		
工作态度		8	行为规范、纪律良好	6		
外圆		9	$\phi32_{-0.03}^{0}$mm（右端）	4		
		10	$\phi32_{-0.03}^{0}$mm	4		
		11	$\phi40_{-0.03}^{0}$mm	4		
		12	$\phi48_{-0.03}^{0}$mm	4		
内孔		13	$\phi20_{0}^{+0.033}$mm	4		
		14	$\phi30_{0}^{+0.033}$mm	4		
螺纹		15	M36×1.5	4		
长度		16	$5_{0}^{+0.05}$mm（右端）	2		
		17	5mm	1		
		18	$10_{0}^{+0.05}$mm（孔）	2		
		19	（14±0.05）mm	2		
		20	15mm	1		
		21	（15±0.05）mm（左端）	2		
		22	$25_{0}^{+0.05}$mm（孔）	2		
		23	42mm	2		
		24	（78±0.1）mm	2		
圆弧		25	R10mm	1		
		26	R5mm	1		
		27	R5mm（孔）	1		
倒角		28	C1（两处）、C2	2		
几何公差		29	同轴度	2		
其他		30		1		
综合得分				100		

四、项目总结

本项目的工件有部分凹圆轮廓，既要注意选择合理的加工指令，又要注意选择合理的加工刀具，刀具应具有一定的副偏角。

本项目对尺寸精度、几何精度的要求很高。在加工过程中，可以通过对车床和夹具的调整来解决由工艺系统造成的尺寸精度降低的问题。而装夹、刀具、加工过程对尺寸精度的影响，则可以通过操作者正确、细致的操作来解决。因此，操作者在加工过程中进行精确的测量，也是保证加工精度的重要因素。

1. 粗加工凹圆弧表面时，有几种加工方法？各种方法的特点是什么？

2. 加工成形面常用的刀具有哪些？

自测题

一、选择题

1. 车削细长轴时，如果不采取任何工艺措施，轴会因受背向力的作用而发生弯曲变形，车削完的轴会出现（　　）形状。
   A. 马鞍　　　　　　B. 腰鼓　　　　　　C. 锥体　　　　　　D. 锯齿
2. 降低残留面积高度可以减小表面粗糙度值，而（　　）对其影响最大。
   A. 主偏角　　　　　B. 副偏角　　　　　C. 前角　　　　　　D. 后角
3. 在切削用量中，对切削力影响最大的是（　　）。
   A. 背吃刀量　　　　B. 进给量　　　　　C. 切削速度　　　　D. 影响相同
4. 车削（　　）性材料时，车刀可选择较大的前角。
   A. 软　　　　　　　B. 硬　　　　　　　C. 塑　　　　　　　D. 脆
5. 用卡盘装夹悬臂较长的轴时，容易产生（　　）误差。
   A. 圆度　　　　　　B. 圆柱度　　　　　C. 同轴度　　　　　D. 垂直度

二、判断题

1. 圆度公差是控制圆柱面横截面形状误差的指标。（　　）
2. 为了减小工件的变形，薄壁工件不能采用轴向夹紧的方法。（　　）
3. 工艺规程制订得是否合理，将直接影响工件的质量、劳动生产效率和经济效益。（　　）
4. 粗基准因精度要求不变而可以重复使用。（　　）
5. 调质一般安排在粗加工之后、半精加工之前进行。（　　）

三、项目训练

加工如图 9-2 所示的综合零件，材料为 45 钢，规格为 $\phi50mm \times 110mm$。要求：分析零件的加工工艺，编制加工程序，并完成零件的加工。

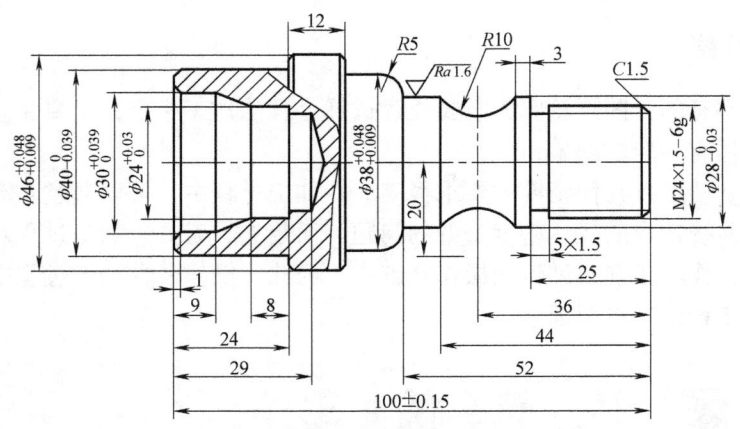

图 9-2　综合零件

项目十

综合零件的加工（3）

一、项目描述

本项目的待加工零件为综合零件，如图 10-1 所示。已知毛坯为 $\phi 45\text{mm} \times 80\text{mm}$ 的棒料，材料为 45 钢，要求制订零件的加工工艺，编写数控加工程序，并通过数控仿真进行加工调试，优化程序，最后进行零件的加工检测。

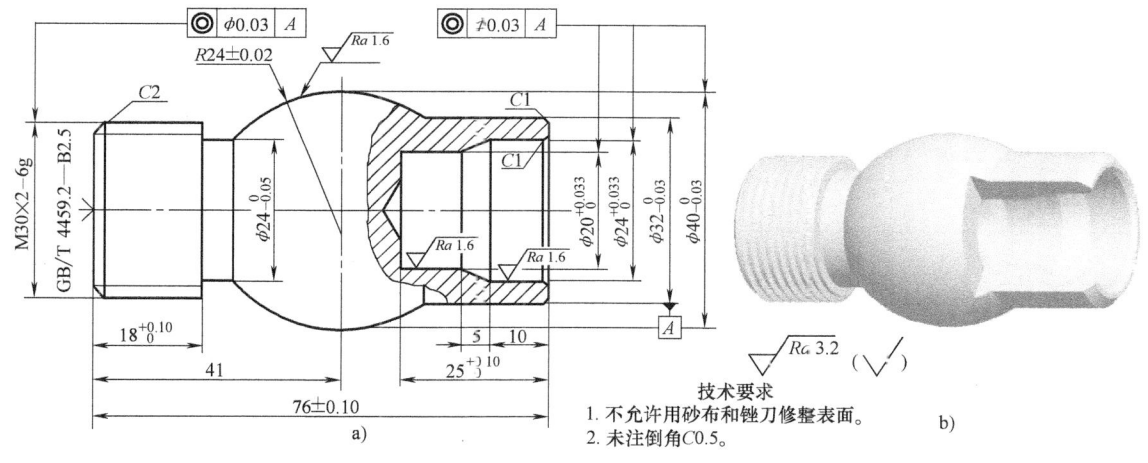

图 10-1 综合零件

a）零件图　b）实体图

二、项目教学目标

1）掌握综合零件加工工艺的制订方法。
2）掌握切削用量的选择方法。
3）掌握分析零件尺寸误差的方法。

三、项目实施

任务一　制订零件的加工工艺

1. 分析零件图

图 10-1 所示零件的结构形状比较复杂，零件的尺寸精度和几何精度要求也较高。该零

件重要的径向加工部位为 ϕ24mm 外圆、ϕ32mm 外圆、ϕ40mm 外圆，以及 ϕ20mm 内孔、ϕ24mm 内孔，轴向加工部位为 ϕ24mm 孔的轴向长度 25mm，螺纹的轴向长度 18mm，总长 76mm。该零件的材料为 45 钢，无热处理和硬度要求。

2. 确定装夹方案

此零件需要经过两次装夹才能完成全部加工内容。第一次采用自定心卡盘装夹左端，车削右端面，完成内孔及 ϕ32mm 外圆、R24mm 圆弧的加工；第二次以精车后的外圆 ϕ32mm 为定位基准，采用铜皮包裹、一夹一顶的方式装夹，完成左端外形的加工。

3. 选择刀具及切削用量

刀具及切削参数见表 10-1。

表 10-1 刀具及切削参数

序号	刀具号	刀具类型	加工表面	切削用量	
				主轴转速 n/(r/min)	进给量 f/(mm/r)
1	T0101	93°菱形外圆车刀	外圆表面、端面	600、1000	0.25、0.1
2	T0202	75°镗孔刀	孔	600、1000	0.25、0.1
3	T0303	4mm 车槽刀	沟槽、切断	350	0.1
4	T0404	60°外螺纹车刀	三角形螺纹	1000	2
5	—	中心钻	—	800	—
6	—	ϕ18mm 麻花钻	—	350	—
编制		审核		批准	

4. 确定加工方案

（1）工序一

1）工步一：车削右端面，钻中心孔。

2）工步二：钻 ϕ18mm 毛坯孔。

3）工步三：粗、精镗内轮廓。

4）工步四：切退刀槽。

5）工步五：粗、精车外圆柱面。

（2）工序二

1）工步一：调头，车削工件左端面，保证总长，钻中心孔。用铜皮包裹 ϕ32mm 外圆，采用一夹一顶的方式装夹。

2）工步二：车削 M30×2 螺纹的大径。

3）工步三：车削螺纹 M30×2 至尺寸要求。

5. 填写工序卡

按加工顺序将各工步的加工内容、所用刀具编号、切削用量等加工信息填入数控加工工序卡，见表 10-2、表 10-3。

表 10-2 数控加工工序卡（1）

数控加工工序卡（1）			产品名称		项目名称		项目序号	
					综合零件的加工（3）		10	
工序号	程序编号	夹具名称	夹具编号		使用设备		车间	
001	O00101	自定心卡盘			CAK6150DJ		数控实训中心	
工步号	工步内容		切削用量			刀具	量具名称	备注
			主轴转速 $n/(\text{r/min})$	进给量 $f/(\text{mm/r})$	背吃刀量 $a_p/(\text{mm})$	编号	名称	
1	车削右端面		600	0.25	1~2	T0101	外圆车刀	游标卡尺	手动
2	钻中心孔		800	—	—	—	中心钻	—	手动
3	钻 φ18mm 毛坯孔		350	—	—	—	φ18mm 麻花钻	—	手动
4	粗镗 φ20mm、φ24mm 孔		600	0.25	1.5	T0202	75°镗孔刀	内径量表	自动
5	精镗 φ20mm、φ24mm 孔		1000	0.1	0.25	T0202	75°镗孔刀	内径量表	自动
6	切槽		350	0.1	2	T0303	车槽刀	外径千分尺	自动
7	粗车 φ32mm 外圆、R24mm 圆弧		600	0.25	1~2	T0101	外圆车刀	外径千分尺	自动
8	精车 φ32mm 外圆、R24mm 圆弧		1000	0.1	0.25	T0101	外圆车刀	外径千分尺	自动
编制		审核			批准		共 1 页	第 1 页

表 10-3 数控加工工序卡（2）

数控加工工序卡（2）			产品名称		项目名称		项目序号	
					综合零件的加工（3）		10	
工序号	程序编号	夹具名称	夹具编号		使用设备		车间	
001	O00102	一夹一顶			CAK6150DJ		数控实训中心	
工步号	工步内容		切削用量			刀具	量具名称	备注
			主轴转速 $n/(\text{r/min})$	进给量 $f/(\text{mm/r})$	背吃刀量 a_p/mm	编号	名称	
1	车削左端面		600	0.25	1~2	T0101	外圆车刀	游标卡尺	手动
2	钻中心孔		800	—	—	—	中心钻	—	手动
3	粗车左边螺纹大径		600	0.25	1~2	T0101	外圆车刀	外径千分尺	自动
4	加工螺纹		1000	2	—	T0404	螺纹车刀	螺纹千分尺	自动
编制		审核			批准		共 1 页	第 1 页

任务二　编写数控加工程序

根据各加工工步的进给路线，编写零件的加工程序，数控加工程序单见表 10-4、表 10-5。

表 10-4 数控加工程序单（1）

项目序号	10	项目名称	综合零件的加工(3)	编程原点	安装后右端面中心
程序号	O0101	数控系统	FANUC 0i Mate-TC	编制	
程序内容			简要说明		

程序内容	简要说明
右侧	
T0202;	换 T0202 镗孔刀到位
G00 X80 Z100;	快速定位到换刀点
M03 S600;	主轴正转,转速为 600r/min
X16 Z2;	快速定位到循环起始点
G71 U1 R0.5;	调用 G71 循环粗镗孔
G71 P10 Q20 U-0.3 W0 F0.25;	设置 G71 加工参数
G00 X26 S1000 F0.1;	
N10;	
G1 Z0;	
X24 Z-1;	
Z-10;	精加工轮廓
X20 Z-15;	
Z-25;	
N20 X16;	
G70 P10 Q20;	调用 G70 循环精镗孔
G00 X80 Z100;	快速退刀
T0303 S350;	换 T0303 车槽刀
G00 X42 Z-57;	快速移动到起刀点
G75 R0.5;	调用 G75 循环切槽
G75 X24 Z-58 P2000 Q2000 F0.1;	设置 G75 加工参数
G00 X80 Z100;	回换刀点
T0101 S600;	换 T0101 外圆车刀,主轴转速为 600r/min
G00 X42 Z2;	快速定位到循环起始点
G73 U8 W0 R6;	调用 G73 循环加工外轮廓
G73 P30 Q40 U0.5 W0 F0.25;	设置 G73 加工参数
N30 G00 X30 Z0 S1000 F0.1;	
G01 X32 Z-1;	
Z-20.34;	精加工轮廓
G03 X24 Z-52.89 R24;	
N40 G01 X42;	
G70 P30 Q40;	调用 G70 循环精加工外轮廓
G00 X80 Z100;	返回换刀点
M05;	主轴停止
M30;	程序结束

华中程序对比　　　　SIEMENS 程序对比

表 10-5 数控加工程序单（2）

项目序号	10	项目名称	综合零件的加工(3)	编程原点	安装后右端面中心
程序号	O0102	数控系统	FANUC 0i Mate-TC	编制	
程序内容			简要说明		

程序内容	简要说明
左侧	
T0101 M03 S600;	换 T0101 外圆车刀
G000 X80 Z100;	快速移至换刀点
X42 Z2;	快速到达循环起始点
G71 U1 R0.5;	调用 G71 循环加工外轮廓

(续)

程序内容	简要说明
G71　P10　Q20　U0.5　W0　F0.25;	设置 G71 加工参数
N10　G00　X25　S1000　F0.1; G01　Z0; X29.8　Z-2; Z-20; N20　X42;	精加工轮廓
G70　P10　Q20;	用 G70 精加工外轮廓
G00　X80　Z100;	回换刀点
T0404　S1000;	换 4 号刀,设置转速
G00　X32　Z2;	快速定位至螺纹循环起始点
G76　P020560　Q50　R0.05;	调用 G76 循环加工螺纹
G76　X27.4　Z-20　P1300　Q400　F2.0;	设置 G76 加工参数
G00　X80　Z100;	快速退刀
M05;	主轴停止
M30;	程序结束

　华中程序对比　　　　SIEMENS 程序对比

任务三　数控仿真加工零件

数控仿真操作步骤如下:
1) 打开仿真软件,开机。
2) 选择面板,车床各轴回参考点。
3) 选择及安装刀具,定义毛坯及设置零件。
4) 对刀。
5) 输入程序。
6) 程序校验。
7) 自动运行仿真加工。
8) 测量工件,优化程序。

任务四　零件的加工检测

1. 加工准备

1) 检查坯料尺寸。
2) 开机,回参考点。
3) 输入程序。
4) 装夹工件。

5）装夹刀具。

2. 对刀设置

四把刀依次采用试切法对刀。把通过对刀操作得到的零点偏置分别输入各自的长度补偿中。其中，车槽刀以左刀尖为刀位点，螺纹车刀以刀尖为刀位点，对刀步骤同项目三。

3. 空运行及仿真

对输入的程序进行空运行或轨迹仿真，以检测程序是否正确。

4. 自动加工及尺寸控制

（1）零件的自动加工　选择自动加工模式，打开程序，调好进给倍率，按循环启动键进行加工。

（2）零件加工过程中的尺寸控制　通过修改刀具的磨损量来控制外圆、长度和螺纹的尺寸。

5. 检测零件与评分

在零件加工结束后进行检测，对工件进行误差与质量分析，将结果填入表10-6。

表10-6　数控车床编程与操作考核表

班级			姓名		学号		日期	
项目名称			综合零件的加工(3)			项目序号	10	
基本检查		序号	检测项目		配分	学生自评	教师评分	
	编程	1	切削加工工艺制订正确		6			
		2	切削用量选用合理		6			
		3	程序正确、简单、明确且规范		6			
	操作	4	设备操作、维护保养正确		6			
		5	刀具选择、安装正确、规范		6			
		6	工件找正、安装正确、规范		6			
		7	安全文明生产		6			
工作态度		8	行为规范、纪律良好		6			
外圆		9	$\phi24_{-0.05}^{0}$mm		4			
		10	$\phi32_{-0.03}^{0}$mm		4			
		11	$\phi40_{-0.03}^{0}$mm		4			
内孔		12	$\phi20_{0}^{+0.033}$mm		4			
		13	$\phi24_{0}^{+0.033}$mm		4			
螺纹		14	M30×2		6			
长度		15	5mm		2			
		16	10mm		2			
		17	$18_{0}^{+0.10}$mm		3			
		18	$25_{0}^{+0.10}$mm		3			
		19	41mm		2			
		20	(76±0.10)mm		3			
圆弧		21	(R24±0.02)mm		5			
倒角		22	C1、C2		2			
几何公差		23	同轴度		3			
其他		24			1			
综合得分					100			

四、项目总结

正确的工艺分析是高质量完成工件加工的关键,工艺分析的主要内容有:零件图样分析、加工方案及加工路线的制订、工件的定位及装夹、刀具的选用等。

本项目的目的是强化学生的中级职业技能,提高学生分析问题和解决问题的能力,从而使学生顺利通过中级职业技能鉴定。

思考与练习

1. 说明螺纹切削循环 G76 指令的使用格式。
2. G02、G03 圆弧指令中 I、K 的意义是什么?
3. 简述数控车床故障诊断及排除的方法。

自测题

一、选择题

1. 灰铸铁牌号 HT200 中的数字 200 表示该牌号灰铸铁(　　)强度的最低值。
   A. 抗拉   B. 屈服   C. 疲劳   D. 抗弯
2. 车床的主运动是(　　)。
   A. 工件的旋转运动   B. 刀具的横向进给   C. 刀具的纵向进给   D. 都不对
3. 工件加工后测量所得的尺寸与规定尺寸的差值称为(　　)。
   A. 尺寸公差   B. 尺寸偏差   C. 尺寸误差   D. 都不对
4. 在数控程序中,G00 指令命令刀具快速到位,但是在应用时(　　)。
   A. 必须有地址指令   B. 不需要地址指令   C. 地址指令可有可无
5. 在车床上加工轴类零件,用自定心卡盘装夹工件的定位属于(　　)点定位。
   A. 六   B. 五   C. 四   D. 七
   E. 三

二、判断题

1. 半精加工的原则是:当粗加工后留下余量的均匀性无法满足精加工要求时,安排半精加工作为过渡性加工工序,以便使精加工余量小而均匀。(　　)
2. 加工工艺的主要内容有:制订工序、工步及进给路线等加工方案;确定切削用量(包括主轴转速、进给速度、背吃刀量);制订补偿方案。(　　)
3. 数控车床车削用的车刀分三类:尖形车刀,圆弧车刀,端面车刀。(　　)
4. 前刀面磨损就是形成月牙洼的磨损,一般是在切削速度较高、切削厚度较大的情况下,加工塑性金属材料时引起的。(　　)
5. 车削时的进给量即工件沿刀具进给方向的相对位移。(　　)

三、项目训练

加工如图 10-2 所示的综合零件,材料为 45 钢,规格为 $\phi 40mm \times 95mm$。要求:分析零件的加工工艺，编制加工程序，并完成零件的加工。

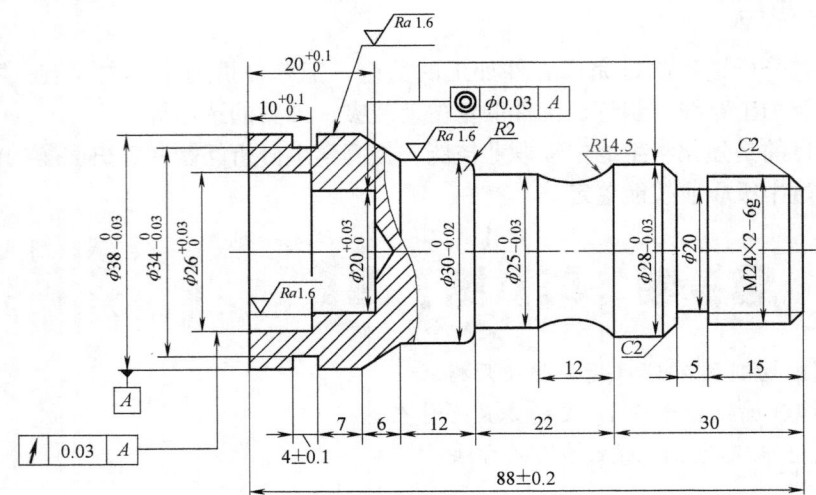

图10-2　综合零件

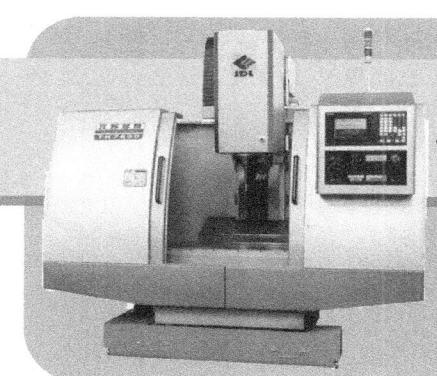

项目十一 内沟槽、内螺纹零件的加工

一、项目描述

本项目的待加工零件为带内螺纹孔的轴类零件,如图11-1所示。已知毛坯为 $\phi50\text{mm} \times 105\text{mm}$ 的棒料,材料为45钢,要求制订零件的加工工艺,编写数控加工程序,并通过数控仿真进行加工调试、优化程序,最后进行零件的加工和检测。

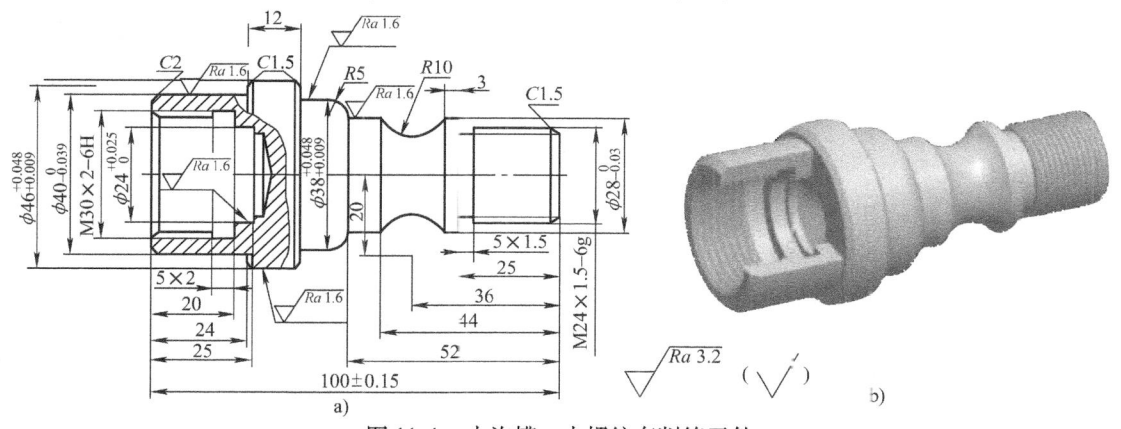

图11-1 内沟槽、内螺纹车削练习件
a) 零件图 b) 实体图

二、项目教学目标

1)掌握车削内沟槽与内螺纹的数控加工程序的编写方法。
2)能够对复杂的轴类零件进行数控车削工艺分析。
3)合理选择加工时的切削用量。

三、项目实施

任务一 制订零件的加工工艺

1. 分析零件图

图11-1所示的零件由外圆柱面、圆弧面、外螺纹、内孔、内沟槽、内螺纹组成。工件

四处外圆 φ28mm、φ38mm、φ40mm、φ46mm，一处内孔 φ24mm 的尺寸精度较高；外圆 φ38mm 的表面粗糙度值为 $Ra1.6\mu m$；为保证内、外螺纹及总长的尺寸精度，应将尺寸公差控制在图样要求的范围内。

2. 确定装夹方案

为保证尺寸公差要求，此零件的加工需进行两次装夹，分别采用自定心卡盘和一夹一顶的定位安装方式，以设计基准为定位基准，符合基准重合原则。

3. 选择刀具

刀具卡见表11-1。

表11-1 刀具卡

序号	刀具号	刀具名称及规格	刀尖圆弧半径/mm	加工表面	备注
1	—	中心钻	—	左端面	手动
2	—	φ22mm 钻头	—	孔	手动
3	T0101	镗孔刀	0.1	孔	—
4	T0202	内沟槽车刀	$B=4$	内沟槽	—
5	T0303	内螺纹车刀	0.2	内螺纹	—
6	T0404	93°外圆车刀	0.2	外轮廓	—
7	T0505	车槽刀	$B=4$	退刀槽	—
8	T0606	60°外螺纹车刀	0.2	外螺纹	—

4. 确定加工方案

1）夹紧零件毛坯，伸出卡盘60mm，加工左端。

2）钻孔 φ22mm，深度为 30mm。

3）粗、精加工内轮廓至尺寸要求。

4）切 5mm×2mm 内沟槽。

5）车削 M30×2 三角形内螺纹。

6）粗、精车左端外轮廓，利用外径千分尺保证尺寸精度要求。

7）调头装夹，用铜皮包裹夹紧 φ40mm 圆柱面，找正，加工右端。

8）粗、精车右端外轮廓，利用外径千分尺保证尺寸精度要求。

9）切槽 5mm×1.5mm 至尺寸要求。

10）车削 M24×1.5 三角形外螺纹，利用螺纹千分尺保证其尺寸精度。

5. 填写工序卡

按加工顺序将各工步内容、所用刀具编号、切削用量等加工信息填入数控加工工序卡，见表11-2。

表11-2 数控加工工序卡

数控加工工序卡		产品名称	零件图号	夹具名称		工序号	
				自定心卡盘		01	
工步号	工步内容	切削用量			刀具		备注
		主轴转速 n /(r/min)	进给量 f /(mm/r)	背吃刀量 a_p /mm	编号	名称	
1	钻中心孔	1200	—	—	—	中心钻	手动
2	钻孔	500	—	—	—	钻头	
3	粗加工内轮廓	600	0.25	1	T0101	镗孔刀	

项目十一　内沟槽、内螺纹零件的加工

(续)

工步号	工步内容	切削用量 主轴转速 n /(r/min)	切削用量 进给量 f /(mm/r)	切削用量 背吃刀量 a_p /mm	刀具 编号	刀具 名称	备注
4	精加工内轮廓	1000	0.1	0.5	T0101	镗孔刀	—
5	车 5mm×2mm 内沟槽	350	0.05	2	T0202	内沟槽车刀	—
6	车削 M30×2 内螺纹	800	—	—	T0303	内螺纹车刀	—
7	粗车零件左端外轮廓	600	0.3	2	T0404	外圆车刀	—
8	精车零件左端外轮廓	1000	0.1	0.5	T0404	外圆车刀	—
9	粗车零件右端外轮廓	600	0.3	2	T0404	外圆车刀	—
10	精车零件右端外轮廓	1000	0.1	0.5	T0404	外圆车刀	—
11	车 5mm×1.5mm 退刀槽	350	0.05	2	T0505	车槽刀	—
12	车削 M24×1.5 外螺纹	1000	—	—	T0606	外螺纹车刀	—
编制		审核		批准		共1页	第1页

任务二　编写数控加工程序

根据各加工工步的进给路线编写零件的数控加工程序,数控加工程序单见表 11-3。

表 11-3　数控加工程序单

序　号	01	零件图号		编程原点	安装后右端面的中心
程序号		数控系统	FANUC 0i Mate-TC	编　制	

程序内容	简要说明
左内轮廓	
O0001;	
N10　T0101;	手动钻孔,换镗孔刀
N20　M03　S600;	
N30　G00　X20　Z5;	
N40　G71　U1　R1;	粗车循环
N50　G71　P60　Q120　U-0.3　W0　F0.25;	设定参数,循环路线为 N60~N120,X 轴留精车余量 0.3mm,粗车进给量为 0.25mm/r
N60　G00　X34;	
N70　G01　Z0　F0.08;	
N80　X29.8　Z-2;	
N90　Z-20;	
N100　X24;	
N110　Z-25;	
N120　X20;	
N130　G00　Z100　M05;	
N140　M00;	程序暂停,测量工件尺寸
N150　T0101;	

（续）

程序内容	简要说明
N160　M03　S1000；	
N170　G00　X20　Z5；	
N180　G70　P60　Q120；	精加工循环
N190　G00　Z100　M05；	
N200　M00；	
N210　T0202；	换内沟槽车刀，准备切槽
N220　M03　S350；	
N230　G00　X20　Z5；	
N240　G01　Z-20　F5；	
N250　X33.8　F0.06；	
N260　X20　F0.5；	
N270　W1；	
N280　X33.8　F0.06；	
N290　X20　F0.5；	
N300　G00　Z100　M05；	
N310　M00；	
N320　T0303；	换内螺纹车刀
N330　M03　S1000；	设定转速
N340　G00　X24　Z5；	
N350　G92　X30.2　Z-17　F2；	调用螺纹循环
N360　X30.6；	
N370　X31；	
N380　X31.4；	
N390　X31.8；	
N400　X32.2；	
N410　X32.4；	
N420　G00　X100　Z100　M05；	
N430　M30；	程序结束
左外轮廓 O0002； N10　T0404；	换外圆车刀
N20　M03　S600；	
N30　G00　X50　Z5；	
N40　G71　U1.5　R1.5；	调用粗车循环
N50　G71　P60　Q120　U0.5　W0　F0.25；	
N60　G00　X36；	
N70　G01　Z0　F0.08；	
N80　X40　Z-2；	
N90　Z-24；	
N100　X46　C1.5；	
N110　Z-38；	
N120　X50；	
N130　G00　X100　Z100　M05；	

（续）

程序内容	简要说明
N140　M00；	
N160　M03　S1000；	
N170　G00　X50　Z5；	
N180　G70　P60　Q120；	调用精车循环
N190　G00　X100　Z100　M05；	
N200　M30；	程序结束

右外轮廓
O0003；
N10　T0404；　　　　　　　　　　　换外圆车刀
N20　M03　S600；
N30　G00　X50　Z5；
N40　G71　U1.5　R1.5；　　　　　　调用粗车循环
N50　G71　P60　Q150　U0.5　W0　F0.25；
N60　G00　X19.5；
N70　G01　Z0　F0.08；
N80　　X22.5　Z-1.5；
N90　　Z-25；
N100　X28　C0.5；
N110　Z-52；
N120　X38　R5；
N130　X46　C1.5；
N140　Z-70；
N150　X50；
N160　G00　X100　Z100　M05；
N170　M00；
N180　M03　S1000；
N190　G00　X50　Z5；
N200　G70　P60　Q150；　　　　　　调用精车循环
N210　G0　X100　Z100　M05；
N220　M00；
N230　T0505；　　　　　　　　　　　换车槽刀
N240　M03　S350；
N250　G00　X30　Z-25；
N260　G01　X21　F0.05；
N270　G01　X30　F5；
N280　G01　Z-24；
N290　G01　X21　F0.05；
N300　G01　X30　F5；
N310　G00　X100　Z100　M05；
N320　M00；
N330　T0606；　　　　　　　　　　　换外螺纹车刀
N340　M03　S1000；
N350　G00　X30　Z5；

(续)

程序内容	简要说明
N360 G92 X23.5 Z-22 F1.5;	调用螺纹循环
N370 X23.1;	
N380 X22.8;	
N390 X22.6;	
N400 X22.4;	
N410 X22.2;	
N420 X22.14;	
N430 G00 X100 Z100 M05;	
N440 M30;	程序结束

华中程序对比

SIEMENS 程序对比

任务三　数控仿真加工零件

数控仿真操作步骤如下：
1）打开仿真软件，开机。
2）选择面板，车床各轴回参考点。
3）选择及安装刀具，定义毛坯及设置零件。
4）对刀。
5）输入程序。
6）程序校验。
7）自动运行仿真加工。
8）测量加件，优化程序。

任务四　加工和检测零件

1. 加工准备

1）检查坯料尺寸。
2）开机，回参考点。
3）输入程序。
4）装夹工件。
5）装夹刀具。

2. 对刀设置

所有刀具应依次采用试切法对刀，把通过对刀操作得到的零偏置分别输入各自的长度补偿中。其中，车槽刀以左刀尖为刀位点，螺纹车刀以刀尖为刀位点。

3. 空运行及仿真

对输入的程序进行空运行或轨迹仿真，检测程序是否正确。

4. 自动加工及尺寸控制

（1）零件的自动加工　选择自动加工模式，打开程序，调好进给倍率，按下循环启动按钮进行加工。

（2）零件加工过程中的尺寸控制　外圆、内孔、长度及螺纹尺寸的控制可通过修改刀具磨损量的方法实现。

5. 检测零件与评分

在零件加工结束后进行检测，对其进行误差与质量分析，并将结果填入表11-4。

表11-4　数控车床编程与操作考核表

班级			姓名		学号		日期	
项目名称			内沟槽、内螺纹的车削			项目序号	01	
		序号	检测项目		配分	学生自评	教师评分	
基本检查	编程	1	切削加工工艺制订正确		3			
		2	切削用量选用合理		2			
		3	程序正确、简单、明确且规范		3			
	操作	4	设备操作、维护保养正确		3			
		5	刀具选择、安装正确、规范		2			
		6	工件找正、安装正确、规范		2			
		7	安全文明生产		2			
工作态度		8	行为规范、纪律良好		3			
外圆		9	$\phi28_{-0.03}^{0}$mm，$Ra3.2\mu$m		5+2			
		10	$\phi38_{+0.009}^{+0.048}$mm，$Ra1.6\mu$m		5+2			
		11	$\phi40_{-0.039}^{0}$mm，$Ra1.6\mu$m		5+2			
		12	$\phi46_{+0.009}^{+0.048}$mm，$Ra1.6\mu$m		5+2			
退刀槽		13	5mm×1.5mm		3			
外螺纹		14	M24×1.5，6g		6+2			
内孔		15	$\phi24_{0}^{+0.025}$mm，$Ra1.6\mu$m		5+2			
内沟槽		16	5mm×2mm		3			
内螺纹		17	M30×2		6+2			
圆弧		18	R5mm		3			
		19	R10mm		3			
倒角		20	C1.5		6			
		21	C2		2			

续表

项目名称		内沟槽、内螺纹的车削		项目序号	01
	序号	检测项目	配分	学生自评	教师评分
长 度	22	20mm	1		
	23	24mm	1		
	24	25mm	1		
	25	44mm	1		
	26	52mm	1		
	27	(100±0.15) mm	4		
		综合得分	100		

四、项目总结

加工该项目中的圆弧面时，应注意刀具几何参数的选择，主偏角一般取 90°～93°，刀尖角取 35°～55°，以保证刀尖位于刀具的最前端，避免刀具过切。

对于特形面的加工，一般加工余量较大，为了简化编程，缩短程序段的长度，减少程序内容，宜采用封闭切削循环指令进行编程。

思 考 与 练 习

1. 在数控车削加工中，提高零件表面精度的途径有哪些？
2. 在数控车削加工中，车刀的哪些几何角度对零件的编程和加工质量有较大的影响？试举例说明。

一、选择题

1. 对于数控加工的零件，零件图上应直接给出（　　），以便于尺寸间的互相协调。
   A. 局部尺寸　　　　B. 整体尺寸　　　　C. 坐标尺寸　　　　D. 无法判断
2. 在编制数控加工程序以前，首先应该（　　）。
   A. 设计机床夹具　　B. 计算加工尺寸　　C. 计算加工轨迹　　D. 确定工艺过程
3. FANUC 数控系统中，子程序调用指令为（　　）。
   A. M97　　　　　　B. M98　　　　　　C. M99　　　　　　D. M100
4. 在 FANUC 系统中，G90 是（　　）切削循环指令。
   A. 螺纹　　　　　　B. 端面　　　　　　C. 外圆　　　　　　D. 复合
5. 在 G71P(ns) Q(nf) U(Δu) W(Δw) S500；程序格式中，（　　）表示 X 轴方向上的精加工余量。
   A. Δw　　　　　　B. Δu　　　　　　C. ns　　　　　　　D. nf

二、判断题

1. 数控顶尖相对于普通顶尖，具有回转精度高、转速快、承载能力大的优点。（   ）
2. G74 指令是间断纵向加工循环指令，主要用于钻孔。（   ）
3. 程序段 G94　X30　Z－5　R3　F0.3；中，R3 的含义是斜面轴向尺寸。（   ）
4. 数控机床试运行开关扳到"DRY RUN"位置，在"MDI"状态下运行机床时，程序中给定的主轴转速无效。（   ）
5. 车削轴类零件时，如果车床刚性差、滑板镶条太松、传动零件不平衡，在车削过程中会引起振动，使工件尺寸精度达不到要求。（   ）

三、项目训练

加工如图 11-2 所示零件，材料为 45 钢，毛坯尺寸为 φ30mm×65mm。要求：分析零件的加工工艺、编制加工程序，并完成零件的加工。

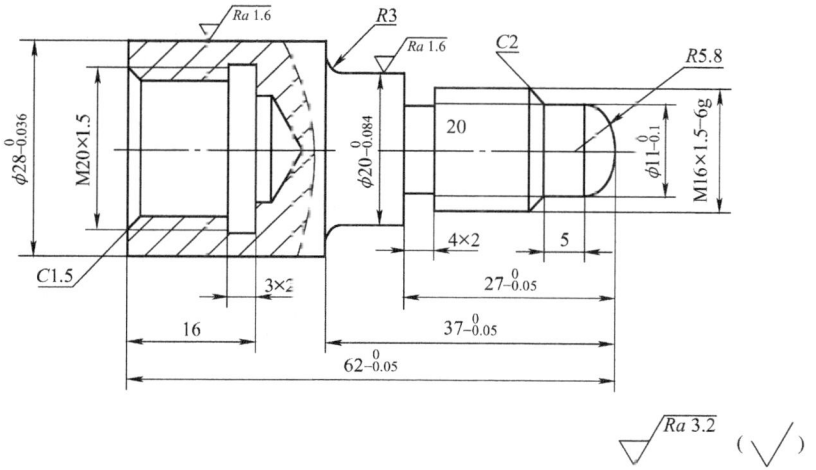

图 11-2　综合零件图

项目十二 非圆曲线零件的加工（1）

一、项目描述

本项目的待加工零件为非圆曲线外轮廓类零件，其非圆曲线为椭圆，如图 12-1 所示。已知毛坯为 φ50mm×100mm 的棒料，材料为 45 钢，要求制订零件的加工工艺，编写数控加工程序，并通过数控仿真进行加工调试，优化程序，最后进行零件的加工和检测。

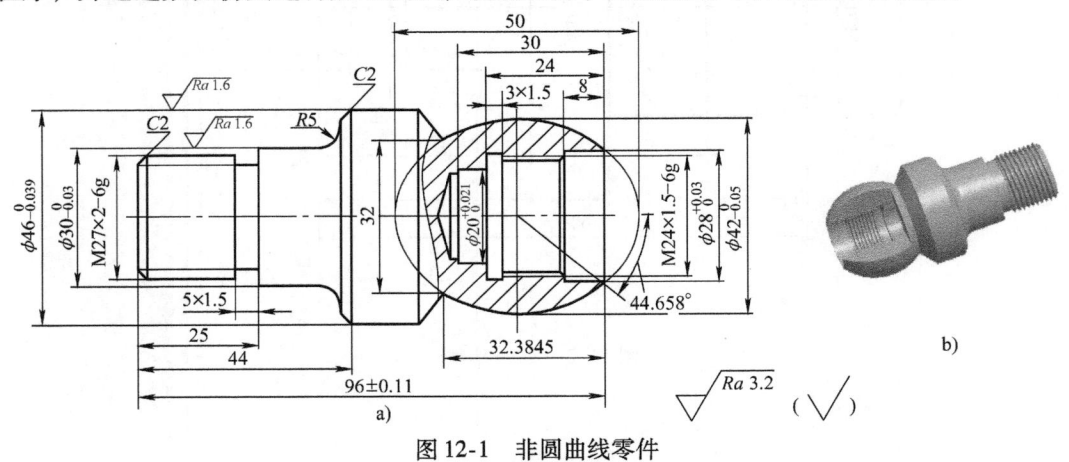

图 12-1 非圆曲线零件
a) 零件图　b) 实体图

二、项目教学目标

1) 掌握车削椭圆的数控加工程序的编写方法。
2) 能够对复杂的轴类零件进行数控车削工艺分析。
3) 合理选择切削用量。

三、项目实施

任务一　制订零件的加工工艺

1. 分析零件图

图 12-1 所示的零件由外圆柱面、圆锥面、圆弧面、外螺纹、内孔、内沟槽、内螺纹组

成。工件三处外圆 φ30mm、φ42mm、φ46mm,两处内孔 φ20mm、φ28mm 的尺寸精度较高;φ30mm、φ46mm 外圆的表面粗糙度值为 $Ra1.6\mu m$;为保证内、外螺纹及总长的尺寸精度,应将尺寸公差控制在图样要求的范围内。

2. 确定装夹方案

为保证尺寸公差要求,此零件的加工需进行两次装夹,可采用自定心卡盘装夹加工。考虑到 φ46mm 外圆可用来装夹,因此先加工左端,然后调头装夹 φ46mm 外圆加工右端。

3. 选择刀具

刀具卡见表 12-1。

表 12-1 刀具卡

序 号	刀具号	刀具名称及规格	刀尖圆弧半径/mm	加工表面	备 注
1	—	中心钻	—	左端面	手动
2	—	φ18mm 钻头	—	孔	手动
3	T0101	镗孔刀	0.1	孔	—
4	T0202	内沟槽车刀	$B=3$	内沟槽	—
5	T0303	内螺纹车刀	0.2	内螺纹	—
6	T0404	93°外圆车刀	0.2	外轮廓	—
7	T0505	车槽刀	$B=4$	退刀槽	—
8	T0606	60°外螺纹车刀	0.2	外螺纹	—

4. 确定加工方案

1)夹紧零件毛坯,伸出卡盘 65mm,加工右端。
2)钻孔 φ18mm,深度为 35mm。
3)粗、精加工内轮廓至尺寸要求。
4)切 3mm×1.5mm 内沟槽。
5)车削 M24×1.5 三角形内螺纹。
6)粗、精车右端各外圆至尺寸要求,利用外径千分尺保证尺寸精度。
7)调头装夹,用铜皮垫紧 φ46mm 圆柱面,找正,加工左端。
8)粗、精车左端各外圆至尺寸要求,利用外径千分尺保证尺寸精度。
9)切槽 5mm×1.5mm 至尺寸要求。
10)车削零件 M27×2 三角形外螺纹,利用螺纹千分尺保证其尺寸精度。

5. 填写工序卡

按加工顺序将各工步内容、所用刀具编号、切削用量等加工信息填入数控加工工序卡,见表 12-2。

表 12-2　数控加工工序卡

数控加工工序卡		产品名称	零件图号	夹具名称	工序号
				自定心卡盘	01

工步号	工步内容	切削用量			刀具		备注
		主轴转速 n /(r/min)	进给量 f /(mm/r)	背吃刀量 a_p /mm	编号	名称	
1	钻中心孔	1200	—	—	—	—	手动
2	钻孔	500	—	—	—	—	手动
3	粗加工内轮廓	600	0.2	1	T0101	镗孔刀	—
4	精加工内轮廓	1000	0.1	0.5	T0101	镗孔刀	—
5	切 3mm×1.5mm 内沟槽	350	0.05	2	T0202	内沟槽车刀	—
6	车削 M24×1.5 内螺纹	800	—	—	T0303	内螺纹车刀	—
7	粗车零件右端外轮廓	600	0.3	2	T0404	外圆车刀	—
8	精车零件右端外轮廓	1000	0.1	0.5	T0404	外圆车刀	—
9	粗车零件左端外轮廓	600	0.3	2	T0404	外圆车刀	—
10	精车零件左端外轮廓	1000	0.1	0.5	T0404	外圆车刀	—
11	切 5mm×1.5mm 退刀槽	350	0.05	2	T0505	车槽刀	—
12	车削 M27×2 外螺纹	1000	—	—	T0606	外螺纹车刀	—
编制		审核		批准		共 1 页	第 1 页

任务二　编写数控加工程序

根据各加工工步的进给路线编写零件的数控加工程序，数控加工程序单见表 12-3。

表 12-3　数控加工程序单（1）

序号	01	零件图号		编程原点	安装后右端面的中心
程序号		数控系统	FANUC 0i Mate-TC	编制	

程序内容	简要说明
右内轮廓 O0001； N10　T0101； N20　M03　S600； N30　G00　X18　Z5； N40　G71　U1　R1； N50　G71　P60　Q150　U-0.3　W0　F0.2； N60　G01　X29　F0.1； N70　Z0； N80　X28　Z-0.5； N90　Z-8； N100　X25.5； N110　X22.5　Z-9.5； N120　Z-24；	换镗孔刀 调用粗车循环

(续)

程序内容	简要说明
N130　X20，C0.5；	
N140　Z-30；	
N150　X18；	
N160　G00　Z100　M05；	
N170　X100；	
N180　M00；	程序暂停，测量工件尺寸
N190　T0101；	
N200　M03　S1000；	设定精车转速
N210　G00　X18　Z5；	
N220　G70　P60　Q150；	调用精车循环
N230　G00　Z100　M05；	
N240　X100；	
N250　M00；	程序暂停，测量工件尺寸
N260　T0202；	换内沟槽车刀
N270　M03　S350；	设定切槽转速
N280　G00　X19　Z-24；	
N290　G01　X27　F0.05；	
N300　X19　F0.5；	
N310　G00　Z100　M05；	
N320　X100；	
N330　M00；	
N340　T0303；	换内螺纹车刀
N350　M03　S800；	设定车削螺纹转速
N360　G00　X19　Z5；	
N370　G92　X23　Z-22.5　F1.5；	调用螺纹循环
N380　X23.4；	
N390　X23.7；	
N400　X24.1；	
N410　X24.3；	
N420　X24.36；	
N430　G00　Z100　M05；	
N440　X100；	
N450　M30；	程序结束
右外轮廓 O0002；	
N10　T0404；	换外圆车刀
N20　M03　S600；	设定转速
N30　G00　X55　Z5；	
N40　G73　U7　R7；	调用仿形循环，设定相关参数
N50　G73　P60　Q150　U0.8　W0　F0.3；	
N60　#1=16.1922；	
N70　WHILE［#1　GE　-16.1922］DO1；	
N80　#2=0.595*［625-#1*#1］；	
N90　G01　X［#1］　Z［#1-16.1922］　F0.1；	
N100　#1=#1-0.1；	
N110　END1；	

（续）

程序内容	简要说明
N120　G01　X46　Z-38；	
N130　Z-55；	
N140　X55；	
N150　G00　X100　Z100　M05；	
N160　M00；	
N170　T0404；	
N180　M03　S1000；	
N190　G00　X55　Z5；	
N200　G70　P60　Q150；	调用精车循环
N210　G00　X100　Z100　M05；	
N220　M30；	程序结束
左外轮廓 O0003； N10　T0404； N20　M03　S600； N30　G00　X55　Z5； N40　G71　U1.5　R1.5； N50　G71　P60　Q150　U0.5　W0　F0.3； N60　G01　X22.8　F0.1； N70　Z0； N80　X26.8　Z-2； N90　Z-25； N100　X30，C0.5； N110　Z-37； N120　G02　X40　Z-42　R5； N130　G01　X42　； N140　X46　Z-44； N150　X55； N160　G00　X100　Z100　M05； N170　M00； N180　T0404； N190　M03　S1000； N200　G00　X55　Z5； N210　G70　P60　Q150； N220　G00　X100　Z100　M05； N230　M00； N240　T0505； N250　M03　S350； N260　G00　X33　Z-25； N270　G01　X23.8　F0.05； N280　X33　F0.5； N290　W1； N300　X23.8　F0.05；	换外圆车刀 设定转速 调用粗车循环 调用精车循环 换车槽刀 设定转速

（续）

程序内容	简要说明
N310　X33　F0.5；	
N320　G00　X100　Z100　M05；	
N330　M00；	
N340　T0606；	换外螺纹车刀
N350　M03　S1000；	设定转速
N360　G00　X33　Z5；	
N370　G92　X26.3　Z-23　F2；	调用螺纹循环
N380　X25.9；	
N390　X25.5；	
N400　X25.1；	
N410　X24.7；	
N420　X24.4；	
N430　X24.32；	
N440　G00　X100　Z100　M05；	
N450　M30；	程序结束

华中程序对比

SIEMENS 程序对比

任务三　仿真加工零件

1）打开仿真软件、开机。
2）选择面板，车床各轴回零。
3）选择及安装刀具，设置毛坯。
4）对刀。
5）输入程序。
6）校验程序。
7）自动运行仿真加工。
8）测量工件、优化程序。

任务四　加工和检测零件

1. 加工准备

1）检查坯料尺寸。
2）开机，回零。
3）输入程序。
4）装夹工件。
5）装夹刀具。

2. 对刀设置

所有刀具应依次采用试切法对刀,把通过对刀操作得到的零偏置分别输入各自的长度补偿中。其中,车槽刀以左刀尖为刀位点,螺纹车刀以刀尖为刀位点。

3. 空运行及仿真

对输入的程序进行空运行或轨迹仿真,检测程序是否正确。

4. 自动加工及尺寸控制

(1)零件的自动加工 选择自动加工模式,打开程序,调好进给倍率,按下循环启动按钮进行加工。

(2)零件加工过程中的尺寸控制 外圆、内孔、长度及螺纹尺寸的控制可通过修改刀具磨损量的方法实现。

5. 检测零件与评分

在零件加工结束后进行检测,对其进行误差与质量分析,并将结果填入表12-4。

表12-4 数控车床编程与操作考核表

班级			姓名		学号		日期	
项目名称			非圆曲线零件的加工(1)			序号	01	
		序号	检测项目		配分	学生自评	教师评分	
基本检查	编程	1	切削加工工艺制订正确		3			
		2	切削用量选用合理		2			
		3	程序正确、简单、明确且规范		3			
	操作	4	设备操作、维护保养正确		3			
		5	刀具选择、安装正确、规范		2			
		6	工件找正、安装正确、规范		2			
		7	安全文明生产		2			
工作态度		8	行为规范、纪律良好		3			
外圆		9	$\phi 30_{-0.03}^{0}$ mm, $Ra1.6\mu m$		5+2			
		10	$\phi 42_{-0.05}^{0}$ mm		5			
		11	$\phi 46_{-0.039}^{0}$ mm, $Ra1.6\mu m$		5+2			
退刀槽		12	5mm×1.5mm		3			
外螺纹		13	M27×2, $Ra3.2\mu m$		6+2			
内孔		14	$\phi 20_{0}^{+0.021}$ mm, $Ra3.2\mu m$		5+2			
		15	$\phi 28_{0}^{+0.03}$ mm, $Ra3.2\mu m$		5+2			
内沟槽		16	3mm×1.5mm		3			
内螺纹		17	M24×1.5, $Ra3.2\mu m$		6+2			
椭圆		18	椭圆轮廓		6			
圆弧		19	$R5$mm		2			
倒角		20	$C2$ 两处		4			
长度		21	8mm		2			
		22	24mm		2			
		23	25mm		2			
		24	30mm		2			
		25	44mm		2			
		26	(96±0.11)mm		3			
			综合得分		100			

四、项目总结

该项目中零件的右端由椭圆构成,用 G01、G02、G03 等直线、圆弧插补常规指令难以处理此部分,拟合节点的计算也相当复杂,而且表面质量和尺寸要求都很难保证,最好利用宏程序进行编程。

使用宏程序时,应注意宏程序变量的选取,宏程序加工起点的位置与变量的方向和数值紧密相关。

1. 数控车床的常用夹具有哪些?如何在这些夹具中安装找正工件?
2. 工厂中常用的数控车床工艺文件有哪些?

一、选择题

1. 在 FANUC 系统中,加工(　　)可用 G90 循环指令编程。
   A. 深孔　　　　B. 余量大的装面　　　　C. 圆锥　　　　D. 大螺距螺纹
2. FANUC 系统中,(　　)指令是切削液停指令。
   A. M08　　　　B. M02　　　　C. M09　　　　D. M06
3. 数控机床处于编辑状态时模式选择开关应放在(　　)。
   A. AUTO　　　　B. PRGRM　　　　C. ZERO RETURN　　D. EDIT
4. 数控机床的切削液开关在(　　)位置时,是手动控制切削液的开关。
   A. SPINDLE　　B. OFF　　　　C. COOLANT ON　　D. M CODE
5. 车削螺纹时,主轴的轴向窜动会使螺纹(　　)产生误差。
   A. 中径　　　　B. 压力角　　　　C. 局部螺距　　　　D. 表面粗糙度

二、判断题

1. 薄壁管子和精加工过的管子,必须直接装夹在台虎钳上进行锯削。　　　　(　　)
2. 确定加工顺序和工序内容、加工方法,划分加工阶段,安排热处理、检验及其他辅助工序是拟定工艺路线的主要工作。　　　　(　　)
3. 数控车床主轴运转情况是每年需要检查保养的内容。　　　　(　　)
4. 偏心距较大的工件,不能采用直接测量法测出偏心距时,可用游标卡尺和千分尺采用间接测量法测出偏心距。　　　　(　　)
5. 用仿形法车圆锥时产生锥度(角度)误差的原因是靠模板角度调整不正确。(　　)

三、项目训练

加工如图 12-2 所示零件,材料为 45 钢,毛坯尺寸为 φ50mm×123mm。要求:分析零件的加工工艺、编制加工程序，并完成零件的加工。

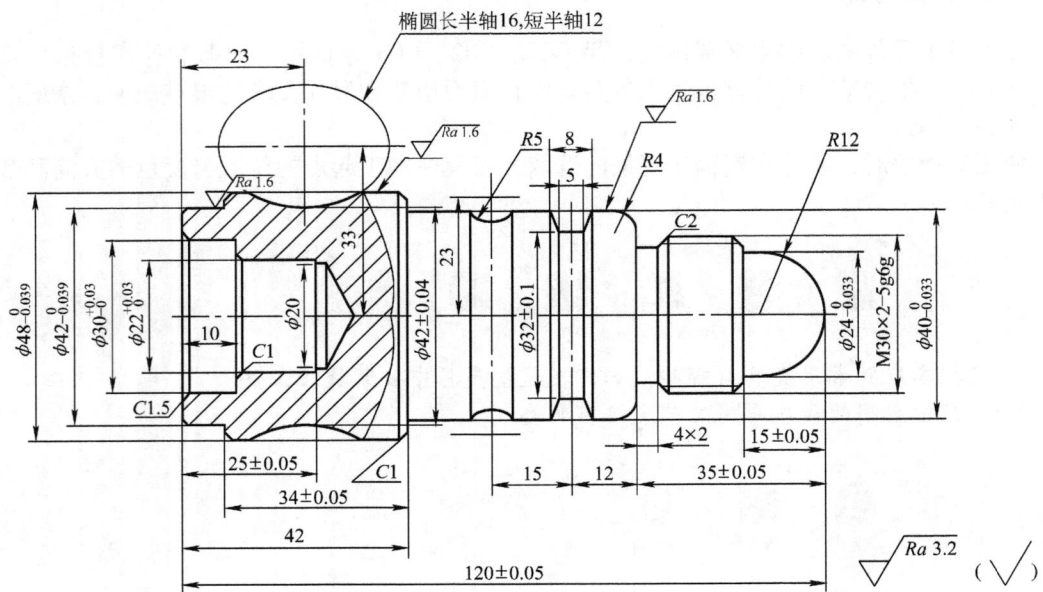

图 12-2　综合零件图

项目十三

非圆曲线零件的加工（2）

一、项目描述

本项目的待加工零件为非圆曲线类零件。其非圆曲线为椭圆，如图 13-1 所示。已知毛坯为 $\phi50\text{mm} \times 125\text{mm}$ 的棒料，材料为 45 钢，要求制订零件的加工工艺，编写数控加工程序，并通过数控仿真进行加工调试，优化程序，最后进行零件的加工和检测。

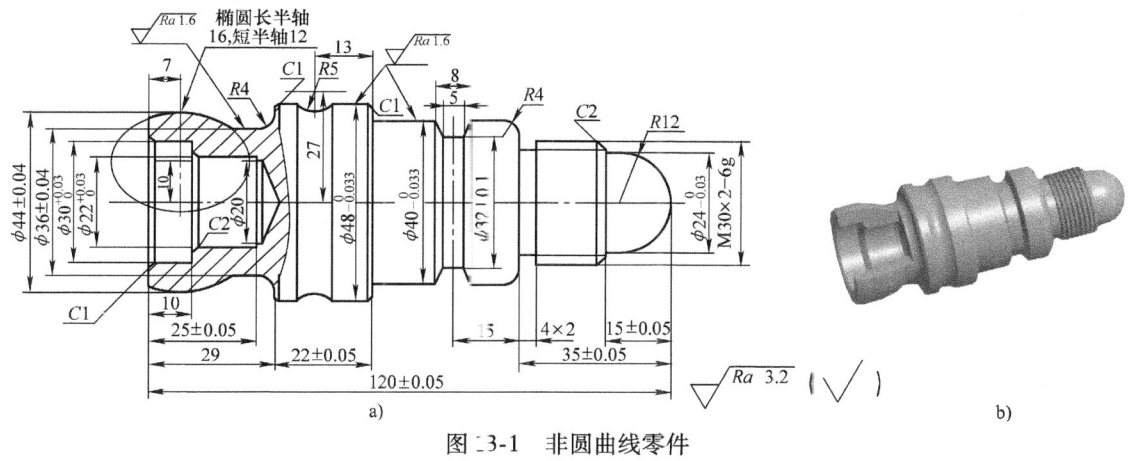

图 13-1 非圆曲线零件
a）零件图　b）实体图

二、项目教学目标

1) 掌握复杂类圆弧面零件的加工技巧，掌握椭圆加工程序的编写方法。
2) 合理选择加工时的切削用量。
3) 采用合理的方法保证加工精度。

三、项目实施

任务一　制订零件的加工工艺

1. 分析零件图

图 13-1 所示的零件由外圆柱面、椭圆面、圆弧面、梯形槽、外螺纹、内孔等组成，

ϕ24mm、ϕ32mm、ϕ36mm、ϕ40mm、ϕ44mm、ϕ48mm 外圆，以及 ϕ22mm、ϕ30mm 内孔精度要求较高；ϕ48mm、ϕ36mm、ϕ40mm 三处外圆的表面粗糙度值为 $Ra1.6\mu m$；为保证外螺纹及总长的尺寸精度，应将尺寸公差控制在图样要求的范围内。

2. 确定装夹方案

为保证尺寸公差要求，此零件的加工需进行两次装夹，采用自定心卡盘定位装夹方式，设计基准为定位基准，符合基准重合原则。

3. 选择刀具

刀具卡见表13-1。

表 13-1 刀具卡

序号	刀具号	刀具名称及规格	刀尖圆弧半径/mm	加工表面	备注
1	—	中心钻	—	左端面	手动
2	—	ϕ20mm 钻头	—	孔	手动
3	T0101	93°外圆车刀	0.2	外轮廓	—
4	T0202	镗孔刀	0.1	孔	—
5	T0303	车槽刀	$B=4$	槽	—
6	T0404	60°外螺纹车刀	0.2	外螺纹	—

4. 确定加工方案

1）夹紧零件毛坯，伸出卡盘76mm，加工右端。
2）粗、精车右端各外圆至 ϕ40mm 处，利用外径千分尺保证尺寸精度。
3）切槽 4mm×2mm 至尺寸要求。
4）车削 M30×2 三角形外螺纹，利用螺纹千分尺保证其尺寸精度。
5）调头装夹，用铜皮垫紧 ϕ40mm 圆柱面，找正，加工左端。
6）钻毛坯孔 ϕ20mm，深度为 30mm。
7）粗、精加工内轮廓至尺寸要求，利用内径量表保证尺寸精度。
8）粗、精车左端外轮廓，利用外径千分尺保证尺寸精度。

5. 填写工序卡

按加工顺序将各工步内容、所用刀具编号、切削用量等加工信息填入数控加工工序卡，见表13-2。

表 13-2 数控加工工序卡

数控加工工序卡		产品名称	零件图号	夹具名称	工序号
				自定心卡盘	01
工步号	工步内容	切削用量			刀具		备注

工步号	工步内容	主轴转速 n /(r/min)	进给量 f /(mm/r)	背吃刀量 a_p /mm	编号	名称	备注
1	粗车零件右端外轮廓	600	0.3	2	T0101	外圆车刀	—
2	精车零件右端外轮廓	1000	0.1	0.5	T0101	外圆车刀	—

(续)

工步号	工步内容	切削用量			刀具		备注
		主轴转速 n / (r/min)	进给量 f / (mm/r)	背吃刀量 a_p /mm	编号	名称	
3	切 4mm×2mm 退刀槽	350	0.1	2	T0303	车槽刀	—
4	车削 M30×2 外螺纹	1000	—	—	T0404	外螺纹车刀	—
5	钻中心孔	1200	—	—	—	—	手动
6	钻孔	500	—	—	—	—	手动
7	粗加工内轮廓	600	0.25	1	T0202	镗孔刀	—
8	精加工内轮廓	1000	0.08	0.5	T0202	镗孔刀	—
9	粗车零件左端外轮廓	600	0.3	2	T0101	外圆车刀	—
10	精车零件左端外轮廓	1000	0.1	0.5	T0101	外圆车刀	—
编制		审核		批准		共 1 页	第 1 页

任务二　编写数控加工程序

根据各加工工步的进给路线编写零件的数控加工程序，数控加工程序单见表 13-3。

表 13-3　数控加工程序单（2）

序号	01	零件图号		编程原点	安装后右端面的中心
程序号		数控系统	FANUC 0i Mate-TC	编制	
程序内容				简要说明	

程序内容	简要说明
右外轮廓	
O0001;	
N10　T0101;	换外圆车刀
N15　M03　S600;	
N20　G00　X50　Z5;	
N25　G71　U1.5　R1.5;	调用粗车循环
N30　G71　P35　Q80　U0.5　W0　F0.25;	
N35　G00　X0;	
N40　G01　Z0　F0.1;	
N45　G03　X24　Z-12　R12;	
N50　G01　X30，C2;	
N55　Z-35;	
N60　G01　X40，R4;	
N65　Z-69;	
N70　X48，C1;	
N75　Z-70;	

(续)

程 序 内 容	简 要 说 明
N80　X50;	
N85　G00　X80　Z100　M05;	
N90　M00;	
N95　T0101;	
N100　M03　S1000;	
N105　G00　X50　Z5;	
N110　G70　P35　Q80;	调用精车循环
N115　G00　X100　Z100　M05;	
N120　M00;	
N125　T0303;	换车槽刀
N130　M03　S350;	设定转速
N135　G00　X45　Z-35;	
N140　G01　X24　F0.1;	
N145　G01　X45　F0.5;	
N150　G00　Z-52.5;	
N155　G01　X32　F0.1;	
N160　X45　F0.5;	
N165　W-1.5;	
N170　X40　F0.1;	
N175　X32　W1.5;	
N180　X45　F0.5;	
N185　W2.5;	
N190　X32　F0.1;	
N195　X45　F0.5;	
N200　W1.5;	
N205　X40　F.1;	
N210　X32　W-1.5;	
N215　X45　F0.5;	
N220　G00　X100　Z100　M05;	
N225　M00;	
N230　T0404;	换螺纹车刀
N235　M03　S1000;	
N240　G00　X33　Z-10;	
N245　G92　X27　Z-32　F2;	调用螺纹循环
N250　X26.6;	
N255　X26.2;	
N260　X25.8;	
N265　X25.6;	
N270　X25.5;	
N275　X25.4;	
N280　G00　X100　Z100　M05;	
N285　M30;	程序结束

(续)

程 序 内 容	简 要 说 明
左内轮廓 O0002； N10　T0202； N15　M03　S600； N20　G00　X20　Z5； N25　G71　U1　R1； N30　G71　P35　Q60　U-0.3　W0　F0.25； N35　G00　X32　F0.08； N40　G01　X30　Z-1； N45　Z-10； N50　X22，C2； N55　Z-25； N60　X20； N65　G00　Z100　M5； N70　M00； N75　T0202； N80　M03　S1000； N85　G00　X20　Z5； N90　G70　P35　Q60； N95　G00　Z100　M05； N100　M30；	换镗孔刀 设定转速 调用粗车循环 调用精车循环 程序结束
左外轮廓 O0003； N05　T0101； N10　M03　S600； N15　G00　X50　Z5； N20　G73　U6　R6； N25　G73　P30　Q115　U0.8　W0　F0.3； N30　G00　X40； N35　G01　Z0　F0.1； N40　#1=67； N45　WHILE　[#1　LE　131]　DO1； N50　#2=24*SIN[#1]； N55　#3=16*COS[#1]； N60　G1　X[#2+20]　Z[#3-7]； N65　#1=#1+0.1； N70　END1； N75　G01　X36； N80　Z-25； N85　G02　X44　Z-29　R4； N90　G01　X48，C1；	换外圆车刀 调用仿形循环

(续)

程序内容	简要说明
N95　Z－34；	
N100　G02　X48　Z－42　R5；	
N105　G01　Z－55；	
N110　X50；	
N115　G00　X100　Z100　M05；	
N120　M00；	
N125　T0101；	
N130　M03　S1000；	
N135　G00　X50　Z5；	
N140　G70　P30　Q115；	调用精车循环
N145　G00　X100　Z100　M05；	
N150　M30；	程序结束

华中程序对比

SIEMENS 程序对比

任务三　仿真加工零件

1）打开仿真软件、开机。
2）选择面板，车床各轴回零。
3）选择及安装刀具，设置毛坯。
4）对刀。
5）输入程序。
6）程序校验。
7）自动运行仿真加工。
8）测量工件、优化程序。

任务四　加工和检测零件

1. 加工准备

1）检查坯料尺寸。
2）开机，回零。
3）输入程序。
4）装夹工件。
5）装夹刀具。

2. 对刀设置

所有刀具应依次采用试切法对刀，把通过对刀操作得到的零偏置分别输入各自的长度补偿中。其中，车槽刀以左刀尖为刀位点，螺纹车刀以刀尖为刀位点。

3. 空运行及仿真

对输入的程序进行空运行或轨迹仿真，检测程序是否正确。

4. 自动加工及尺寸控制

（1）零件的自动加工　选择自动加工模式，打开程序，调好进给倍率，按下循环启动按钮进行加工。

（2）零件加工过程中的尺寸控制　外圆、内孔、长度及螺纹尺寸的控制可通过修改刀具磨损量的方法实现。

5. 检测零件与评分

在零件加工结束后进行检测，对其进行误差与质量分析，并将结果填入表13-4。

表13-4　数控车床编程与操作考核表

班级			姓名		学号		日期	
项目名称			非圆曲线零件的加工(2)			序号		01
		序号	检测项目		配分	学生自评	教师评分	
基本检查	编程	1	切削加工工艺制订正确		3			
		2	切削用量选用合理		2			
		3	程序正确、简单、明确且规范		3			
	操作	4	设备操作、维护保养正确		3			
		5	刀具选择、安装正确、规范		2			
		6	工件找正、安装正确、规范		2			
		7	安全文明生产		2			
工作态度		8	行为规范、纪律良好		3			
外圆		9	$\phi24_{-0.03}^{0}$mm		6			
		10	$(\phi36\pm0.04)$mm，$Ra1.6\mu m$		6+2			
		11	$\phi40_{-0.033}^{0}$mm，$Ra1.6\mu m$		6+2			
		12	$\phi48_{-0.033}^{0}$mm，$Ra1.6\mu m$		6+2			
圆弧		13	R4两处		2			
		14	R5		1			
沟槽		15	4mm×2mm		2			
		16	$(\phi32\pm0.1)$mm		5			
		17	5mm		1			
		18	8mm		1			
螺纹		19	M30×2		5			
椭圆		20	椭圆轮廓		6			
内孔		21	$\phi22_{0}^{+0.03}$mm		6			
		22	$\phi30_{0}^{+0.03}$mm		6			
长度		23	10mm		1			
		24	(15 ± 0.05)mm		2			
		25	15mm		2			
		26	(22 ± 0.05)mm		2			
		27	(25 ± 0.05)mm		2			
		28	29mm		2			
		29	(35 ± 0.05)mm		2			
		30	(120 ± 0.05)mm		2			
			综合得分		100			

四、项目总结

使用宏程序编写程序的特点是程序结构简短易读、条理清晰、灵活方便等。该项目椭圆部分的程序适用于不同起始点、不同角度椭圆的加工,加工不同尺寸的椭圆零件时,不必修改宏程序,只须修改相应变量的赋值数据就可以了。如果椭圆的起始点、起始点数值固定,而长半轴、短半轴变化,则在编制宏程序时,只须将长半轴、短半轴以#10、#20 赋值,按照椭圆标准方程或参数方程编写即可。

思考与练习

1. 试写出多重复合循环(G73)的指令格式,并说明指令中各参数的含义。
2. 使用螺纹切削单一固定循环指令(G92)时,注意事项有哪些?

自测题

一、选择题

1. 工件材料相同,车削时温升基本相等,其热变形伸长量取决于( )。
   A. 工件长度　　　B. 材料线胀系数　　　C. 刀具磨损程度
2. 数控机床坐标轴命名原则规定,( )的运动方向为该坐标轴的正方向。
   A. 刀具远离工件　B. 刀具接近工件　　　C. 工件远离刀具
3. AutoCAD 中要绘制有一定宽度或有变化宽度的图形实体用( )命令实现。
   A. 直线 LINE　　B. 圆 CIRCLE　　C. 圆弧 ARC　　D. 多段线 PLINE
4. 数控机床自动状态时,可完成( )工作。
   A. 工件加工　　　B. 循环　　　　C. 回零　　　　D. 手动进给
5. 车床数控系统中,用( )指令进行恒线速控制。
   A. G00 S_____　B. G96 S_____　C. G01 F_____　D. G98 S_____

二、判断题

1. 进给箱的功用是通过改变箱内滑移齿轮的位置,使交换齿轮箱传来的运动变速后传给丝杠或光杠,以满足车螺纹和机动进给的需要。( )
2. 提高零件的表面质量,可以提高间隙配合的稳定性或过盈配合的连接强度。( )
3. FANUC 系统中,程序段 M98 P51002;的含义是将子程序号为 5100 的子程序连续调用两次。( )
4. 调试数控加工程序的目的之一是检查所编程序是否正确,正确就是把编程零点、加工零点和机床零点相统一。( )
5. 加工精度是指工件加工后的实际几何参数与理想几何参数的偏离程度。( )

三、项目训练

加工如图 13-2 所示零件，材料为 45 钢，毛坯尺寸为 $\phi50\text{mm} \times 125\text{mm}$。要求：分析零件的加工工艺、编制加工程序，并完成零件的加工。

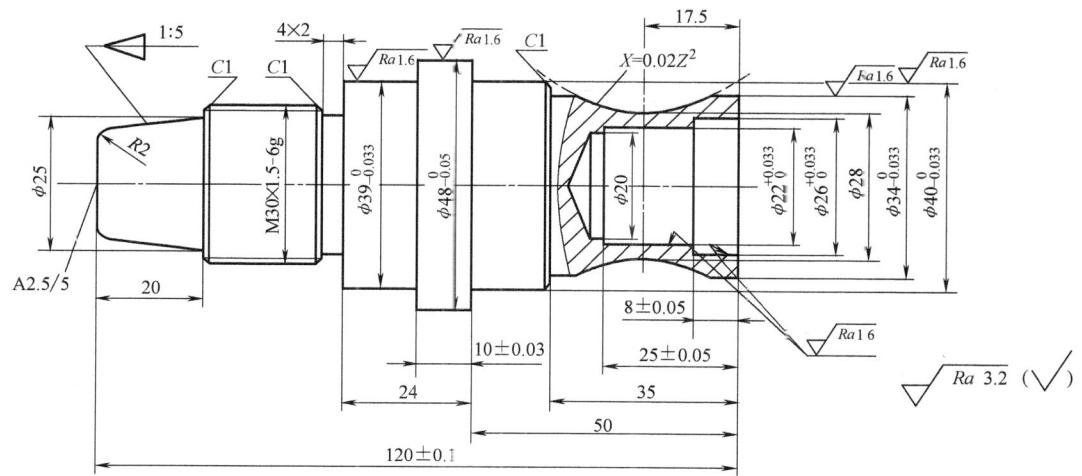

图 13-2 综合零件图

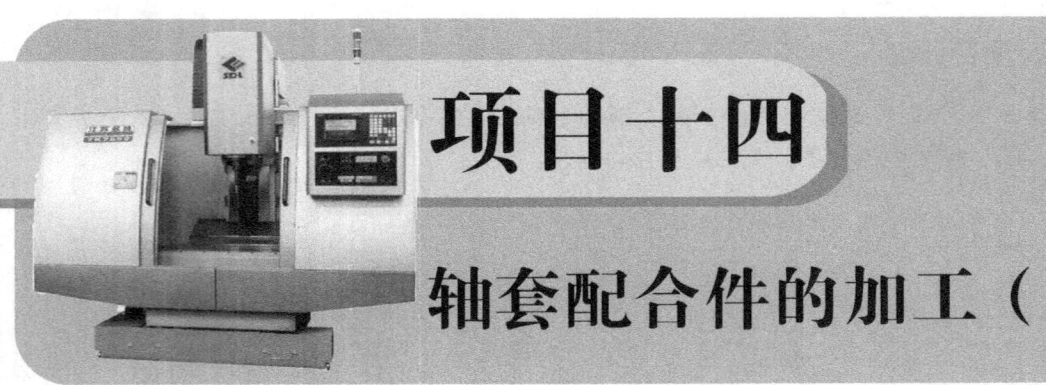

项目十四

轴套配合件的加工（1）

一、项目描述

本项目的待加工零件为轴、套配合件，如图 14-1 所示。已知毛坯的规格为 $\phi50\text{mm} \times 155\text{mm}$，材料为 45 钢，要求制订零件的加工工艺，编写数控加工程序，并通过数控仿真进行加工调试，优化程序，最后进行零件的加工和检测。

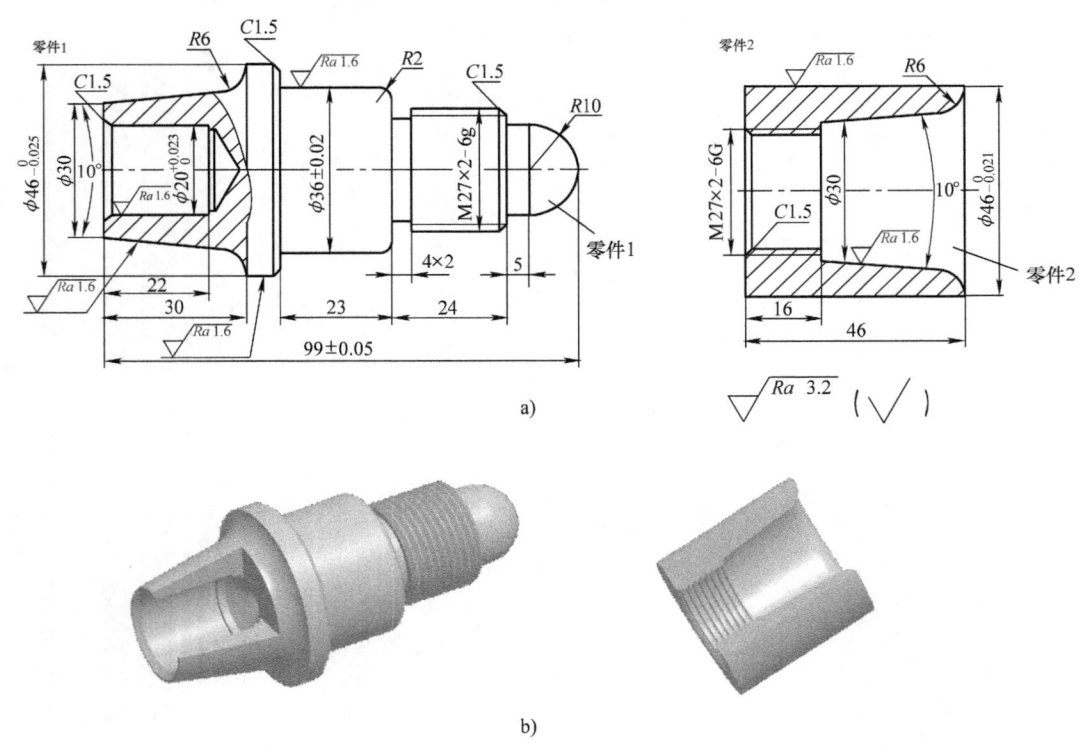

图 14-1 轴、套配合件
a) 零件图 b) 实体图

二、项目教学目标

1) 能正确制订轴套类零件的加工工艺。
2) 掌握轴套类零件的编程技巧。

3）能对加工质量进行独立分析。

三、项目实施

任务一　制订零件的加工工艺

1. 分析零件图

图 14-1 所示的零件属于典型的轴、套配合件，该零件的轮廓较复杂，由零件 1 和零件 2 组成，零件的配合包括螺纹配合和圆锥配合。为了保证相互配合，必须有严格的尺寸要求，因此零件的加工精度比较高。零件 1 的重要径向尺寸有 $\phi 30\text{mm}$ 圆锥面、$\phi 36\text{mm}$ 圆柱段、$\phi 46\text{mm}$ 圆柱段和 $\phi 20\text{mm}$ 内孔，其表面粗糙度值都为 $Ra1.6\mu m$，以及 $M27\times 2$ 三角形外螺纹；其余表面粗糙度值均为 $Ra3.2\mu m$。零件 2 的重要径向尺寸有 $\phi 46\text{mm}$ 圆柱段、以 $\phi 30\text{mm}$ 为终止尺寸的内锥面（其表面粗糙度值都为 $Ra1.6\mu m$），以及 $M27\times 2$ 三角形内螺纹；其余表面粗糙度值均为 $Ra3.2\mu m$。零件的轴向尺寸也应根据尺寸精度加以控制。

2. 确定装夹方案

使用自定心卡盘装夹零件的毛坯外圆，确定零件伸出合适的长度。零件的加工须调头，加工时左右两端互为基准，卡盘的限位安全距离为 5mm。采用设计基准作为定位基准。

3. 选择刀具

刀具卡见表 14-1。

表 14-1　刀具卡

序　号	刀　具　号	刀具名称及规格	刀尖圆弧半径/mm	加 工 表 面	备　注
1	—	中心钻	—	左端面	手动
2	—	$\phi 18\text{mm}$ 钻头	—	孔	手动
3	—	$\phi 22\text{mm}$ 钻头	—	孔	手动
4	T0101	93°菱形外圆车刀	0.2	外轮廓	—
5	T0202	车槽刀	$B=4$	退刀槽	左刀尖
6	T0303	60°外螺纹车刀	0.2	外螺纹	—
7	T0404	镗孔刀	0.1	孔	—
8	T0505	内螺纹车刀	0.2	内螺纹	—
9	T0606	车断刀	$B=2.5$	切断	左刀尖

4. 确定加工方案

先加工零件 2 的外轮廓，再加工零件 1，最后加工零件 2 的内轮廓。

（1）零件 2 外轮廓

1）夹紧零件毛坯，伸出卡盘 60mm。

2）钻毛坯孔 $\phi 22\text{mm}$，深约 50mm。

3）粗、精车零件外形轮廓至 $\phi 46\text{mm}\times 55\text{mm}$ 处结束，利用外径千分尺保证尺寸精度。

4）切断 $\phi 46\text{mm}\times 46\text{mm}$。

(2) 零件1

1) 夹紧零件毛坯，伸出卡盘80mm，加工零件右端。
2) 粗车零件右端外形轮廓至$\phi46mm\times70mm$处结束。
3) 精车零件右端外形轮廓，利用外径千分尺保证尺寸精度。
4) 切槽至要求尺寸。
5) 车削$M27\times2$外螺纹至尺寸要求，利用螺纹千分尺保证其尺寸精度。
6) 调头装夹，用铜皮包裹夹紧$\phi36mm$外圆，保证长度，加工左端。
7) 钻毛坯孔$\phi18mm$，深约25mm。
8) 粗、精车内轮廓至尺寸要求，利用内径量表保证尺寸精度。
9) 粗、精车零件外轮廓至尺寸要求，利用外径千分尺保证尺寸精度。

(3) 零件2内轮廓

1) 装夹$\phi46mm\times46mm$外圆。
2) 粗、精车内轮廓至尺寸要求，与零件1配作内锥孔。
3) 加工内螺纹，与零件1配作。
4) 检测、校核。

5. 填写工序卡

按加工顺序将各工步内容、所用刀具编号、切削用量等加工信息填入数控加工工序卡，见表14-2。

表14-2 数控加工工序卡

数控加工工序卡		产品名称		零件图号		夹具名称		工序号
						自定心卡盘		01
		切削用量			刀具			
工步号	工步内容	主轴转速n /(r/min)	进给量f /(mm/r)	背吃刀量a_p /mm	编号	名称	备 注	
	零件2							
1	钻中心孔	1200	—	—	—	—	手动	
2	钻孔	450	—	—	—	—	手动	
3	粗车工件外轮廓	600	0.3	2	T0101	外圆车刀	—	
4	精车工件外轮廓	1000	0.1	0.5	T0101	外圆车刀	—	
5	切断	300	—	—	T0606	切断刀	手动	
	零件1							
6	粗车工件右端外轮廓	600	0.3	2	T0101	外圆车刀	—	
7	精车工件右端外轮廓	1000	0.1	0.5	T0101	外圆车刀	—	
8	切槽$4mm\times2mm$	350	0.1	2	T0202	车槽刀	—	
9	车削$M27\times2$外螺纹	1000	—	—	T0303	外螺纹车刀	—	
10	钻中心孔	1200	—	—	—	—	手动	
11	钻孔	450	—	—	—	—	手动	

(续)

工步号	工步内容	切削用量			刀具		备注
		主轴转速 n /(r/min)	进给量 f /(mm/r)	背吃刀量 a_p /mm	编号	名称	
12	粗车工件左端内孔	600	0.2	1	T0404	镗孔刀	—
13	精车工件左端内孔	1000	0.1	0.5	T0404	镗孔刀	—
14	粗车工件左端外轮廓	600	0.3	2	T0101	外圆车刀	—
15	精车工件左端外轮廓	1000	0.1	0.5	T0101	外圆车刀	—
	零件 2						
16	粗车工件内轮廓	600	0.2	1	T0404	镗孔刀	—
17	精车工件内轮廓	1000	0.1	0.5	T0404	镗孔刀	—
18	车削 M27×2 内螺纹	1000	—	—	T0505	内螺纹车刀	
19	检测、校核						
编制		审核			批准		共1页 第1页

任务二 编写数控加工程序

根据各加工工步的进给路线编写零件的加工程序，数控加工程序单见表 14-3。

表 14-3 数控加工程序单

序号	01	零件图号		编程原点	安装后右端面的中心
程序号		数控系统	FANUC 0i Mate-TC	编制	
程序内容				简要说明	

程序内容	简要说明
零件 2 外圆	
O0001；	
N05　T0101；	换外圆车刀
N10　M03　S600；	
N15　G00　X55　Z5；	
N20　G71　U1.5　R1.5；	调用粗车循环
N25　G71　P30　Q40　U0.5　W0　F0.3；	
N30　G01　X46　F0.1；	
N35　Z-50；	
N40　X50；	
N45　G00　X100　Z100　M05；	
N50　M00；	
N55　M03　S1000；	
N60　G0　X55　Z5；	
N65　G70　P30　Q40；	调用精车循环
N70　G00　X100　Z100　M05；	
N75　M30；	程序结束

(续)

程序内容	简要说明
零件1 右端	
O0002；	
N10　T0101；	换外圆车刀
N15　M03　S600；	
N20　G00　X50　Z5；	
N25　G71　U1.5　R1.5；	调用粗车循环
N30　G71　P35　Q100　U0.5　W0　F0.3；	
N35　G01　X0　F0.1；	
N40　Z0；	
N45　G03　X20　Z-10　R10；	
N50　G01　Z-15；	
N55　X23.8；	
N60　X26.8　Z-16.5；	
N65　Z-39；	
N70　X32；	
N75　G03　X36　Z-41　R2；	
N80　G01　Z-62；	
N85　X43；	
N90　X46　Z-63.5；	
N95　Z-72；	
N100　X55；	
N105　G00　X100　Z100　M05；	
N110　M00；	
N115　M03　S1000；	设定精车转速
N120　G00　X55　Z5；	
N125　G70　P35　Q100；	调用精车循环
N130　G00　X100　Z100　M05；	
N135　M00；	
N140　T0202；	换车槽刀
N145　M03　S350；	
N150　G00　X40　Z-39；	
N155　G01　X22.8　F0.1；	
N160　X40　F0.5；	
N165　G00　X100　Z100　M05；	
N170　M00；	
N175　T0303；	换外螺纹车刀
N180　M03　S1000；	
N185　G00　X30　Z5；	
N190　Z-13；	
N195　G92　X26.3　Z-37　F2；	调用螺纹循环

(续)

程序内容	简要说明
N200　X25.9；	
N205　X25.5；	
N210　X25.1；	
N215　X24.7；	
N220　X24.4；	
N225　X24.32；	
N230　G00　X100　Z100　M05；	
N235　M30；	程序结束
零件1左端 O0003；	
N05　T0101；	换外圆车刀
N10　M03　S600；	
N15　G00　X55　Z5；	
N20　G71　U1.5　R1.5；	调用粗车循环
N25　G71　P30　Q55　U0.5　W0　F0.3；	
N30　G1　X30　F0.1；	
N35　Z0；	
N40　X34.291　Z－24.524；	
N45　G02　X46　Z－30　R6；	
N50　G01　Z－31；	
N55　X55；	
N60　G00　X100　Z100　M05；	
N65　M00；	
N70　M03　S1000；	
N75　G00　X55　Z5；	
N80　G70　P30　Q55；	调用精车循环
N85　G00　X100　Z100　M05；	
N90　M30；	程序结束
零件1内孔 O0004；	
N05　T0404；	换镗孔刀
N10　M03　S600；	
N15　G00　X19　Z5；	
N20　G71　U1　R1；	调用粗车循环
N25　G71　P30　Q50　U－0.3　W0　F0.2；	
N30　G01　X23　F0.1；	
N35　Z0；	
N40　X20　Z－1.5；	
N45　Z－22；	
N50　X19；	

(续)

程 序 内 容	简 要 说 明
N55　G00　Z100　M05；	
N60　X100；	
N65　M00；	
N70　M03　S1000；	
N75　G00　X19　Z5；	
N80　G70　P30　Q50；	调用精车循环
N85　G00　Z100　M05；	
N90　X100；	
N95　M30；	程序结束
零件2 内孔	
O0005；	
N05　T0404；	换镗孔刀
N10　M03　S600；	
N15　G00　X22　Z5；	
N20　G71　U1　R1；	调用粗车循环
N25　G71　P30　Q60　U－0.3　W0　F0.2；	
N30　G01　X46　F0.1；	
N35　Z0；	
N40　G02　X34.291　Z－5.476；	
N45　G01　X30　Z－30；	
N50　X25；	
N55　Z－48；	
N60　X22；	
N65　G00　Z100　M05；	
N70　X100；	
N75　M00；	
N80　M03　S1000；	
N85　G00　X22　Z5；	
N90　G70　P30　Q60；	调用精车循环
N95　G00　Z100　M05；	
N100　X100；	
N105　M00；	
N110　T0505；	换内螺纹车刀
N115　M03　S1000；	设定转速
N120　G00　X22　Z5；	
N125　Z－28；	
N130　G92　X25.5　Z－48；	调用螺纹循环
N135　X25.9；	
N140　X26.3；	
N145　X26.6；	
N150　X26.9；	

(续)

程序内容	简要说明
N155　X27；	
N160　X27；	
N165　G00　Z100　M05；	
N170　X100；	
N175　M30；	程序结束

华中程序对比

SIEMENS 程序对比

任务三　　仿真加工零件

1）打开仿真软件、开机。
2）选择面板，车床各轴回零。
3）选择及安装刀具，设置毛坯。
4）对刀。
5）输入程序。
6）校验程序。
7）自动运行仿真加工。
8）测量工件、优化程序。

任务四　　加工和检测零件

1．加工准备

1）检查坯料尺寸。
2）开机，回零。
3）输入程序。
4）装夹工件。
5）装夹刀具。

2．对刀设置

所有刀具应依次采用试切法对刀，将通过对刀操作得到的零偏置分别输入各自的长度补偿中。其中，车槽刀以左刀尖为刀位点，螺纹车刀以刀尖为刀位点。

3．空运行及仿真

对输入的程序进行空运行或轨迹仿真，检测程序是否正确。

4．自动加工及尺寸控制

（1）零件的自动加工　选择自动加工模式，打开程序，调好进给倍率，按下循环启动按钮进行加工。

（2）零件加工过程中的尺寸控制　外圆、长度及螺纹尺寸的控制可通过修改刀具磨损量的方法实现，配合件的相关尺寸通过配作来保证。

5. 检测零件与评分

在零件加工结束后进行检测，对其进行误差与质量分析，见表14-4。

表14-4　数控车床编程与操作考核表

班级			姓名		学号		日期	
项目名称			轴、套配合件的加工（1）			序号	01	
		序号	检测项目	配分	学生自评		教师评分	
基本检查	编程	1	切削加工工艺制订正确	2				
		2	切削用量选用合理	2				
		3	程序正确、简单、明确且规范	2				
	操作	4	设备操作、维护保养正确	2				
		5	刀具选择、安装正确、规范	2				
		6	工件找正、安装正确、规范	2				
		7	安全文明生产	2				
工作态度		8	行为规范、纪律良好	2				
零件1	外圆	9	$\phi 30$mm	3				
		10	$(\phi 36 \pm 0.02)$mm，$Ra1.6\mu$m	4+2				
		11	$\phi 46_{-0.025}^{0}$mm，$Ra1.6\mu$m	4+2				
	圆弧	12	$R2$mm	2				
		13	$R6$mm	2				
		14	$R10$mm	2				
	锥度	15	10°	4				
	退刀槽	16	4mm×2mm	2				
	外螺纹	17	$M27 \times 2$	4+2				
	内孔	18	$\phi 20_{0}^{+0.023}$mm，$Ra1.6\mu$m	4+2				
	长度	19	5mm	2				
		20	22mm	2				
		21	23mm	2				
		22	24mm	2				
		23	30mm	2				
		24	(99 ± 0.05)mm	3				
	倒角	25	$C1.5$（三处）	3				
零件2	外圆	26	$\phi 46_{-0.021}^{0}$mm，$Ra1.6\mu$m	4+2				
	内螺纹	27	$M27 \times 2$	4+2				
	圆弧	28	$R6$mm	2				
	长度	29	16mm	2				
		30	46mm	2				
	倒角	31	$C1.5$	1				
配合		32	圆锥配合	5				
		33	螺纹配合	5				
			综合得分	100				

四、项目总结

加工配合件时，车削内、外圆锥面和内、外螺纹的关键有两点：一是加工工艺要合理；二是在加工过程中要控制好尺寸精度和几何精度。影响配合精度的因素主要有内、外圆的尺寸加工误差，内、外圆锥的锥度误差，内、外螺纹的大径、中径、小径及牙型角误差，表面粗糙度，各外圆、内孔之间的同轴度误差等。只有将这些误差控制在允许范围内，才能顺利地进行配合，达到配合效果。

1. 车削轴类零件时，车刀的哪些问题会使表面粗糙度值达不到要求？
2. 车削轴类零件时，工件有哪些常用的装夹方法？它们各有什么特点？分别适用于何种场合？

一、选择题

1. 数控机床轴线的重复定位误差为各测点重复定位误差中的（　　）。
   A. 平均值　　　　B. 最大值　　C. 最大值与最小值之差　　D. 最大值与最小值之和
2. （　　）是无法用准备功能字 G 来规定或指定的。
   A. 主轴旋转方向　　B. 直线插补　　C. 刀具补偿　　　　D. 增量尺寸
3. 使用齿轮游标卡尺可以测量蜗杆的（　　）。
   A. 分度圆　　　　B. 轴向齿厚　C. 法向齿厚　　　　　D. 周节
4. 数控机床手动进给时，模式选择开关应放在（　　）位置。
   A. JOG FEED　　B. RELEASE　C. ZERO RETURN　　D. HANDLE FEED
5. G75 指令是（　　）循环指令。
   A. 间断纵向切削　　　　　B. 间断端面切削
   C. 端面粗加工　　　　　　D. 固定形状粗加工

二、判断题

1. 当电源接通时，每一个模态组内的 G 功能维持上一次断电前的状态。　　　　（　　）
2. 恒线速控制的原理是当工件的直径越大时，主轴转速越慢。　　　　　　　　（　　）
3. 车削细长轴时，跟刀架调整得越紧越有利于切削加工。　　　　　　　　　　（　　）
4. 使用千分尺时，用等温方法将千分尺和被测件保持同温，这样可以减少温度对测量结果的影响。　　　　　　　　　　　　　　　　　　　　　　　　　　　　　　（　　）
5. 数控车床的转塔刀架径向刀具多用于外圆的加工。　　　　　　　　　　　　（　　）

三、项目训练

加工如图 14-2 所示零件，材料为 45 钢，毛坯尺寸为 $\phi 60\text{mm} \times 125\text{mm}$。要求：分析零件

的加工工艺、编制加工程序，并完成零件的加工。

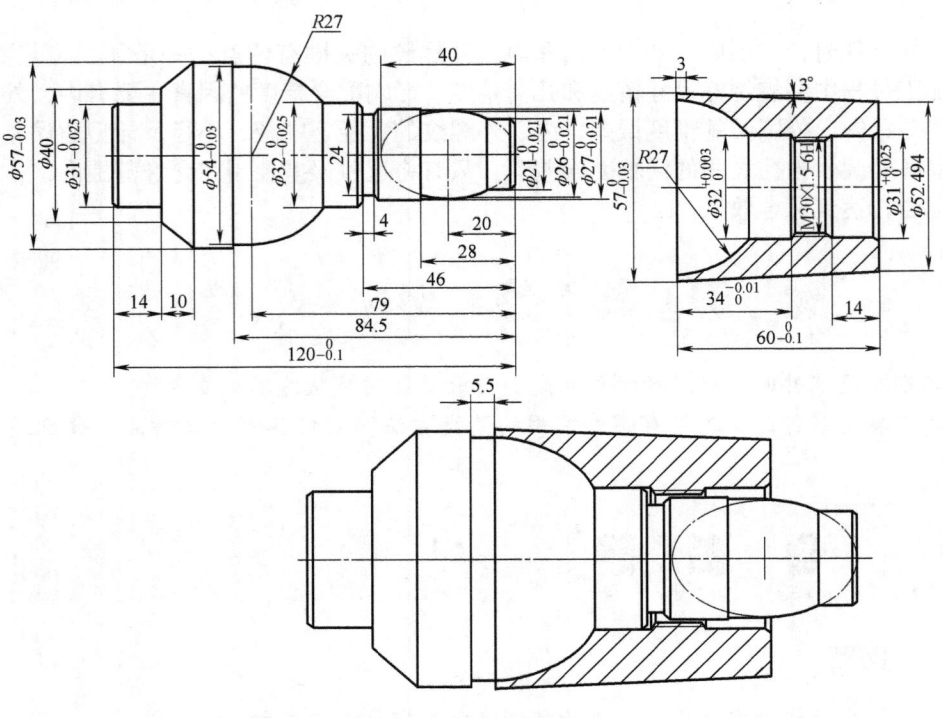

图 14-2 综合零件图

项目十五

轴套配合件的加工（2）

一、项目描述

本项目的待加工零件为轴、套配合件，如图 15-1 所示。已知毛坯的规格为 φ50mm×170mm，材料为 45 钢，要求制订零件的加工工艺，编写数控加工程序，并通过数控仿真加工进行调试，优化程序，最后进行零件的加工和检测。

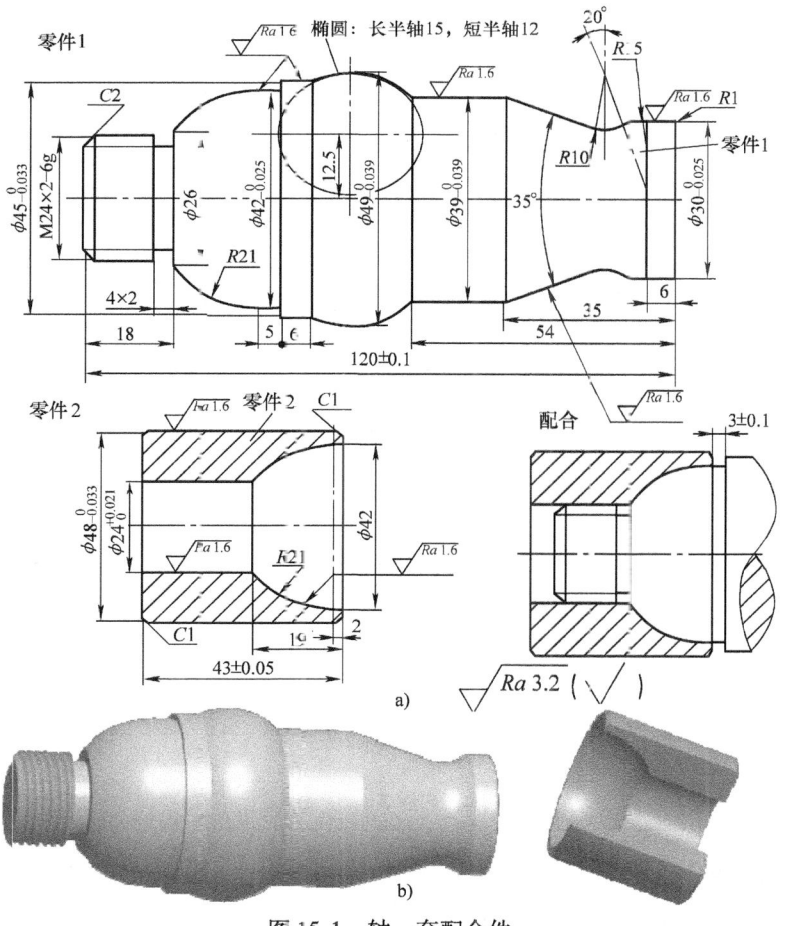

图 15-1 轴、套配合件

a）零件图 b）实体图

二、项目教学目标

1) 能合理选用数控车削加工中的切削用量。
2) 合理使用相关编程指令,提高圆弧面配合的加工质量。
3) 掌握复杂的圆柱、圆弧面配合零件的加工技巧。

三、项目实施

任务一　制订零件的加工工艺

1. 分析零件图

图 15-1 所示的零件由零件 1 和零件 2 组成。零件 1 由外螺纹、圆锥面、圆弧面、椭圆面等组成,零件 2 由外圆、内孔、内圆弧面等组成。

零件 1 的主要圆柱表面有 $\phi30$mm、$\phi39$mm、$\phi42$mm、$\phi45$mm、$\phi49$mm,其尺寸精度较高。其中,$\phi30$mm、$\phi39$mm、$\phi42$mm、$\phi45$mm 外圆的表面粗糙度值也较小,都为 $Ra1.6\mu$m。外螺纹为 M24×2-6g,其他长度也应按要求保证尺寸精度。

零件 2 的主要圆柱表面有 $\phi48$mm 外圆及 $\phi24$mm 内孔,其表面粗糙度值也较小,都为 $Ra1.6\mu$m;其长度也有精度要求。

最关键的部分是内、外圆弧面的配合,要保证配合间隙的尺寸(3±0.1)mm。

2. 确定装夹方案

零件 1 的加工须调头,使用自定心卡盘和一夹一顶的方式装夹工件,注意零件应伸出合适的长度,加工时左右两端互为基准,采用设计基准作为定位基准。装夹零件 2 时,毛坯伸出 52mm,卡盘的限位安全距离为 5mm,加工完毕后切断。

3. 选择刀具

刀具卡见表 15-1。

表 15-1　刀具卡

序号	刀具号	刀具名称及规格	刀尖圆弧半径/mm	加工表面	备　注
1	—	中心钻	—	左端面	手动
2	—	$\phi22$mm 钻头	—	孔	手动
3	T0101	93°外圆车刀	0.2	外轮廓	—
4	T0202	镗孔刀	0.1	孔	—
5	T0303	车槽刀	$B=4$	退刀槽	—
6	T0404	60°外螺纹车刀	0.2	外螺纹	—
7	T0505	车断刀	$B=4$	切断	手动

4. 确定加工方案

先加工零件 1,再加工零件 2。

(1) 零件 1

1）夹紧零件毛坯，伸出卡盘 80mm，加工零件右端。
2）粗车零件右端各外圆表面至椭圆轮廓结束。
3）精车零件右端各外圆表面，利用外径千分尺保证尺寸精度。
4）调头装夹，用铜皮包裹夹紧 φ39mm 外圆，保证长度。
5）粗车零件左端外圆各表面，留精加工余量 0.5mm。
6）精车零件左端外圆各表面，利用外径千分尺保证尺寸精度。
7）切槽 4mm×2mm 至要求尺寸。
8）加工 M24×2 外螺纹，达到图样要求，利用螺纹千分尺保证其尺寸精度。
9）锐边倒钝，去毛刺，检测工件各尺寸。

（2）零件 2
1）装夹零件毛坯外圆，伸出卡盘 52mm。
2）钻毛坯孔 φ22mm，深约 45mm。
3）粗、精车内轮廓至尺寸要求，与零件 1 配作内圆弧。
4）粗车零件外圆，留精加工余量 0.5mm。
5）精车零件外圆至尺寸要求，利用外径千分尺保证尺寸精度。
6）切断 φ48mm×43mm。
7）检测、校核。

5. 填写工序卡

按加工顺序将各工步内容、所用刀具编号、切削用量等加工信息填入数控加工工序卡，见表 15-2。

表 15-2 数控加工工序卡

数控加工工序卡		产品名称	零件图号		夹具名称		工序号
					自定心卡盘		01
工步号	工步内容	切削用量			刀具		备注
		主轴转速 $n/(r/min)$	进给量 $f/(mm/r)$	背吃刀量 a_p/mm	编号	名称	
	零件 1						
1	粗车零件右端外轮廓	600	0.3	2	T0101	外圆车刀	—
2	精车零件右端外轮廓	1000	0.1	0.5	T0101	外圆车刀	—
3	粗车零件左端外轮廓	600	0.3	2	T0101	外圆车刀	—
4	精车零件左端外轮廓	1000	0.1	0.5	T0101	外圆车刀	—
5	车削 4mm×2mm 退刀槽	350	0.05	2	T0303	车槽刀	—
6	车削 M24×2 外螺纹	1000	—	—	T0404	外螺纹车刀	—
	零件 2						
7	钻中心孔	1200	—	—	—	—	手动
8	钻孔	500	—	—	—	—	
9	粗加工内孔	600	0.2	1	T0202	镗孔刀	

(续)

工步号	工步内容	切削用量			刀具		备注
		主轴转速 $n/(\text{r/min})$	进给量 $f/(\text{mm/r})$	背吃刀量 a_p/mm	编号	名称	
10	精加工内孔	1000	0.1	0.5	T0202	镗孔刀	—
11	粗车零件外圆	600	0.3	2	T0101	外圆车刀	—
12	精车零件外圆	1000	0.1	0.5	T0101	外圆车刀	—
13	切断	—	—	—	T0505	车断刀	手动
编制		审核		批准		共1页	第1页

任务二　编写数控加工程序

根据各加工工步的进给路线编写零件的加工程序，数控加工程序单见表15-3。

表15-3　数控加工程序单

序号	01	零件图号		编程原点	安装后右端面的中心
程序号		数控系统	FANUC 0i Mate-TC	编制	
程序内容				简要说明	

程序内容	简要说明
零件1 右端 O0001;	
N10　T0101;	换外圆车刀
N15　M03　S600;	
N20　G00　X50　Z5;	
N25　G73　U12　R12;	调用仿形循环加工,设定相关参数
N30　G73　P35　Q110　U0.5　W0　F0.3;	
N35　G00　X28;	
N40　G01　Z0　F0.1;	
N45　G03　X30　Z-1　R1;	
N50　G01　Z-6;	
N55　G03　X28.2　Z-11.1　R15;	
N60　G02　X28　Z-17.5　R10;	
N65　G01　X39　Z-35;	
N70　Z-54;	
N75　#1=35.69;	
N80　WHILE [#1 LE 123.96] DO1;	加工椭圆轮廓
N85　#2=24*SIN[#1]+25;	
N90　#3=15*COS[#1]-63.75;	
N95　G01　X[#2]　Z[#3]　F0.1;	

(续)

程 序 内 容	简 要 说 明
N100　#1 = #1 + 1；	
N105　END1；	
N110　X50；	
N115　G00　X100　Z100　M05；	
N120　M00；	
N125　M03　S1000；	
N130　G00　X50　Z5；	
N135　G70　P35　Q110；	调用精车循环
N140　G00　X100　Z100　M05；	
N145　M30；	程序结束
零件1 左端 O0002； N10　T0101；	换外圆车刀
N15　M03　S600；	
N20　G00　X50　Z5；	
N25　G71　U1　R1；	调用粗车循环
N30　G71　P30　Q80　U0.5　W0　F0.3；	
N35　G00　X20；	
N40　G01　Z0　F0.1；	
N45　X23.8　Z-2；	
N50　Z-18；	
N55　X26；	
N60　G03　X42　Z-35　R21；	
N65　G01　Z-40；	
N70　X45；	
N75　Z-46；	
N80　X50；	
N85　G00　X100　Z100　M05；	
N90　M00；	
N95　M03　S1000；	
N100　G00　X50　Z5；	
N105　G70　P30　Q80；	调用精车循环
N110　G00　X100　Z100　M05；	
N115　M00；	
N120　T0303；	换车槽刀
N125　M03　S350；	

(续)

程 序 内 容	简 要 说 明
N130　G00　X30　Z-18；	
N135　G01　X20　F0.05；	
N140　G00　X100　M05；	
N145　G00　Z100；	
N150　M00；	
N155　T0404；	换外螺纹车刀
N160　M03　S1000；	
N165　G00　X24　Z5；	
N170　G92　X23.5　Z-16　F2；	调用螺纹循环
N175　X23；	
N180　X22.5；	
N185　X22；	
N190　X21.8；	
N195　X21.5；	
N200　X21.4；	
N205　G00　X100　Z100　M05；	
N210　M30；	程序结束
零件2 内孔 O0003；	
N10　T0202；	换镗孔刀
N15　M03　S600；	
N20　G00　X22　Z5；	
N25　G71　U1　R1；	调用粗车循环
N30　G71　P35　Q65　U-0.3　W0　F0.2；	
N35　G00　X42；	
N40　G01　Z0　F0.1；	
N45　Z-2；	
N50　G03　X24　Z-19　R21；	
N55　G01　Z-44；	
N60　X22；	
N65　Z5；	
N70　G00　Z100　M05；	
N75　X100；	
N80　M00；	
N85　M03　S1000；	
N90　G00　X22　Z5；	

（续）

程 序 内 容	简 要 说 明
N95 G70 P35 Q65；	调用精车循环
N100 G00 Z100 M05；	
N105 M30；	程序结束
零件2 外圆	
O0004；	
N10 T0101；	换外圆车刀
N15 M03 S600；	
N20 G00 X50 Z5；	
N25 G71 U1 R1；	调用粗车循环
N30 G71 P35 Q55 U0.5 W0 F0.3；	
N35 G0 X46；	
N40 G01 Z0 F0.1；	
N45 X48 Z-1；	
N50 Z-47；	
N55 X50；	
N60 G00 X100 Z100 M05；	
N65 M00；	
N70 M03 S1000；	
N75 G00 X50 Z5；	
N80 G70 P35 Q55；	调用精车循环
N85 G00 X100 Z100 M05；	
N90 M30；	程序结束

华中程序对比

SIEMENS程序对比

任务三 仿真加工零件

1）打开仿真软件、开机。
2）选择面板，车床各轴回零。
3）选择及安装刀具，设置毛坯。
4）对刀。
5）输入程序。
6）校验程序。
7）自动运行仿真加工。
8）测量工件、优化程序。

任务四　加工和检测零件

1. 加工准备

1) 检查坯料尺寸。
2) 开机，回零。
3) 输入程序。
4) 装夹工件。
5) 装夹刀具。

2. 对刀设置

所有刀具应依次采用试切法对刀，把通过对刀操作得到的零偏置分别输入各自的长度补偿中。其中，车槽刀以左刀尖为刀位点，螺纹车刀以刀尖为刀位点。

3. 空运行及仿真

对输入的程序进行空运行或轨迹仿真，检测程序是否正确。

4. 自动加工及尺寸控制

(1) 零件的自动加工　选择自动加工模式，打开程序，调好进给倍率，按下循环启动按钮进行加工。

(2) 零件加工过程中的尺寸控制　外圆、长度及螺纹的尺寸控制可通过修改刀具磨损量的方法实现，相关配合面可通过配作保证其尺寸精度。

5. 检测零件与评分

在零件加工结束后进行检测，对其进行误差与质量分析，并将结果填入表 15-4。

表 15-4　数控车床编程与操作考核表

班级				姓名		学号		日期	
项目名称				轴、套配合件的加工(2)			序号		01
基本检查			序号	检测项目			配分	学生自评	教师评分
基本检查	编程		1	切削加工工艺制订正确			2		
			2	切削用量选用合理			2		
			3	程序正确、简单、明确且规范			2		
	操作		4	设备操作、维护保养正确			2		
			5	刀具选择、安装正确、规范			2		
			6	工件找正、安装正确、规范			2		
			7	安全文明生产			2		
工作态度			8	行为规范、纪律良好			2		
零件1	外圆		9	$\phi 30_{-0.025}^{0}$ mm, $Ra1.6\mu m$			4+2		
			10	$\phi 39_{-0.039}^{0}$ mm, $Ra1.6\mu m$			4+2		
			11	$\phi 42_{-0.025}^{0}$ mm, $Ra1.6\mu m$			4+2		
			12	$\phi 45_{-0.033}^{0}$ mm, $Ra1.6\mu m$			4+2		
			13	$\phi 49_{-0.039}^{0}$ mm			2		

(续)

项目名称			轴、套配合件的加工(2)		序号	01
		序号	检测项目	配分	学生自评	教师评分
零件1	圆弧	14	$R1$mm	1		
		15	$R10$mm	2		
		16	$R15$mm	2		
		17	$R21$mm,$Ra1.6\mu$m	2+2		
	锥度	18	锥度35°,$Ra1.6\mu$m	2+2		
	退刀槽	19	4mm×2mm	3		
	外螺纹	20	M24×2	5		
	椭圆	21	椭圆轮廓	3		
	长度	22	5mm	2		
		23	6mm(两处)	2		
		24	18mm	2		
		25	35mm	2		
		26	54mm	2		
		27	(120±0.1)mm	2		
	其他	28	锐边倒钝,去毛刺	2		
零件2	外圆	29	$\phi48_{-0.03}^{0}$mm,$Ra1.6\mu$m	4-2		
	内孔	30	$\phi24_{0}^{+0.02}$mm,$Ra1.6\mu$m	4-2		
		31	$\phi42$mm	2		
	圆弧	32	$R21$mm,$Ra1.6\mu$m	2-2		
	长度	33	19mm	1		
		34	(43±0.05)mm	2		
	倒角	35	C1(两处)	2		
配合		36	(3±0.1)mm	2		
			综合得分	100		

四、项目总结

该项目中的零件为配合件,有较高的配合精度要求,应选择锋利的精车刀及合理的切削用量,以获得较好的表面加工质量和合格的尺寸精度。加工内孔时,要合理设置退刀量,防止退刀时刀具与孔壁接触;加工椭圆面时,应注意合理选择刀具的副偏角,防止副切削刃与已加工表面发生干涉。

思考与练习

1. 如何进行零件的精度分析?
2. 当零件有 3mm 的装配尺寸且精度要求较高时,该怎样合理控制其尺寸?

自测题

一、选择题

1. 数控机床(　　)时模式选择开关应放在 MDI 位置。
   A. 快速进给　　　B. 手动数据输入　　　C. 回零　　　D. 手动进给
2. 当数控机床的手动脉冲发生器的选择开关位置在 ×10 时,手轮的进给单位是(　　)。
   A. 0.01mm/格　　B. 0.001mm/格　　C. 0.1mm/格　　D. 1mm/格
3. (　　)与数控系统的插补功能及某些参数有关。
   A. 刀具误差　　　B. 逼近误差　　　C. 插补误差　　　D. 机床误差
4. 刀具长度补偿指令(　　)是将运动指令终点坐标值中减去偏置值。
   A. G48　　　B. G49　　　C. G43　　　D. G44
5. 数控机床的主轴速度控制盘的英文是(　　)。
   A. SPINDLE OVERRIDE　　　B. EMERGENCY STOP
   C. RAPID TRAVERSE　　　D. HAND LEFEED

二、判断题

1. 深孔件形状精度最常用的测量方法是比较法。　　　　　　　　　　　　　　(　　)
2. 切屑形成的过程实质是金属切削层在刀具作用力的挤压下产生弹性变形、塑性变形和剪切滑移。　　　　　　　　　　　　　　　　　　　　　　　　　　　　(　　)
3. 硬质合金刀具在高温时氧化磨损与扩散磨损加剧。　　　　　　　　　　　　(　　)
4. 需渗碳淬硬的主轴,上面的螺纹因淬硬后无法车削,因此要车好螺纹后再进行淬火。　　　　　　　　　　　　　　　　　　　　　　　　　　　　　　　　(　　)
5. 辅助功能 M00 指令为无条件程序暂停,执行该程序指令后,所有的运动部件停止运动,且所有的模态信息全部丢失。　　　　　　　　　　　　　　　　　　　(　　)

三、项目训练

加工如图 15-2 所示零件,材料为 45 钢,毛坯尺寸为 φ50mm×185mm。要求:分析零件的加工工艺、编制加工程序，并完成零件的加工。

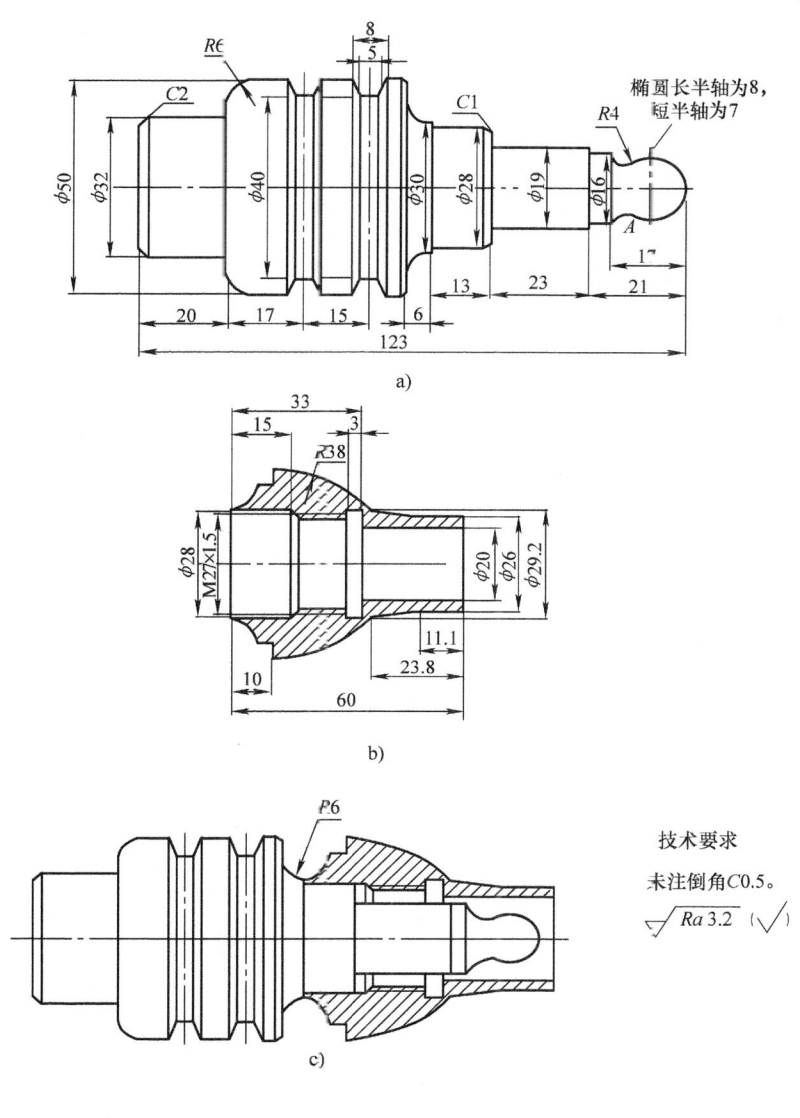

图 15-2 综合零件图
a) 零件 1　b) 零件 2　c) 装配图

第三篇

鉴定篇

样卷一 数控车工职业技能（中级）考核试卷01

一、理论知识试卷

（一）单项选择题

（第1～第40题，选择一个正确答案，将相应的字母填入题内括号中，每题2分，满分80分）

1. 职业道德体现了（　　）。
   A. 从业者对所从事职业的态度　　　　B. 从业者的工资收入
   C. 从业者享有的权利　　　　　　　　D. 从业者的工作计划
2. 不爱护工、夹、刀、量具的做法是（　　）。
   A. 正确使用工、夹、刀、量具　　　　B. 工、夹、刀、量具要放在规定地点
   C. 随意拆装工、夹、刀、量具　　　　D. 按规定维护工、夹、刀、量具
3. 加工零件时，造成表面粗糙度值大的主要原因是（　　）。
   A. 刀具装夹不准确而形成的误差
   B. 车床几何精度方面的误差
   C. 车床—刀具—工件系统的振动、发热和运动不平衡
   D. 刀具和工件表面间的摩擦，切削分离时表面层的塑性变形及工艺系统的高频振动
4. 链传动是由链条和具有特殊齿形的（　　）组成的传递运动和动力的机构。
   A. 齿轮　　　　B. 链轮　　　　C. 蜗轮　　　　D. 齿条
5. 百分表的示值范围通常有0～3mm、0～5mm和（　　）mm三种。
   A. 0～8　　　　B. 0～10　　　　C. 0～12　　　　D. 0～15
6. 高精度或形状特别复杂的箱体在粗加工之后还要安排一次（　　），以消除粗加工造成的残余应力。
   A. 淬火　　　　B. 调质　　　　C. 正火　　　　D. 人工时效
7. 钻孔一般属于（　　）。
   A. 精加工　　　　B. 半精加工　　　　C. 粗加工　　　　D. 半精加工和精加工
8. 正确的触电救护措施是（　　）。
   A. 打强心针　　　　B. 接氧气　　　　C. 人工呼吸　　　　D. 按摩胸口
9. 图样上的符号⊥是（　　）公差，称为（　　）。
   A. 位置、垂直度　　B. 形状、直线度　　C. 尺寸、偏差　　D. 形状、圆柱度

10. 画零件图的步骤是：选择比例和图幅；布置图面，完成底稿；检查底稿后，再描深图形；（　　）。
　　A. 填写标题栏　　　B. 布置版面　　　C. 标注尺寸　　　D. 存档保存
11. 长度和（　　）之比大于 25 的轴称为细长轴。
　　A. 小径　　　　　　B. 半径　　　　　C. 直径　　　　　D. 大径
12. 伺服驱动系统由伺服驱动电路和驱动装置组成，驱动装置主要有（　　）电动机，进给系统的步进电动机或交、直流伺服电动机等。
　　A. 异步　　　　　　B. 三相　　　　　C. 主轴　　　　　D. 进给
13. 夹紧要牢固、可靠，并保证工件在加工中的（　　）不变。
　　A. 尺寸　　　　　　B. 定位　　　　　C. 位置　　　　　D. 间隙
14. 负前角仅适用于硬质合金车刀车削锻件、铸件毛坯和（　　）材料。
　　A. 低硬度　　　　　B. 硬度很高的　　C. 耐热性　　　　D. 高强度
15. CA6140 车床开合螺母机构由半螺母、（　　）、槽盘、锲铁、手柄、轴、螺钉和螺母组成。
　　A. 圆锥销　　　　　B. 圆柱销　　　　C. 开口销　　　　D. 丝杠
16. 车削细长轴时一般选用 45°车刀、75°左偏刀、90°左偏刀、车槽刀、（　　）和中心钻等。
　　A. 钻头　　　　　　B. 螺纹车刀　　　C. 锉刀　　　　　D. 铣刀
17. 伸长量与工件的总长度有关，对于长度较短的工件，热变形伸长量（　　），可忽略不计。
　　A. 一般　　　　　　B. 较大　　　　　C. 较小　　　　　D. 为零
18. 偏心卡盘分两层，底盘安装在（　　）上，自定心卡盘安装在偏心体上，偏心体与底盘燕尾槽配合。
　　A. 刀架　　　　　　B. 尾座　　　　　C. 卡盘　　　　　D. 主轴
19. 用花盘车削非整圆孔工件时，先在花盘盘面精车一刀，把 V 形块轻轻固定在（　　）上，把工件圆弧靠在 V 形块上用压板轻压。
　　A. 刀架　　　　　　B. 角铁　　　　　C. 主轴　　　　　D. 花盘
20. 梯形螺纹的代号用"Tr"及公称直径和（　　）表示。
　　A. 牙顶宽　　　　　B. 导程　　　　　C. 角度　　　　　D. 螺距
21. 加工 42mm×6mm 矩形内螺纹时，其小径 D_1 为（　　）mm。
　　A. 35　　　　　　　B. 38　　　　　　C. 37　　　　　　D. 36
22. 大型回转表面应在（　　）车床上加工。
　　A. 立式　　　　　　B. 卧式　　　　　C. 转塔　　　　　D. 自动
23. 一般情况下，交换齿轮 z_1 到主轴的传动比是 1∶1，z_1 转过的角度（　　）工件转过的角度。
　　A. 不相等　　　　　B. 大于　　　　　C. 小于　　　　　D. 等于
24. 测量加工后工件所得的尺寸与规定尺寸不一致时，其差值是（　　）。
　　A. 尺寸公差　　　　B. 尺寸偏差　　　C. 尺寸误差
25. 在数控程序中，G00 指令命令刀具快速到位，但是在应用时（　　）。

A. 必须有地址指令　　B. 不需要地址指令　　C. 地址指令可有可无

26. 在车床上加工轴类零件，用自定心卡盘装夹工件，其定位是（　　）点定位。
A. 六　　　　　　　B. 五　　　　　　　C. 四　　　　　　　D. 七

27. 数控车床一般采用机夹刀具，与普通刀具相比，机夹刀具有很多特点，但（　　）不是机夹刀具的特点。
A. 刀片和刀具的几何参数和切削参数的规范化、典型化
B. 刀具要经常进行重新刃磨
C. 刀片及刀柄高度的通用化、规则化、系列化
D. 刀片或刀具的使用寿命及其经济寿命指标的合理化

28. 在数控车床上加工轴类零件时，应遵循（　　）的原则。
A. 先精后粗　　　　B. 先平面后一般　　C. 先粗后精　　　　D. 无所谓

29. G50 指令是（　　），有时也可以使用 G54 指令。
A. 建立程序文件格式　　　　　　　B. 建立机床坐标系
C. 确定工件的编程尺寸　　　　　　D. 建立工件坐标系

30. 下列指令属于准备功能的是（　　）。
A. G01　　　　　　B. M08　　　　　　C. T01　　　　　　D. S500

31. 根据加工零件图样选定的编制零件程序的原点是（　　）。
A. 机床原点　　　　B. 编程原点　　　　C. 加工原点　　　　D. 刀具原点

32. 通过当前的刀位点设定加工坐标系的原点，不产生车床运动的指令是（　　）。
A. G54　　　　　　B. G53　　　　　　C. G55　　　　　　D. G50

33. 数控车床有不同的运动形式，需要考虑工件与刀具的相对运动关系及坐标系的方向。在编写程序时，应遵循（　　）的原则。
A. 刀具固定不动，工件移动　　　　B. 工件固定不动，刀具移动
C. 分析车床运动关系后再根据实际情况定　　D. 按车床说明书而定

34. 进给功能字 F 后的数字表示（　　）。
A. 每分进给量（mm/min）　　　　B. 每秒进给量（mm/s）
C. 每转进给量（mm/r）　　　　　 D. 螺纹螺距（mm）

35. 在下列零件中，除（　　）类零件外，均适宜用数控车床加工。
A. 轮廓形状复杂的轴　　　　　　　B. 精度要求高的盘套
C. 各种螺旋回转　　　　　　　　　D. 多孔系的箱体

36. 滚珠丝杠副消除轴向间隙的目的是（　　）。
A. 提高使用寿命　　B. 减小摩擦力矩　　C. 增大驱动力矩　　D. 提高反向传动精度

37. 造成刀具磨损的主要原因是（　　）。
A. 背吃刀量的大小　B. 进给量的大小　　C. 切削时的高温　　D. 切削速度的大小

38. 在下列代码中，属于非模态代码的是（　　）。
A. M03　　　　　　B. F20　　　　　　C. S300　　　　　　D. G04

39. 数控车床的操作一般有点动（JOG）模式、自动（AUTO）模式、手动数据输入（MDI）模式，在输入与修改刀具参数时，通常采用（　　）模式。
A. 点动（JOG）　　　　　　　　　B. 手动数据输入（MDI）

C. 自动（AUTO） D. 单段运行

40. 切削时的切削热大部分由（   ）传散出去。

A. 刀具 B. 工件 C. 切屑 D. 空气

（二）判断题

（第 41～第 60 题，将判断结果填入括号中，正确的填"√"，错误的填"×"，每题 1 分，满分 20 分）

41. 编制完程序后，一般不需要进行空运行操作。 （   ）
42. 造成加工失步的原因都是机械结构存在间隙。 （   ）
43. 使用数控车床进行加工是典型的工序分散的例子。 （   ）
44. 通过切削刃上的某一定点，垂直于切削平面的平面称为基面。 （   ）
45. 使用百分表不能直接测得零件的实际尺寸。 （   ）
46. 当几何公差采用最大实体原则时，尺寸公差可以补偿给几何公差。 （   ）
47. 切削铸铁等脆性材料时，加注切削液可将切屑及时冲走以保护车床。 （   ）
48. 一般情况下，刀具材料的硬度越高，说明刀具的韧性越好。 （   ）
49. 回转车床除了有一个横刀架外，还有一个可以绕垂直线转位的六角转塔刀架。 （   ）
50. 研磨前，工件必须留有 0.05～0.2mm 的研磨余量。 （   ）
51. 专用夹具包括花盘、气动夹具及单动卡盘等。 （   ）
52. 选择定位基准时，为了确保外形与加工部位相对正确，应选择加工表面作为粗基准。 （   ）
53. 在花盘角铁上进行加工时，为了安全，车床转速不宜过高。 （   ）
54. 车削细长轴时，为减小其背向力，应选择主偏角小于 75°的车刀。 （   ）
55. 在数控车床上加工工件时，为了测量与编程方便，常采用半径编程。 （   ）
56. 用自定心卡盘夹持工件进行车削属于完全定位。 （   ）
57. 半闭环控制系统的精度高于开环系统，但低于闭环系统。 （   ）
58. M00 指令属于准备功能指令，其含义是主轴停转。 （   ）
59. 编制数控程序时，一般以机床坐标系为编程依据。 （   ）
60. 数控车床自动刀架的刀位数与其数控系统所允许的刀具数总是一致的。 （   ）

参考答案

（一）单项选择题

1. A   2. C   3. D   4. B   5. D   6. D   7. C   8. C
9. A   10. A   11. C   12. C   13. C   14. B   15. B   16. B
17. C   18. D   19. D   20. D   21. D   22. A   23. D   24. C
25. A   26. C   27. B   28. C   29. D   30. A   31. B   32. C
33. B   34. A   35. D   36. D   37. C   38. D   39. B   40. C

（二）判断题

41. ×   42. ×   43. ×   44. √   45. ×   46. √   47. ×   48. ×
49. √   50. ×   51. ×   52. ×   53. √   54. √   55. ×   56. ×

57. √ 58. × 59. × 60. ×

二、操作技能试卷

1. 零件图

数控车工职业技能（中级）考核试卷01零件图如图16-1所示。

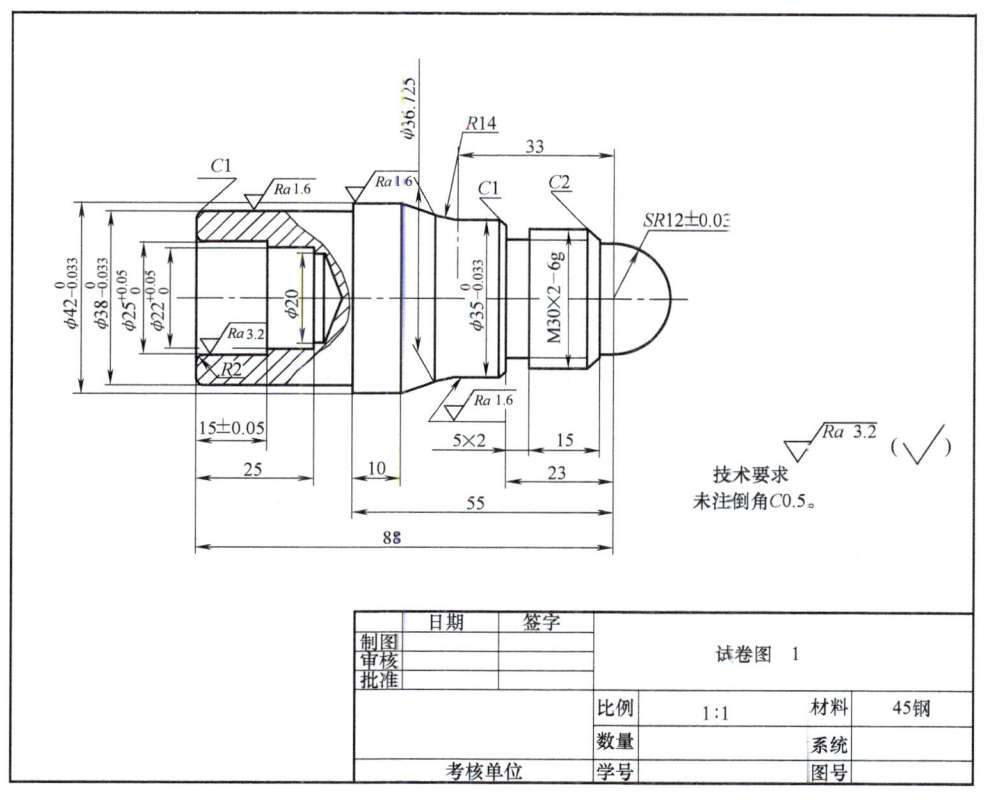

图16-1 试卷图1

2. 工具、量具、刀具、辅具准备清单

数控车工职业技能（中级）考核试卷01工具、量具、刀具、辅具准备清单见表16-1。

表16-1 准备清单

序号	名 称	规 格	数量	备 注
1	游标卡尺	0~150mm	1	
2	千分尺	0~25mm、25~50mm	各1	
3	螺纹千分尺	25~50mm	1	
4	半径样板	R1~R6.5mm、R7~R15mm	各1	
5	内径量表	18~35mm	1	
6	百分表及表座	0~10mm	1	
7	端面车刀		1	
8	外圆车刀	副偏角大于30°	2	
9	三角形螺纹车刀		1	

(续)

序号	名 称	规 格	数量	备 注
10	车槽刀、车断刀	宽4~5mm,长25mm	1	
11	镗孔车刀	孔径φ20mm,长30mm	1	
12	钻头φ20mm		1	
13	中心钻A3型		1	
14	辅具	垫片若干、磨石、0.2mm厚铜皮等		
15		函数型计算器		
16		其他车工常用辅具		
17	材料	45钢,φ45mm×103mm		
18	数控系统	SINUMERIK、FANUC或华中HNC数控系统		

3. 评分记录表

数控车工职业技能(中级)考核试卷01评分记录表见表16-2。

表16-2 评分记录表

单位		准考证号			姓名		
检测项目		技术要求		配分	评分标准	检测结果	得分
外圆	1	$\phi 42_{-0.033}^{0}$ mm	$Ra1.6\mu m$	5+2	超差0.01mm扣3分,降级无分		
	2	$\phi 38_{-0.033}^{0}$ mm	$Ra1.6\mu m$	5+2	超差0.01mm扣3分,降级无分		
	3	$\phi 35_{-0.033}^{0}$ mm	$Ra1.6\mu m$	5+2	超差0.01mm扣3分,降级无分		
	4	$SR(12\pm0.03)$mm	$Ra3.2\mu m$	5+2	超差0.01mm扣3分,降级无分		
内孔	5	$\phi 25_{0}^{+0.05}$ mm	$Ra3.2\mu m$	5+2	超差0.01mm扣3分,降级无分		
	6	$\phi 22_{0}^{+0.05}$ mm	$Ra3.2\mu m$	5+2	超差0.01mm扣3分,降级无分		
锥度	7		$Ra3.2\mu m$	4+2	超差、降级无分		
圆弧	8	$SR12$mm	$Ra3.2\mu m$	3+2	超差、降级无分		
	9	$R14$mm	$Ra3.2\mu m$	3+2	超差、降级无分		
螺纹	10	M30×2-6g	大径	3	超差无分		
	11	M30×2-6g	中径	5	超差无分		
	12	M30×2-6g	两侧$Ra3.2\mu m$	6	降级无分		
	13	M30×2-6g	牙型角	4	不符合无分		
沟槽	14	5mm×2mm	两侧$Ra3.2\mu m$	3+2	超差、降级无分		
长度	15	88mm、55mm、25mm		2×3	超差无分		
	16	23mm、15mm、10mm		2×3	超差无分		
	17	(15 ± 0.05)mm		3	超差无分		
其他	18	倒角		2	不符合无分		
	19	未注倒角		2	不符合无分		
	20	安全操作规程			每次违反扣10分		
		总 配 分		100	总 得 分		
零件名称				图号		加工日期 年 月 日	
加工开始 时 分		停工时间 min		加工时间		检测	
加工结束 时 分		停工原因		实际时间		评分	

样卷二

数控车工职业技能（中级）考核试卷02

一、理论知识试卷

（一）单项选择题

（第1~第40题，选择一个正确答案，将相应的字母填入题内括号中，每题2分，满分80分）

1. 职业道德基本规范不包括（　　）。
   A. 爱岗敬业忠于职守　　　　　　B. 服务群众奉献社会
   C. 搞好与他人的关系　　　　　　D. 遵纪守法廉洁奉公
2. 遵守法律法规要求（　　）。
   A. 积极工作　　　　　　　　　　B. 加强劳动协作
   C. 自觉加班　　　　　　　　　　D. 遵守安全操作规程
3. （　　）就是要求把自己职业范围内的工作做好。
   A. 爱岗敬业　　B. 奉献社会　　C. 办事公道　　D. 忠于职守
4. 具有高度责任心不要求做到（　　）。
   A. 方便群众，注重形象　　　　　B. 责任心强，不辞辛苦
   C. 尽职尽责　　　　　　　　　　D. 工作精益求精
5. 不爱护设备的做法是（　　）。
   A. 定期拆装设备　　B. 正确使用设备　　C. 保持设备清洁　　D. 及时保养设备
6. 圆度误差用一般量具很难测量准确，必须使用的测量量具是（　　）。
   A. 千分尺　　　　B. 钟面式百分表　　C. 圆度仪
7. 切削用量中对切削温度影响最大的是（　　）。
   A. 背吃刀量　　　B. 进给量　　　　　C. 切削速度
8. 高速切削塑性材料时，若未采用适当的断屑措施，很容易形成（　　）切屑。
   A. 挤裂　　　　　B. 崩碎　　　　　　C. 带状
9. 车削时的车削热主要通过切屑和（　　）进行传导。
   A. 工件　　　　　B. 刀具　　　　　　C. 周围介质
10. 刀具磨钝标准通常按（　　）的磨损（VB）值计算。
    A. 前刀面　　　　B. 后刀面　　　　　C. 月牙注深度
11. 在花盘角铁上加工工件时，为了避免旋转时偏重而影响精度，应注意（　　）。

A. 转速不宜太高　　　B. 必须用平衡铁平衡　　　C. 切削用量应选择小些

12. 用中心架支承工件车削内孔时，内孔出现倒锥度是由中心架偏向（　　）所造成。

A. 操作者一方　　　B. 操作者对方　　　C. 高于中心

13. 车削细长轴时，为了避免发生振动，车刀的主偏角应取（　　）。

A. 45°　　　B. 60°～75°　　　C. 80°～90°

14. 在加工直径较小的深孔时，一般采用（　　）进行加工。

A. 喷吸钻　　　B. 枪孔钻　　　C. 麻花钻

15. 车削多线螺纹用分度盘分线时，仅与螺纹（　　）有关，与其他参数无关。

A. 中径　　　B. 线数　　　C. 螺距

16. 液压缸的移动量及移动方向是靠（　　）阀控制的。

A. 单向　　　B. 溢流　　　C. 控制

17. 数控系统的主要任务是实现对（　　）的控制。

A. 运动　　　B. 位置　　　C. 测量

18. 伺服驱动装置是数控机床的（　　）机构。

A. 控制　　　B. 传动　　　C. 执行

19. 近期生产的数控车床所采用的一般是闭环控制系统。闭环控制系统与开环控制系统最大的差别在于（　　）。

A. 主轴伺服驱动装置中装有检测装置

B. 数控系统中设有检测控制程序

C. 进给伺服驱动系统中装有位置检测装置

20. 数控机床的核心是（　　）。

A. 伺服系统　　　B. 数控系统　　　C. 反馈系统　　　D. 传动系统

21. 数控机床与普通机床的机构最大的不同是数控机床的机构采用（　　）。

A. 数控装置　　　B. 滚动导轨　　　C. 滚珠丝杠

22. 在数控机床坐标系中，平行于机床主轴的直线运动为（　　）轴。

A. X　　　B. Y　　　C. Z

23. 辅助功能中与主轴有关的 M 指令是（　　）。

A. M06　　　B. M09　　　C. M08　　　D. M05

24. 数控车床与卧式车床在结构上差别最大的部件是（　　）。

A. 主轴箱　　　B. 床身　　　C. 进给传动装置　　　D. 刀架

25. 数控机床能成为当前制造业最重要的加工设备是因为（　　）。

A. 自动化程度高　　　B. 人对加工过程的影响减少到最低　　　C. 柔性大，适应性强

26. 数控机床的标准坐标系是以（　　）来确定的。

A. 笛卡儿坐标系　　　B. 绝对坐标系　　　C. 相对坐标系

27. 通常数控系统除了直线插补外，还有（　　）。

A. 正弦插补　　　B. 圆弧插补　　　C. 抛物线插补

28. 数控车床的 F 功能常以（　　）为单位。

A. m/min　　　B. mm/min 或 mm/r　　　C. m/r

29. G00 指令与下列的（　　）指令不是同一组的。

A. G01　　　　　B. G02，G03　　　　C. G04

30. 步进电动机的转速是通过改变电动机的（　　）来实现的。
A. 脉冲频率　　B. 脉冲速度　　　C. 通电顺序

31. 如果数控系统没有刀具半径补偿功能，在加工圆锥体时可能（　　）。
A. 有欠切或过切现象　　　　B. 无欠切或过切现象
C. 不能加工出合格的圆锥体

32. 用两顶尖装夹车削细长轴时，（　　）找正尾座的中心位置。
A. 必须　　　　B. 不必　　　　C. 可找正可不

33. 精车细长轴时选用的切削用量与粗车时相比，应该是（　　）。
A. 小f、小v_c、小a_P　　　　B. 小f、小v_c、大a_P
C. 小f、大v_c、小a_P

34. 长度与直径之比大于（　　）的轴类零件称为细长轴。
A. 5　　　　　B. 25　　　　　C. 50

35. 在自定心卡盘上车削偏心工件时，选择硬度较高的材料作为垫块是为了防止（　　）。
A. 装夹时变形　　B. 夹不紧工件　　C. 夹伤工件

36. 在V形架上测量偏心距时（　　）方式。
A. 仅有一种　　B. 分两种　　　C. 分多种

37. 车削薄壁工件的外圆车刀和内孔精车刀的（　　）应基本相同。
A. 主偏角　　　B. 副偏角　　　C. 后角

38. 弹性胀力心轴（　　）车削薄壁套外圆。
A. 不适宜　　　B. 最适宜　　　C. 仅适宜粗

39. 深孔钻加工的关键技术是（　　）。
A. 深孔钻的几何形状和冷却、排屑问题
B. 刀具在内部切削，无法观察
C. 刀具细长、刚性差、磨损快

40. 从（　　）卡可以反映出工件的定位、夹紧及加工表面
A. 工艺过程　　B. 工艺　　　　C. 工序

（二）判断题

（第41～第60题，将判断结果填入括号中，正确的填"√"，错误的填"×"，每题1分，满分20分）

41. 机床参考点在机床上是一个浮动的点。　　　　　　　　　　　　　　（　　）
42. 选择数控车床用的可转位车刀时，钢和不锈钢属于同一工件材料组。（　　）
43. 由于数控机床的先进性，任何零件均适合在数控机床上加工。　　　（　　）
44. G00快速点定位指令可控制刀具沿直线快速移动到目标位置。　　　（　　）
45. 用线段或圆弧段去逼近非圆曲线，逼近线段与被加工曲线的交点称为基点。（　　）
46. 数控机床的机床坐标原点和机床参考点是重合的。　　　　　　　　（　　）
47. 外圆粗车循环方式适于加工已基本铸造或锻造成形的工件。　　　　（　　）
48. 数控车床的刀具补偿功能包括刀尖圆弧半径补偿与刀具位置补偿。　（　　）
49. 固定循环是预先给定一系列操作，用来控制机床的位移或主轴的运转。（　　）

50. 外圆粗车循环方式适于加工棒料时毛坯除去较大余量的切削。					(　　)
51. 在恒转速条件下车削端面时，切削速度是变化的。					(　　)
52. 静电对数控机床是有害的。					(　　)
53. 机构就是具有相对运动构件的组合。					(　　)
54. 螺纹传动不但传动平稳，而且能传递较大的动力。					(　　)
55. 对于转塔式数控车床，选刀和换刀是同时进行的。					(　　)
56. 金刚石刀具可用于非铁金属材料的精加工。					(　　)
57. 在同一加工程序中，允许绝对值方式和增量方式组合运用。					(　　)
58. 粗基准只能使用一次。					(　　)
59. 辅助支承不起消除自由度的使用，它主要用来承受工件重力、夹紧力或切削力。					(　　)
60. 某一零件的实际偏差越大，其加工误差也越大。					(　　)

参考答案

（一）单项选择题

1. C 2. D 3. D 4. A 5. A 6. C 7. C 8. C 9. C
10. B 11. B 12. A 13. B 14. B 15. B 16. C 17. B 18. B
19. C 20. B 21. C 22. C 23. D 24. C 25. B 26. A 27. B
28. B 29. C 30. A 31. A 32. B 33. C 34. B 35. A 36. B
37. C 38. B 39. A 40. C

（二）判断题

41. × 42. × 43. × 44. × 45. × 46. × 47. × 48. √ 49. √ 50. √
51. √ 52. √ 53. × 54. √ 55. √ 56. √ 57. √ 58. √ 59. √ 60. ×

二、操作技能试卷

1. 零件图

数控车工职业技能（中级）考核试卷02零件图如图16-2所示。

2. 工具、量具、刀具、辅具准备清单

数控车工职业技能（中级）考核试卷02工具、量具、刀具、辅具准备清单见表16-3。

表16-3　准备清单

序号	名　　称	规　　格	数量	备　注
1	游标卡尺	0～150mm	1	
2	千分尺	0～25mm、25～50mm	各1	
3	螺纹千分尺	25～50mm	1	
4	半径样板	$R1$～$R6.5$mm、$R7$～$R15$mm	各1	
5	内径量表	18～35mm	1	
6	百分表及表座	0～10mm	1	

（续）

序号	名 称	规 格	数量	备 注
7	端面车刀		1	
8	外圆车刀	副偏角大于30°	2	
9	三角形螺纹车刀		1	
10	车槽刀、车断刀	宽4~5mm，长25mm	1	
11	镗孔车刀	孔径ϕ20mm，长30mm	1	
12	钻头ϕ20mm		1	
13	中心钻A3型		1	
14		垫片若干、磨石、0.2mm厚铜皮等		
15	辅具	函数型计算器		
16		其他车工常用辅具		
17	材料	45钢，ϕ45mm×103mm		
18	数控系统	SINUMERIK、FANUC或华中HNC数控系统		

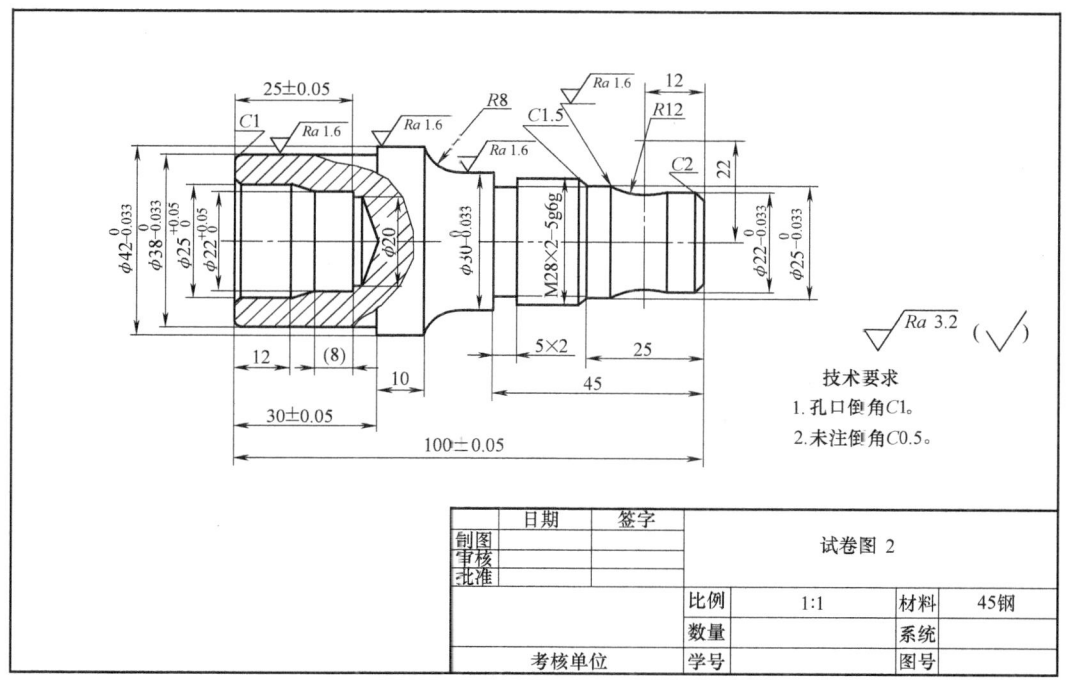

图 16-2　试卷图 2

3. 评分记录表

数控车工职业技能（中级）考核试卷02评分记录表见表16-4。

表16-4　评分记录表

单位		准考证号			姓名			
检测项目		技术要求		配分	评分标准		检测结果	得分
外圆	1	$\phi 42_{-0.033}^{0}$ mm	$Ra1.6\mu m$	5+2	超差0.01mm扣3分，降级无分			
	2	$\phi 38_{-0.033}^{0}$ mm	$Ra1.6\mu m$	5+2	超差0.01mm扣3分，降级无分			
	3	$\phi 30_{-0.033}^{0}$ mm	$Ra1.6\mu m$	5+2	超差0.01mm扣3分，降级无分			

（续）

检测项目		技 术 要 求		配分	评分标准	检测结果	得分
外圆	4	$\phi 25_{-0.033}^{0}$ mm	$Ra1.6\mu m$	5+2	超差0.01mm扣3分,降级无分		
	5	$\phi 22_{-0.033}^{0}$ mm	$Ra3.2\mu m$	5+2	超差0.01mm扣3分,降级无分		
圆弧	6	$R12$mm	$Ra3.2\mu m$	4+2	超差、降级无分		
	7	$R8$mm	$Ra3.2\mu m$	4+2	超差、降级无分		
内孔	8	$\phi 25_{0}^{+0.05}$ mm	$Ra3.2\mu m$	5+2	超差0.01mm扣3分、降级无分		
	9	$\phi 22_{0}^{+0.05}$ mm	$Ra3.2\mu m$	5+2	超差0.01mm扣3分、降级无分		
螺纹	10	M28×2-5g6g	大径	2	超差无分		
	11	M28×2-5g6g	中径	5	超差无分		
	12	M28×2-5g6g	两侧 $Ra3.2\mu m$	6	降级无分		
	13	M28×2-5g6g	牙型角	4	不符合无分		
沟槽	14	5mm×2mm	两侧 $Ra3.2\mu m$	2+2	超差、降级无分		
长度	15	(100±0.05)mm		2	超差无分		
	16	(30±0.05)mm		2	超差无分		
	17	(25±0.05)mm		2	超差无分		
	18	45mm,25mm,12mm,10mm		2×4	超差无分		
其他	19	倒角		2	不符合无分		
	20	未注倒角		2	不符合无分		
	21	安全操作规程			每次违反扣10分		
		总　配　分		100	总　得　分		
零件名称				图号		加工日期　年　月　日	
加工开始　时　分			停工时间　　min		加工时间	检测	
加工结束　时　分			停工原因		实际时间	评分	

样卷三

数控车工职业技能（中级）考核试卷03

一、理论知识试卷

（一）单项选择题

（第1～第40题，选择一个正确答案，将相应的字母填入题内括号中，每题2分，满分80分）

1. 灰铸铁HT200中的数字200表示该牌号灰铸铁的（　　）强度最低值（MPa）。
   A. 抗拉　　　　　B. 屈服　　　　　C. 疲劳　　　　　D. 抗弯
2. 车床的主运动是（　　）。
   A. 工件的旋转运动　　　　　B. 刀具的横向进给
   C. 刀具的纵向进给
3. 测量加工后工件所得的尺寸与规定尺寸不一致时，其差值是尺寸（　　）。
   A. 公差　　　　　B. 偏差　　　　　C. 误差
4. 在数控程序中，G00指令命令刀具快速到位，但是在应用时（　　）。
   A. 必须有地址指令　　B. 不需要地址指令　　C. 地址指令可有可无
5. 在车床上加工轴类零件，用自定心卡盘安装工件，其定位是（　　）点定位。
   A. 六　　　　　B. 五　　　　　C. 四　　　　　D. 七
6. 车削精加工时，最好不选用（　　）。
   A. 低浓度乳化液　　B. 高浓度乳化液　　C. 切削油
7. 下列代号中（　　）代表自动车床，（　　）代表半自动车床。
   A. ZC　　　B. CB　　　C. BZC　　　D. CZ　　　E. ZDC
8. 单轴转塔自动车床的辅助运动是由（　　）控制的。
   A. 连杆机构　　　B. 凸轮机构　　　C. 液压缸　　　D. 伺服电动机
9. 一般情况下，淬火介质要用普通水，若误用油，就会有（　　）的缺陷产生。
   A. 严重变形　　　B. 硬度过高　　　C. 硬度不足
10. （　　）属于安全电压。
    A. 对地电压在250V以上　　　　　B. 对地电压为250V
    C. 对地电压在40V以下
11. 表示数据集中位置的特征是（　　）。
    A. R　　　　　B. S　　　　　C. X非

197

12. 推动 PDCA 循环的关键在于（　　）阶段。
A. P　　　　　　　B. C　　　　　　　C. A
13. 人们习惯上称的"黄油"是指（　　）基润滑脂。
A. 钠　　　　B. 铝　　　　C. 钙　　　　D. 烃
14. 对于复杂系数为 10F 以上的设备，使用（　　）h 后应进行一保，使用（　　）h 后应进行二保。
A. 200～300　　　B. 500～600　　　C. 1000～1200
D. 2500～3500　　E. 5000～6000
15. 直方图出现瘦型是因为（　　）。
A. 工序能力不足　　B. 工序能力过剩　　C. 分布中心偏离公差中心
16. 热处理后进行机械加工的钢的最佳硬度值为（　　）。
A. 55HRC　　　B. 40HRC　　　C. 24HRC　　　D. 10HRC
17. 一般固态金属都是（　　）。
A. 晶体　　　　B. 晶格　　　　C. 晶粒
18. 材料热处理的淬火代号是（　　）。
A. T　　　　B. C　　　　C. Z　　　　D. S
19. 麻花钻头的圆锥角为（　　）。
A. 135°　　　　B. 118°　　　　C. 150°
20. 技术测量中常用的单位是微米（μm），$1\mu m = 1 \times 10^{-6}$ m =（　　）mm。
A. 0.1　　　　B. 0.01　　　　C. 0.001
21. 有一工件标注为 ϕ10cd7，其中 cd7 表示（　　）公差代号。
A. 轴　　　　B. 孔　　　　C. 配合
22. 可能有间隙也可能有过盈的配合称为（　　）配合。
A. 过盈　　　　B. 间隙　　　　C. 过渡
23. 车刀伸出的合理长度一般为刀杆厚度的（　　）倍。
A. 1.5～3　　　　B. 1～1.5　　　　C. 0.5～1
24. 车削端面时，当刀尖中心低于工件中心时，易产生（　　）的缺陷。
A. 表面粗糙度值太高　　B. 端面出现凹面　　C. 中心处有凸面
25. 精度等级为 G 的可转位刀片为（　　）级。
A. 精密　　　　B. 中等　　　　C. 普通
26. 表示固定循环功能的代码为（　　）。
A. G80　　　　B. G83　　　　C. G94　　　　D. G02
27. 静平衡的实质是（　　）。
A. 力矩平衡　　　　B. 力平衡　　　　C. 重量平衡
28. 当被测要素遵循（　　）原则时，其实际状态遵循的理想界限为最大实体边界。
A. 独立　　　　B. 包容　　　　C. 最大实体
29. 内径百分表是一种利用了（　　）测量法的仪表。
A. 间接　　　　B. 直接　　　　C. 比较
30. 在 V 带型号中，（　　）型传递的功率最大，（　　）型传递的功率最小。

A. O   B. A   C. B   D. F

31. 齿轮传动效率比较高，一般圆柱齿轮的传动效率可达（　　）。
A. 50%   B. 90%   C. 98%

32. 有一个 20Ω 的电阻，它在 30mm 内消耗的电能为 1kWh，则通过电阻的电流为（　　）A。
A. 20   B. 18   C. 36   D. 10

33. 某一正弦交流电压的周期是 0.01s，则其频率为（　　）。
A. 60Hz   B. 50Hz   C. 100Hz

34. 在交流输配电系统中，向远距离输送一定的电功率都采用（　　）输电方法。
A. 高压电   B. 低压电   C. 中等电压电

35. 用电流表测量电流时，应将电流表与被测电路连接成（　　）方式。
A. 串联   B. 并联   C. 串联或并联

36. 现代数控机床的进给工作电动机一般都采用（　　）。
A. 异步电动机   B. 伺服电动机   C. 步进电动机

37. 用直角尺测量两平面的垂直度时，只能测出（　　）的垂直度。
A. 线对线   B. 面对面   C. 线对面

38. 碳的质量分数小于 0.77% 的铁碳合金，在无限缓慢冷却时，奥氏体转变为铁素体的开始温度是（　　）。
A. Ar_1 B. Ar_{cm} C. Ar_3 D. Ar_2

39. 车削长轴时，出现双曲线误差的原因是（　　）。
A. 车刀刀尖不规则   B. 车床滑板有间隙   C. 车刀没有对准工件中心

40. 在外圆车削中，切削力 P 与各分力 P_x、P_y、P_z 之间的关系是（　　）。
A. $P = P_x + P_y + P_z$ B. $P^2 = P_x^2 + P_y^2 + P_z^2$ C. $P = \sqrt{P_x + P_y + P_z}$

（二）判断题

（第41~第60题，将判断结果填入括号中，正确的填"√"，错误的填"×"，每题1分，满分20分）

41. 圆度公差是控制圆柱面横截面形状误差的指标。（　　）

42. 为了减小工件的变形，薄壁工件不能采用轴向夹紧的方法。（　　）

43. 工艺规程制订得是否合理，将直接影响工件的质量、劳动生产效率及经济效益。（　　）

44. 粗基准因精度要求不变，所以可重复使用。（　　）

45. 调质一般安排在粗加工之后、半精加工之前进行。（　　）

46. G 指令是使控制器和机床按工艺要求顺序动作的编程代码，M 指令是使控制器进行辅助加工的编程代码。（　　）

47. 当车床低速开动时，可测量工件。（　　）

48. 工厂机床动力配线一般为三相四线制，其中线电压为 220V，相电压为 380V。（　　）

49. 车床进行粗加工时，产生的热量大，应选择以冷却为主的乳化液以减少刀具的磨损。（　　）

50. 在多轴自动车床中，第二主参数表示最大工件长度。（　）
51. 永久性失能伤害是指伤害及中毒者全部或某些器官部分功能不可逆的丧失的伤害。（　）
52. 当工序能力指数为 1.33≥CP＞1 时，表示生产处于控制状态。（　）
53. 在给定双向公差，且质量数据分布中心和公差中心（M）一致时，应计算工序能力指数 CPK。（　）
54. 热处理必须进行加热和冷却，它是一种物理变化过程。（　）
55. 普通钢件在加热温度过高时，会出现晶粒长大、钢件变脆的现象。（　）
56. 同一机床上使用的刀杆厚度应相同。（　）
57. 在某些情况下，螺纹车刀的刀尖可适当高于零件的中心。（　）
58. 辅助性工艺指令在程序中是可有可无的。（　）
59. 机床的分辨率越高，其加工精度越高。（　）
60. 对刀点与换刀点是同一概念。（　）

参考答案

（一）单项选择题

1. A 2. A 3. C 4. A 5. C 6. A 7. B 8. B 9. C
10. C 11. C 12. C 13. C 14. B 15. B 16. C 17. A 18. B
19. B 20. C 21. A 22. C 23. B 24. C 25. A 26. B 27. B
28. B 29. C 30. A 31. C 32. D 33. C 34. A 35. A 36. B
37. B 38. C 39. C 40. B

（二）判断题

41. √ 42. × 43. √ 44. × 45. √ 46. × 47. ×
48. × 49. √ 50. × 51. × 52. √ 53. × 54. √
55. √ 56. √ 57. √ 58. × 59. × 60. ×

二、操作技能试卷

1. 零件图

数控车工职业技能（中级）考核试卷 03 零件图如图 16-3 所示。

2. 工具、量具、刀具、辅具准备清单

数控车工职业技能（中级）考核试卷 03 工具、量具、刀具、辅具准备清单见表 16-5。

表 16-5　准备清单

序号	名　称	规　格	数量	备　注
1	游标卡尺	0～150mm	1	
2	千分尺	0～25mm、25～50mm	各1	
3	螺纹千分尺	25～50mm	1	
4	半径样板	R1～R6.5mm、R7～R15mm	各1	
5	内径量表	18～35mm	1	

(续)

序号	名称	规格	数量	备注
6	百分表及表座	0~10mm	1	
7	端面车刀		1	
8	外圆车刀	副偏角大于30°	2	
9	三角形螺纹车刀		1	
10	车槽刀、车断刀	宽4~5mm、长25mm	1	
11	镗孔车刀	孔径φ20mm,长30mm	1	
12	钻头 φ20mm		1	
13	中心钻 A3 型		1	
14		垫片若干、磨石、0.2mm 厚铜皮等		
15	辅具	函数型计算器		
16		其他车工常用辅具		
17	材料	45 钢,φ45mm×103mm		
18	数控系统	SINUMERIK、FANUC 或华中 HNC 数控系统		

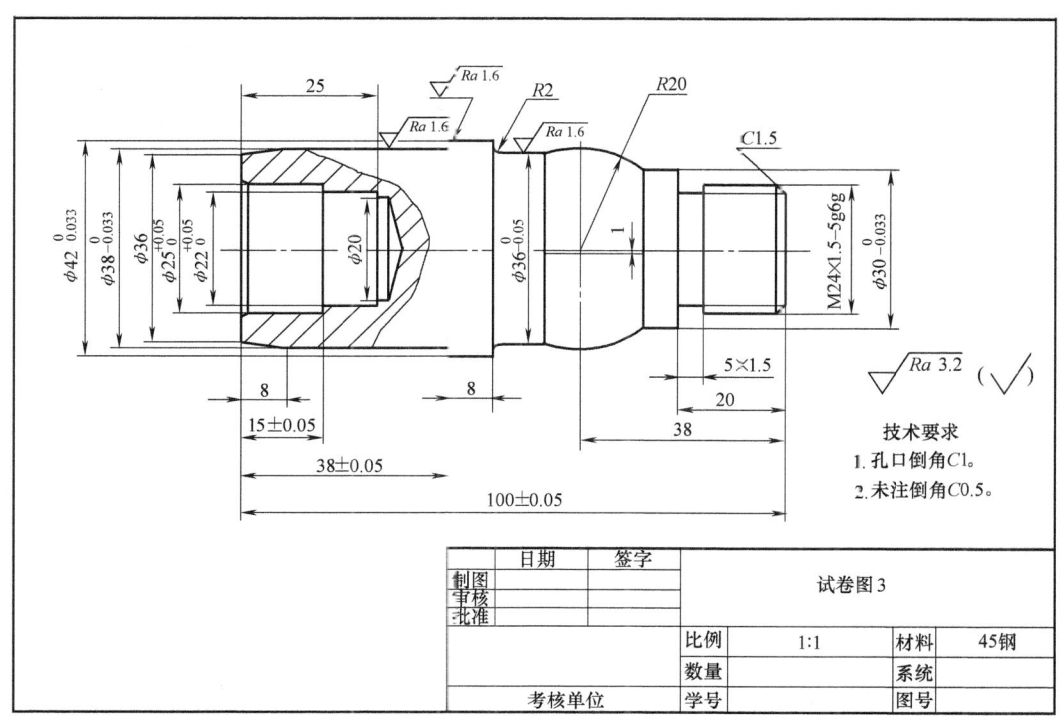

图 16-3 试卷图 3

3. 评分记录表

数控车工职业技能（中级）考核试卷03 评分记录表见表15-6。

表 16-6 评分记录表

单位		准考证号		姓名		
检测项目		技 术 要 求		配分	评分标准	检测结果	得分
外圆	1	$\phi 42_{-0.033}^{0}$ mm	$Ra1.6\mu m$	5+2	超差0.01mm扣3分,降级无分		
	2	$\phi 38_{-0.033}^{0}$ mm	$Ra1.6\mu m$	5+2	超差0.01mm扣3分,降级无分		
	3	$\phi 36_{-0.05}^{0}$ mm	$Ra1.6\mu m$	5+2	超差0.01mm扣3分,降级无分		
	4	$\phi 30_{-0.033}^{0}$ mm	$Ra3.2\mu m$	5+2	超差0.01mm扣3分,降级无分		
内孔	5	$\phi 25_{0}^{+0.05}$ mm	$Ra3.2\mu m$	5+2	超差0.01mm扣3分,降级无分		
	6	$\phi 22_{0}^{+0.05}$ mm	$Ra3.2\mu m$	5+2	超差0.01mm扣3分,降级无分		
圆弧	7	$R20$mm	$Ra3.2\mu m$	5+2	超差、降级无分		
	8	$R2$mm	$Ra3.2\mu m$	5+2	超差、降级无分		
螺纹	9	$M24\times1.5-5g6g$	大径	3	超差无分		
	10	$M24\times1.5-5g6g$	中径	5	超差无分		
	11	$M24\times1.5-5g6g$	两侧$Ra3.2\mu m$	6	降级无分		
	12	$M24\times1.5-5g6g$	牙型角	4	不符合无分		
沟槽	13	$5mm\times1.5mm$	两侧$Ra3.2\mu m$	2+2	超差、降级无分		
长度	14	(100 ± 0.05)mm		3	超差无分		
	15	(15 ± 0.05)mm		3	超差无分		
	16	(38 ± 0.05)mm		3	超差无分		
	17	38mm,25mm,20mm,8mm		2×4	超差无分		
其他	18	$C1.5$		3	不符合无分		
	19	未注倒角		2	不符合无分		
	20	安全操作规程			每次违反扣10分		
		总 配 分		100	总 得 分		
零件名称			图号			加工日期 年 月 日	
加工开始 时 分		停工时间 min		加工时间	检测		
加工结束 时 分		停工原因		实际时间	评分		

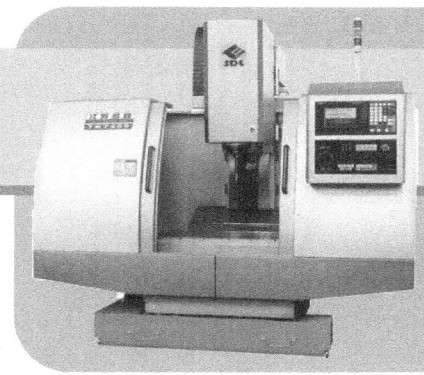

样卷四

数控车工职业技能（高级）考核试卷04

一、理论知识试卷

（一）单项选择题

（第1～第60题，选择一个正确答案，将相应的字母填入题内括号中，每题1分，满分60分）

1. 职业道德不体现（　　）。
   A. 从业者对所从事职业的态度　　B. 从业者的工资收入
   C. 从业者的价值观　　　　　　　D. 从业者的道德观
2. 忠于职守就是要求把自己（　　）的工作做好。
   A. 道德范围内　　B. 职业范围内　　C. 生活范围内　　D. 社会范围内
3. 下列孔与基准轴配合时，有可能组成过盈配合的是（　　）。
   A. 孔的两个极限尺寸都大于公称尺寸
   B. 孔的两个极限尺寸都小于公称尺寸
   C. 孔的上极限尺寸大于公称尺寸，下极限尺寸小于公称尺寸
   D. 孔的上极限尺寸等于公称尺寸，下极限尺寸小于公称尺寸
4. 在几何公差代号中，基准采用（　　）标注。
   A. 小写拉丁字母　　B. 大写拉丁字母　　C. 数字　　D. 数字符号并用
5. HT200表示的是一种（　　）。
   A. 黄铜　　B. 合金钢　　C. 灰铸铁　　D. 化合物
6. 塑料按热性能不同可分为热塑性塑料和（　　）。
   A. 冷塑性塑料　　B. 冷固性塑料　　C. 热固性塑料　　D. 热柔性塑料
7. V带的截面形状为梯形，与轮槽相接触的（　　）为工作面。
   A. 所有表面　　B. 底面　　C. 两侧面　　D. 单侧面
8. 游标卡尺上端的两个测量爪用来测量（　　）。
   A. 内孔　　B. 沟槽　　C. 齿轮公法线长度　　D. 外径
9. 用百分表测量时，测量杆与工件表面应（　　）。
   A. 垂直　　B. 平行　　C. 相切　　D. 相交
10. 减速器箱体为剖分式，其工艺过程的制订原则与整体式箱体（　　）。
    A. 相似　　B. 不同　　C. 相同　　D. 相反

11. 圆柱齿轮的传动精度要求有运动精度、（　　）、接触精度等。
    A. 几何精度　　　　B. 平行度　　　　C. 垂直度　　　　D. 工作平稳性
12. 润滑剂有润滑油、润滑脂和（　　）。
    A. 液体润滑剂　　　B. 固体润滑剂　　C. 切削液　　　　D. 润滑液
13. 麻花钻的顶角越小，则进给力越小。刀尖角增大有利于（　　）。
    A. 切削液进入　　　　　　　　　　　　B. 排屑
    C. 散热和提高钻头寿命　　　　　　　　D. 降低表面粗糙度值
14. 扩孔的加工质量比钻孔高，常作为孔的（　　）。
    A. 精加工　　　　　　　　　　　　　　B. 半精加工
    C. 粗加工　　　　　　　　　　　　　　D. 半精加工和精加工
15. 当板牙套入工件2～3牙后，应及时从（　　）方向用直角尺进行检测，并不断找正至要求。
    A. 前后　　　　　　B. 左右　　　　　C. 前后、左右　　D. 上下、左右
16. 熔断器额定电流的选择与（　　）无关。
    A. 使用环境　　　　B. 负载性质　　　C. 线路的额定电压　D. 开关的操作频率
17. 下列不属于岗位质量措施与责任的是（　　）。
    A. 明确岗位质量责任制度
    B. 岗位工作要按作业指导书进行
    C. 明确上下工序之间相应质量问题的责任
    D. 满足市场的需求
18. 加工箱体时，应先将箱体的（　　）加工好，然后以该面为基准加工各孔和其他高度方向的平面。
    A. 底平面　　　　　B. 顶面　　　　　C. 基准孔　　　　D. 安装孔
19. （　　）的画法是使轴测投影面平行于一个坐标平面，使投影方向倾斜于轴测投影面。
    A. 立体图　　　　　B. 平面图　　　　C. 斜二测　　　　D. 正等测
20. 进给箱中的固定齿轮、滑移齿轮与支撑它们的传动轴大都采用（　　），个别齿轮采用平键或半圆键连接。
    A. 花键连接　　　　B. 过盈连接　　　C. 楔形键连接　　D. 顶丝连接
21. 高温时效是将工件加热到（　　）℃，保温（　　）h，然后随炉冷却的过程。
    A. 550，7　　　　　B. 650，5　　　　C. 550，5　　　　D. 800，7
22. 根据一定的试验资料和计算公式，对影响加工余量的因素进行逐次分析和综合计算，最后确定加工余量的方法是（　　）。
    A. 分析计算法　　　B. 经验估算法　　C. 查表修正法　　D. 实践操作法
23. 经济型数控车床多采用（　　）刀架。
    A. 立式转塔刀架　　B. 卧式转塔刀架　C. 双回转刀架　　D. 以上均可
24. （　　）的工件不适宜在数控车床上加工。
    A. 普通车床难加工　B. 毛坯余量不稳定　C. 精度高　　　　D. 形状复杂
25. 在数控加工中，刀具刀位点相对于（　　）运动的轨迹称为进给路线，它是编程的

重要依据。

A. 机床　　　　　　B. 夹具　　　　　　C. 工件　　　　　　D. 导轨

26. 在数控车床上安装工件，当工件批量较大时，应尽量采用（　　）夹具。

A. 组合夹具　　　　B. 手动夹具　　　　C. 专用夹具　　　　D. 通用夹具

27. （　　）不适合将复杂加工程序输入到数控装置。

A. 纸带　　　　　　B. 磁盘　　　　　　C. 计算机　　　　　D. 键盘

28. 在FANUC系统中，G90是（　　）切削循环指令。

A. 螺纹　　　　　　B. 端面　　　　　　C. 外圆　　　　　　D. 复合

29. 在FANUC系统中，（　　）指令在编程中用于车削余量大的内孔。

A. G70　　　　　　 B. G94　　　　　　 C. G90　　　　　　 D. G92

30. 程序段G90　X52　Z-100　F0.3　X48;的含义是（　　）。

A. 车削100mm长的圆锥

B. 车削100mm长、大端直径为52mm的圆锥

C. 分两刀车削出直径为48mm、长度为100mm的圆柱

D. 车削长100mm、小端直径为48mm的圆锥

31. 在FANUC系统中，G92是（　　）指令。

A. 绝对坐标　　　　B. 外圆循环　　　　C. 螺纹循环　　　　D. 相对坐标

32. 在FANUC系统中，G94是（　　）指令。

A. 螺纹循环　　　　B. 外圆循环　　　　C. 端面循环　　　　D. 相对坐标

33. 在程序段G70　P10　Q20;中，P10的含义是（　　）。

A. X轴移动10mm

B. Z轴移动10mm

C. 精加工循环的最后一个程序段的程序号

D. 精加工循环的第一个程序段的程序号

34. 在G74　X60　Z-100　P5　Q20　F0.3;程序格式中，（　　）表示Z轴方向上的间断走刀长度。

A. 0.3　　　　　　 B. 20　　　　　　　C. -100　　　　　 D. 60

35. G75指令主要用于（　　）的加工，以便断屑和排屑。

A. 切槽　　　　　　B. 钻孔　　　　　　C. 棒料　　　　　　D. 间断端面

36. 螺纹加工时，使用（　　）指令可简化编程。

A. G73　　　　　　 B. G74　　　　　　 C. G75　　　　　　 D. G76

37. FANUC系统中的（　　）指令表示主轴停止。

A. M05　　　　　　 B. M02　　　　　　 C. M03　　　　　　 D. M04

38. 在FANUC系统中，M09指令是（　　）指令。

A. 卡盘松　　　　　B. 切削液开　　　　C. 切削液关　　　　D. 空气开

39. 在FANUC系统中，（　　）指令是主程序结束指令。

A. M02　　　　　　 B. M00　　　　　　 C. M03　　　　　　 D. M30

40. 在FANUC系统中，（　　）指令是子程序结束指令。

A. M33　　　　　　 B. M99　　　　　　 C. M98　　　　　　 D. M32

41. 当NC出现故障时，NC故障灯闪烁，此时应检查屏幕上（　　）的报警内容。
   A. ALARM   B. GRAPH   C. PAPAM   D. MACRO
42. 数控车床导套装置是需要（　　）检查保养的内容。
   A. 每天   B. 每周   C. 每月   D. 每年
43. 在程序段 G72 P0035 Q0060 U4.0 W2.0 S500；中，Q0060 的含义是（　　）。
   A. 精加工路径的最后一个程序段顺序号   B. 最高转速
   C. 进给量   D. 精加工路径的第一个程序段顺序号
44. 程序段 G73 P0035 Q0060 U1.0 W0.5 F0.3；是（　　）循环指令。
   A. 精加工   B. 外径粗加工   C. 端面粗加工   D. 固定形状粗加工
45. 在程序段 G75 X20.0 P5.0 F0.15；中，X20.0 的含义是（　　）。
   A. 沟槽深度   B. X的退刀量   C. 沟槽直径   D. X的进给量
46. 数控车床手动进给时，模式选择开关应置于（　　）。
   A. JOG FEED   B. RELEASE   C. ZERO RETURN   D. HANDLE FEED
47. 数控车床处于自动状态时，模式选择开关应置于（　　）。
   A. AUTO   B. PRGRM   C. ZERO RETURN   D. HANDLE FEED
48. 数控车床处于编辑状态时，可以对程序进行（　　）。
   A. 修改   B. 删除   C. 输入   D. 以上均可
49. 数控车床回零时，应（　　）回零。
   A. X、Z同时   B. 先刀架   C. 先Z后X   D. 先X后Z
50. 数控车床快速进给速率选择开关的英文是（　　）。
   A. FEED RATE   B. EMERGENCY STOP
   C. RAPID TRAVERSE   D. HAND LEFEED
51. 当数控车床手动脉冲发生器的选择开关位置在×10时，手轮的进给单位是（　　）。
   A. 0.01mm/格   B. 0.001mm/格   C. 0.1mm/格   D. 1mm/格
52. 当数控车床的切削液开关处于 M CODE 位置时，由（　　）控制切削液的开关。
   A. 关闭   B. 手动   C. 程序   D. M08
53. 当数控车床的程序保护开关处于（　　）位置时，可以对程序进行编辑。
   A. ON   B. IN   C. OUT   D. OFF
54. 当数控车床的单段执行开关处于（　　）位置时，程序连续执行。
   A. OFF   B. ON   C. IN   D. SINGLE BLOCK
55. 当数控车床的块删除开关处于 BLOCK DELETE 时，程序执行（　　）。
   A. 所有命令   B. 带有"/"的语句
   C. 没有"/"的语句   D. 不能判断
56. 使用分度头检验轴径夹角误差的计算公式是 $\sin\Delta\theta = \Delta L/R$。式中（　　）是两曲轴轴径中心的高度差。
   A. ΔL B. R C. $\Delta L/R$ D. L/R
57. 将两半箱体通过定位部分或定位元件合为一体，将检验棒插入基准孔和被测孔，如果检验棒能自由通过，则说明（　　）符合要求。

A. 圆度 　　　　B. 圆柱度 　　　　C. 平行度 　　　　D. 同轴度

58. 对于测量精度不高的（　　），可用齿厚游标卡尺测量齿厚。

A. 梯形螺纹 　　B. 三角形螺纹 　　C. 蜗杆 　　　　D. 管螺纹

59. 用仿形法车削圆锥时产生锥度（角度）误差的原因是（　　）。

A. 顶尖顶得过紧 　　　　　　　　B. 工件长度不一致
C. 车刀装得不对中心 　　　　　　D. 靠模板角度调整不正确

60. 车削蜗杆时，刻度盘使用不当会使蜗杆（　　）产生误差。

A. 大径 　　　　B. 分度圆直径 　　C. 压力角 　　　D. 表面粗糙度

（二）判断题

（第61～第100题，将判断结果填入括号中，正确的填"√"，错误的填"×"，每题1分，满分40分）

61. 从业者要遵守国家法纪，但不必遵守安全操作规程。（　　）
62. 具有高度的责任心应做到工作勤奋努力，精益求精，尽职尽责。（　　）
63. 工具、夹具、刀具、量具要放在工作台上。（　　）
64. 只要是线性尺寸的一般公差，则其在加工精度上没有区分。（　　）
65. 带传动由齿轮和带组成。（　　）
66. 刀具材料的基本要求是具有良好的工艺性和耐磨性。（　　）
67. 碳素工具钢和合金工具钢的特点是耐热性好，抗弯强度高，价格便宜等。（　　）
68. 铣刀是一种多齿刀具。（　　）
69. 从零件的标题栏可以知道该零件的名称、数量、材料及热处理要求。（　　）
70. 进给箱的功用是支撑主轴并使其实现起动、停止、变速和换向等。（　　）
71. 为了提高主轴箱中较长的传动轴的刚度，可以采用三支撑结构。（　　）
72. 进给箱的功用是通过改变箱内滑移齿轮的位置，把交换齿轮箱传来的运动变速后传给丝杠或光杠，以满足车削外圆和机动进给的需要。（　　）
73. 识读装配图的步骤是识读标题栏、明细表、视图配置、标注尺寸、技术要求。（　　）
74. 在精密丝杠的加工工艺中，要求锻造工件毛坯，目的是使材料晶粒细化、组织紧密、碳化物分布均匀，可提高材料的强度。（　　）
75. 车间管理条例不是工艺规程的主要内容。（　　）
76. 直接改变原材料、毛坯等生产对象的形状、尺寸和性能，使之变为成品或半成品的过程称为生产过程。（　　）
77. 当液压卡盘的夹紧力不足时，应加大液压缸压力，并设法改善卡盘的润滑状况。（　　）
78. 用数控车床液压卡盘配车卡爪时，应在受力状态下进行。（　　）
79. 使用数控顶尖的过程中应注意的是不准随意敲打、拆卸和扭紧压盖，以免损坏其精度。（　　）
80. 为保证数控自定心中心架夹紧零件的中心与机床主轴中心重合，须使用试棒和百分表进行调整。（　　）
81. 数控车床的内孔车刀通过定位环安装在转塔刀架的转塔刀盘上。（　　）

82. 已知两圆的方程，需联立两圆的方程求两圆交点，如果判别式 Δ > 0，则说明两圆弧有两个交点。（ ）

83. 聚晶金刚石刀具只用于加工非铁金属材料和非金属材料。（ ）

84. 在加工过程中，如果刀具磨损但能够继续使用，为了不影响工件的尺寸精度，应该进行刀具磨损补偿。（ ）

85. 刀具长度补偿指令 G43 是将 H 代码指定的已存入偏置器中的偏置值加到运动指令终点坐标中去。（ ）

86. 使用子程序的目的和作用是简化编程。（ ）

87. 用近似计算法逼近零件轮廓时产生的误差称为一次逼近误差，它出现在用直线或圆弧逼近零件轮廓的情况中。（ ）

88. 在 G75 X80 Z－120 P10 Q5 R1 F0.3；程序格式中，80 表示台阶直径。（ ）

89. FANUC 系统中的 M33 指令是尾座顶尖后退指令。（ ）

90. 数控车床主轴传动 V 带需要每六个月检查保养一次。（ ）

91. 数控车床卡盘夹紧力的大小靠溢流阀调整。（ ）

92. 当液压系统中的单出杆液压缸无杆腔进液压油时，推力小、速度高。（ ）

93. 在程序段 G71 P0035 Q0060 U4.0 W2.0 S500；中，U4.0 的含义是 X 轴方向的精加工余量（半径值）。（ ）

94. 程序段 G74 Z－80.0 Q20.0 F0.15；是间断纵向切削循环指令。（ ）

95. 检验深孔件形状精度最常用的方法是比较法。（ ）

96. 双偏心工件通过偏心部分最高点之间的距离来检验偏心部分与基准部分轴线间的关系。（ ）

97. 检验箱体工件上的立体交错孔的垂直度时，在基准检验棒上装一百分表，测头顶在检验棒的圆柱面上，旋转 90°后再测，即可确定两孔轴线在测量长度内的垂直度误差。（ ）

98. 当前后顶尖不同轴时，车削轴类零件会产生尺寸误差。（ ）

99. 铰孔时，如果车床尾座偏移，则铰出孔的孔口会扩大。（ ）

100. 加工箱体类零件上的孔时，刀杆刚性差会使平行孔的平行度产生误差。（ ）

参考答案

（一）单项选择题

1. B	2. B	3. B	4. B	5. C	6. C	7. C	8. A
9. A	10. C	11. D	12. B	13. C	14. B	15. C	16. D
17. D	18. A	19. C	20. A	21. A	22. A	23. A	24. B
25. C	26. C	27. D	28. C	29. C	30. C	31. C	32. C
33. D	34. B	35. D	36. D	37. A	38. C	39. D	40. B
41. A	42. C	43. A	44. D	45. C	46. D	47. A	48. D
49. D	50. C	51. A	52. C	53. D	54. B	55. C	56. A
57. D	58. C	59. D	60. B				

（二）判断题

61. ×	62. ✓	63. ×	64. ×	65. ×	66. ×	67. ×	68. ✓
69. ×	70. ×	71. ✓	72. ×	73. ✓	74. ✓	75. ✓	76. ×
77. ×	78. ✓	79. ✓	80. ✓	81. ✓	82. ✓	83. ✓	84. ✓
85. ✓	86. ✓	87. ✓	88. ×	89. ✓	90. ✓	91. ×	92. ×
93. ×	94. ✓	95. ×	96. ✓	97. ×	98. ×	99. ✓	100. ×

二、操作技能试卷

1. 零件图（图16-4）

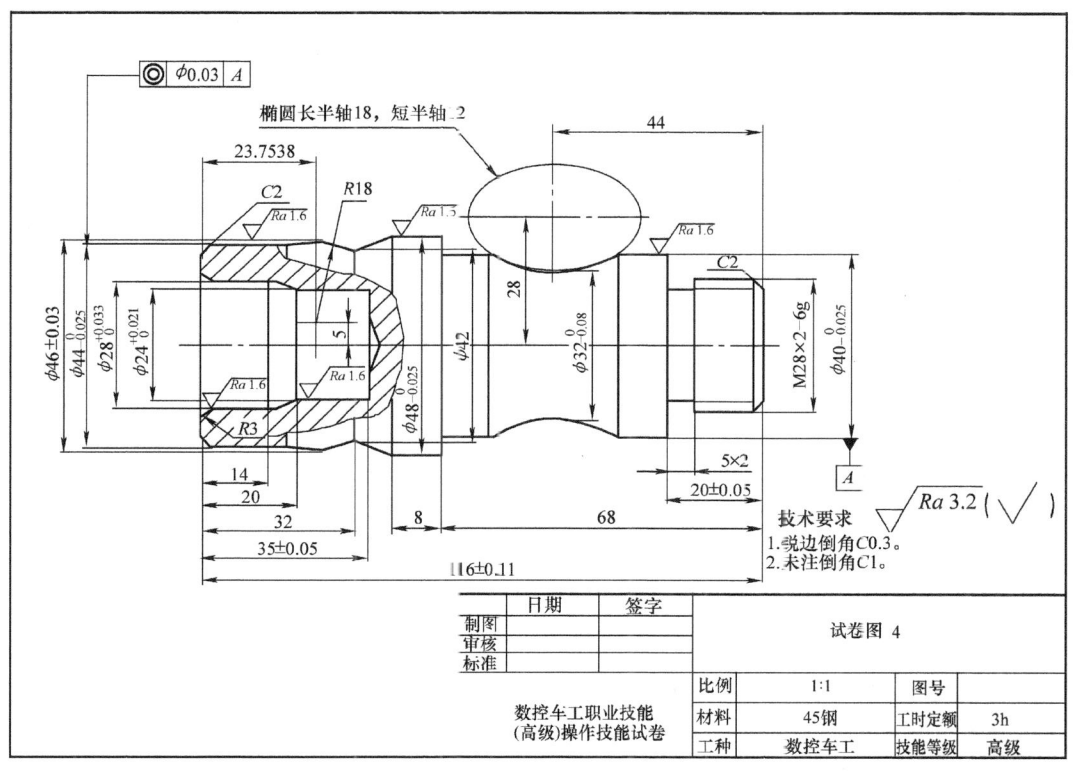

图16-4　试卷图4

2. 工具、量具、刀具准备清单（表16-7）

表16-7　工具、量具、刀具准备清单

序号	名　　称	规　　格	数量	备　注
1	游标卡尺	0～150mm	1	
2	千分尺	25～50mm	1	
3	螺纹千分尺	25～50mm	1	
4	半径样板	R1～R6.5mm、R15～R25mm	各1	
5	内径量表	18～35mm	1	
6	百分表及表座	0～10mm	1	

(续)

序号	名 称	规 格	数 量	备 注
7	端面车刀		1	
8	外圆车刀	副偏角大于30°	2	
9	三角形螺纹车刀	刀尖角为60°	1	
10	车槽刀、车断刀	宽4~5mm,长25mm	1	
11	镗孔刀	孔径 ϕ18mm,长40mm	1	
12	麻花钻	ϕ18mm	1	
13	中心钻	A3 型	1	
14	其他辅具	垫刀片若干、磨石、0.2mm 厚铜皮等		
15		函数型计算器		
16		其他车工常用辅具		
17	材料	45 钢, ϕ50mm×120mm		
18	数控系统	SINUMERIK、FANUC 或华中 HNC 数控系统		

3. 评分记录表（表16-8）

表16-8 评分记录表

单位：　　　　　　　　　　　姓名：　　　　　　　　　　准考证号：

检测项目		技 术 要 求		配分	评 分 标 准	检测结果	得分
外圆	1	$\phi32_{-0.08}^{0}$mm		5	超差、降级无分		
	2	$\phi40_{-0.025}^{0}$mm	Ra1.6μm	5+2	超差、降级无分		
	3	$\phi48_{-0.025}^{0}$mm	Ra1.6μm	5+2	超差、降级无分		
	4	$\phi44_{-0.025}^{0}$mm	Ra1.6μm	5+2	超差、降级无分		
	5	($\phi46\pm0.03$)mm		5	超差、降级无分		
螺纹	6	M28×2-6g	中径	6	超差无分		
	7	M28×2-6g	两侧 Ra3.2μm	2+2	降级无分		
	8	M28×2-6g	牙型角	2	不符无分		
圆弧	9	R3mm		2	超差无分		
	10	R18mm		2	超差无分		
	11	23.7538mm		2	超差无分		
	12	44mm、28mm		2+2	超差无分		
	13	椭圆轮廓		8	超差无分		
内孔	14	$\phi24_{0}^{+0.021}$mm	Ra1.6μm	5+2	超差、降级无分		
	15	$\phi28_{0}^{+0.033}$mm	Ra1.6μm	5+2	超差、降级无分		
长度	16	8mm		2	超差无分		
	17	14mm		2	超差无分		
	18	20mm		2	超差无分		
	19	(35±0.03)mm		2	超差无分		

样卷四　数控车工职业技能（高级）考核试卷04

（续）

检测项目		技术要求	配分	评分标准	检测结果	得分
长度	20	(20 ± 0.05) mm	3	超差无分		
	21	(116 ± 0.11) mm	3	超差无分		
	22	5mm×2mm	6	超差无分		
其他	23	◎ $\phi0.03$ 3	5	越差无分		
	24	安全文明生产		违反一项扣5分		
总配分			100		总得分	
零件名称			图号		加工日期　　年　月　日	
加工开始　　时　分			停工时间　分钟	加工时间	检测	
加工结束　　时　分			停工原因	实际时间	评分	

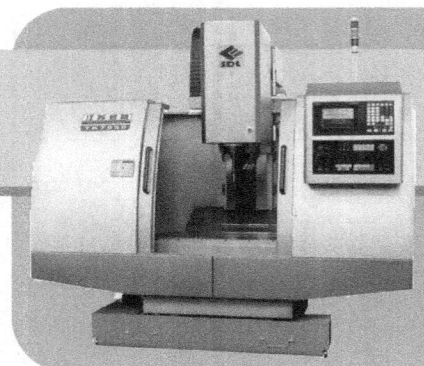

样卷五

数控车工职业技能（高级）考核试卷05

一、理论知识试卷

（一）单项选择题

（第1～第60题，选择一个正确答案，将相应的字母填入题内括号中，每题1分，满分60分）

1. 职业道德的实质内容是（　　）。
   A. 改善个人生活　　　　　　　　B. 增加社会财富
   C. 树立全新的社会主义劳动态度　　D. 增强竞争意识
2. 爱岗敬业是对从业人员（　　）的首要要求。
   A. 工作态度　　B. 工作精神　　C. 工作能力　　D. 以上均可
3. 不爱护设备的做法是（　　）。
   A. 保持设备清洁　B. 正确使用设备　C. 自己修理设备　D. 及时保养设备
4. 关于表面粗糙度符号、代号在图样上的标注，下列说法中错误的是（　　）。
   A. 符号的尖端必须由材料内指向表面
   B. 代号中数字的注写方向必须与尺寸数字方向一致
   C. 同一图样上，每一表面一般只标注一次符号、代号
   D. 表面粗糙度符号、代号在图样上一般注在可见轮廓线、尺寸线、引出线或它们的延长线上。
5. （　　）由主动齿轮、从动齿轮和机架组成。
   A. 齿轮传动　　B. 蜗杆传动　　C. 带传动　　D. 链传动
6. 按螺旋副的摩擦性质，螺旋传动可分为滑动螺旋传动和（　　）传动两种类型。
   A. 移动螺旋　　B. 滚动螺旋　　C. 摩擦螺旋　　D. 传动螺旋
7. 切削时，切削刃会受到很大的压力和冲击力，因此刀具必须具备足够的（　　）。
   A. 硬度　　B. 强度和韧性　　C. 工艺性　　D. 耐磨性
8. （　　）是在钢中加入较多的钨、钼、铬、钒等合金元素，用于制造形状复杂的切削刀具。
   A. 硬质合金　　B. 高速钢　　C. 合金工具钢　　D. 碳素工具钢
9. 千分尺测微螺杆上螺纹的螺距为（　　）mm。
   A. 0.1　　B. 0.01　　C. 0.5　　D. 1

10. 游标万能角度尺在（　　）范围内，应装上角尺。
A. 0°～50° B. 50°～140° C. 140°～230° D. 230°～320°

11. 减速器箱体为剖分式，其工艺过程的制订原则与整体式箱体（　　）。
A. 相似 B. 不同 C. 相同 D. 相反

12. 加工箱体的重要表面时，要划分（　　）两个阶段。
A. 粗、精加工 B. 基准与非基准 C. 大与小 D. 内与外

13. 使用时锉刀不可（　　）。
A. 做撬杠用
B. 做撬杠和锤子用
C. 做锤子用
D. 侧面

14. 三头蜗杆的（　　）常采用主视图、断面图（移出断面）和局部放大的表达方法。
A. 零件图 B. 工序图 C. 原理图 D. 装配图

15. 从蜗杆零件的（　　）可以知道该零件的名称、头数、材料及比例。
A. 装配图 B. 标题栏 C. 断面图 D. 技术要求

16. 进给箱的功用是通过改变箱内滑移齿轮的位置，把交换齿轮箱传来的运动变速后传给丝杠或光杠，以满足车削（　　）和机动进给的需要。
A. 孔 B. 圆锥 C. 成形面 D. 螺纹

17. 在进给箱内的基本变速机构中，每个滑移齿轮应和相邻的一个固定齿轮啮合，而且要保证在同一时刻内四个滑移齿轮和八个固定齿轮中的（　　）是相互啮合的。
A. 一组 B. 两组 C. 三组 D. 全部

18. 精密丝杠的加工工艺要求（　　），目的是使材料晶粒细化、组织紧密、碳化物分布均匀，可提高材料的强度。
A. 充分冷却 B. 校直 C. 锻造毛坯 D. 球化退火

19. 装夹（　　）时，夹紧力的作用点应尽量靠近加工表面。
A. 箱体零件 B. 细长轴 C. 深孔 D. 盘类零件

20. 在一定的生产条件下，以最少的劳动消耗和最低的成本费用，按生产计划的规定生产出合格的产品，是（　　）应遵循的原则。
A. 选用工艺装备
B. 制订工艺规程
C. 制订工时定额
D. 选用切削用量

21. 由于数控车床主轴转速较高，所以多采用（　　）高速动力卡盘。
A. 气压 B. 液压 C. 机械 D. 螺旋

22. 为保证数控自定心中心架夹紧零件的中心与机床主轴中心重合，须使用（　　）调整。
A. 杠杆表和百分表
B. 试棒和百分表
C. 千分尺和试棒
D. 千分尺和杠杆百分表

23. 数控车床转塔刀架的机械结构（　　），使用中故障率（　　），因此在使用维护中要足够重视。
A. 复杂，相对较高
B. 简单，相对较高
C. 简单，相对较低
D. 复杂，相对很低

24. 对于数控加工的零件，零件图上应直接给出（　　），以便于尺寸间的互相协调。

A. 局部尺寸　　　　　B. 整体尺寸　　　　　C. 坐标尺寸　　　　　D. 无法判断

25. 在数控机床上加工加工内容不多、加工完后就能达到待检状态的工件时，可按（　　）划分工序。
    A. 定位方式　　　　　B. 所用刀具　　　　　C. 粗、精加工　　　　D. 加工部位

26. 在数控加工中，（　　）不是确定进给路线的原则。
    A. 保证精度　　　　　　　　　　　　　　B. 提高效率
    C. 提高精度　　　　　　　　　　　　　　D. 简化编程

27. 以下（　　）不是选择进给量的主要依据。
    A. 工件加工精度　　　　　　　　　　　　B. 工件表面粗糙度
    C. 机床精度　　　　　　　　　　　　　　D. 工件材料

28. 根据 ISO 标准，取消刀具补偿用（　　）指令表示。
    A. G42　　　　　　　B. G41　　　　　　　C. G40　　　　　　　D. G43

29. 刀具长度补偿指令 G43 是将（　　）代码指定的已存入偏置器中的偏置值加到运动指令终点坐标。
    A. K　　　　　　　　B. J　　　　　　　　C. I　　　　　　　　D. H

30. 平面轮廓表面的零件宜采用数控（　　）加工。
    A. 铣床　　　　　　　B. 车床　　　　　　　C. 机床　　　　　　　D. 加工中心

31. 在程序段 G90 X52 Z-100 R5 F0.3；中，R5 的含义是（　　）。
    A. 进给量　　　　　　　　　　　　　　　B. 圆锥大、小端的直径差
    C. 圆锥大、小端直径差的一半　　　　　　D. 退刀量

32. 在 FANUC 系统中，（　　）是螺纹循环指令。
    A. G32　　　　　　　B. G23　　　　　　　C. G92　　　　　　　D. G90

33. G71 指令是外径粗加工循环指令，主要用于（　　）毛坯的粗加工。
    A. 锻造　　　　　　　B. 棒料　　　　　　　C. 铸造　　　　　　　D. 固定形状

34. （　　）指令是端面粗加工循环指令，主要用于棒料毛坯的端面粗加工。
    A. G70　　　　　　　B. G71　　　　　　　C. G72　　　　　　　D. G73

35. 在 G72P（ns）Q（nf）U（Δu）W（Δw）S500；程序格式中，（　　）表示精加工路径的第一个程序段顺序号。
    A. Δw　　　　　　　B. ns　　　　　　　　C. Δu　　　　　　　D. nf

36. 加工间断端面时，使用（　　）指令可简化编程，利于排屑。
    A. G72　　　　　　　B. G73　　　　　　　C. G74　　　　　　　D. G75

37. 在 G75 X80 Z-120 P10 Q5 R1 F0.3；程序格式中，（　　）表示台阶直径。
    A. -120　　　　　　B. 80　　　　　　　　C. 5　　　　　　　　D. 10

38. 在 FANUC 系统中，（　　）表示主轴正转。
    A. M04　　　　　　　B. M01　　　　　　　C. M03　　　　　　　D. M05

39. 在 FANUC 系统中，（　　）指令是切削液停指令。
    A. M08　　　　　　　B. M02　　　　　　　C. M09　　　　　　　D. M06

40. 在 FANUC 系统中，（　　）指令是 X 轴镜像指令。

A. M06　　　　　　B. M10　　　　　　C. M21　　　　　　D. M22

41. 在 FANUC 系统中，M98 指令是（　　）指令。

A. 主轴低速范围　　B. 调用子程序　　C. 主轴高速范围　　D. 子程序结束

42. 当 NC 出现故障时，NC 故障灯闪烁，此时应检查屏幕上（　　）的报警内容。

A. ALARM　　　　B. GRAPH　　　　C. PAPAM　　　　D. MACRO

43. 数控车床主轴传动 V 带是需要（　　）检查保养的内容。

A. 每天　　　　　　B. 每周　　　　　　C. 每月　　　　　　D. 每六个月

44. 当液压系统中的单出杆液压缸无杆腔进液压油时，推力（　　），速度（　　）。

A. 小，低　　　　　B. 大，高　　　　　C. 大，低　　　　　D. 小，高

45. G71 指令是（　　）循环指令。

A. 精加工　　　　　　　　　　　B. 外径粗加工

C. 端面粗加工　　　　　　　　　D. 固定形状粗加工

46. 程序段 G72　P0035　Q0060　U4.0　W2.0　S500；是（　　）循环指令。

A. 精加工　　　　　　　　　　　B. 外径粗加工

C. 端面粗加工　　　　　　　　　D. 固定形状粗加工

47. 在程序段 G73　P0035　Q0060　U1.0　W0.5　F0.3；中，Q0060 的含义是（　　）。

A. 精加工路径的最后一个程序段顺序号　　B. 最高转速

C. 进给量　　　　　　　　　　　　　　　D. 精加工路径的第一个程序段顺序号

48. 在程序段 G74　Z-80.0　Q20.0　F0.15；中，（　　）的含义是钻孔深度。

A. Z-80.0　　　　B. Q20.0　　　　C. F0.15　　　　D. G74

49. 按下数控车床紧急停止按钮后，消除的方法是按下（　　）按钮。

A. CYCLE　　　　B. RESET　　　　C. POWER　　　　D. START

50. 数控车床手动进给时，模式选择开关应置于（　　）。

A. JOG FEED　　B. RELEASE　　C. MDI　　　　　D. HANDLE FEED

51. 数控车床手动数据输入时，可输入单一命令，按下（　　）键使车床动作。

A. 快速进给　　　　B. 循环启动　　　　C. 回零　　　　　D. 手动进给

52. 数控车床（　　）时，要使用解除模式。

A. 自动状态　　　B. 手动数据输入　　C. 回零　　　　　D. X、Z 超程

53. 当数控车床的手动脉冲发生器的选择开关位置在 X10 时，手轮的进给单位是（　　）。

A. 0.01mm/格　　B. 0.001mm/格　　C. 0.1mm/格　　　D. 1mm/格

54. 数控车床机床锁定开关的英文是（　　）。

A. SINGLE BLOCK　　B. MACHINE LOCK　　C. DRY RUN　　　D. POSITION

55. 使用量块检验轴径夹角误差时，量块高度的计算公式是（　　）。

A. $h = M - 0.5(D + d) - R\sin\theta$　　　　B. $h = M - 0.5(D - d) - R\sin\theta$

C. $h = M + 0.5(D + d) - R\sin\theta$　　　　D. $h = M - 0.5(D + d) + R\sin\theta$

56. 检验箱体工件上的立体交错孔的垂直度时，在基准检验棒上装一百分表，测头顶在检验棒的圆柱面上，旋转（　　）后手测，即可确定两孔轴线在测量长度内的垂直度误差。

A. 60°　　　　　B. 360°　　　　　C. 180°　　　　　D. 270°

57. 测量精度不高的蜗杆时，可用（　　）测量齿厚。
A. 公法线千分尺　　B. 螺纹千分尺　　C. 齿厚游标卡尺　　D. 游标卡尺

58. 车削轴类零件时，如果车床（　　），滑板镶条太松，传动零件不平衡，则在车削过程中会引起振动，使工件表面粗糙度达不到要求。
A. 精度低　　　　B. 导轨不直　　　C. 刚性差　　　　D. 误差大

59. 用仿形法车削圆锥时产生（　　）误差的原因是靠模板角度调整不正确。
A. 尺寸　　　　　B. 形状　　　　　C. 位置　　　　　D. 锥度（角度）

60. 车削箱体类零件上的孔时，如果车刀磨损，车出的孔会产生（　　）误差。
A. 轴线的直线度　　B. 圆柱度　　　C. 圆度　　　　　D. 同轴度

（二）判断题

（第 61～第 100 题，将判断结果填入括号中，正确的填"√"，错误的填"×"，每题 1 分，满分 40 分）

61. 从业者必须具备遵纪守法、廉洁奉公的道德品质。（　　）
62. 具有高度的责任心，应做到工作勤奋努力，精益求精，尽职尽责。（　　）
63. 在尺寸符号 $\phi 50F8$ 中，公差代号是 50F8。（　　）
64. 基准孔的公差带可以在零线下侧。（　　）
65. 不锈钢属于特殊性能钢。（　　）
66. 合金调质钢中碳的质量分数一般为 0.25%～0.50%。（　　）
67. 游标万能角度尺的分度值是 2′。（　　）
68. 常用的固体润滑剂有石墨、二硫化钼、锂基润滑脂等。（　　）
69. 划针盘划针的直头端用来划线，弯头端用于对工件安放位置进行找正。（　　）
70. 分度头蜗轮蜗杆的传动比是 1∶20。（　　）
71. 直流电动机多用于要求在大范围内平滑调速的生产机械。（　　）
72. 岗位的质量要求不包括工作内容、工艺规程、参数控制等。（　　）
73. 轴测投影面平行于一个坐标平面，投影方向平行于轴测投影面时，即可得到斜二测轴测图。（　　）
74. 主轴箱中空套齿轮与传动轴之间可以装有滚动轴承，也可以装有铜套，用于减少零件的磨损。（　　）
75. 为了提高主轴箱中较长的传动轴的精度，可以采用三支撑结构。（　　）
76. 识读装配图的步骤是识读标题栏、明细栏、视图配置、标注尺寸、技术要求。（　　）
77. 机械加工工艺手册是规定产品或零部件制造工艺过程和操作方法的工艺文件。（　　）
78. 毛坯的材料、种类及外形尺寸不是工艺规程的主要内容。（　　）
79. 数控车床液压卡盘配车卡爪，应在受力状态下进行。（　　）
80. 使用数控顶尖的过程中，应注意的是不准随意敲打、拆卸和扭紧压盖，以免破坏其精度。（　　）
81. 数控车床的内孔车刀通过定位环安装在转塔刀架的转塔刀盘上。（　　）

82. 在平面直角坐标系中，圆的方程是$(X-30)^2+(Y-25)^2=15^2$，则此圆的半径为15。（　　）
83. 在FANUC系统中，I、K的含义是圆弧的圆心坐标。（　　）
84. 用近似计算法逼近零件轮廓时产生的误差称为一次逼近误差，它出现在用直线或圆弧逼近零件轮廓的情况中。（　　）
85. 在FANUC系统中，G90是外圆切削循环指令。（　　）
86. 在G73P（ns）Q（nf）U（Δu）W（Δw）S500；程序格式中，Δu表示X轴方向上的精加工余量。（　　）
87. G74指令是间断纵向加工循环指令，主要用于钻孔加工。（　　）
88. 在FANUC系统中，M20指令是切削液关指令。（　　）
89. 数控车床主轴运转情况是需要每年检查保养的内容。（　　）
90. 数控车床液压系统中的液压泵不能作为液压马达使用。（　　）
91. 在程序段G75　X20.0　P5.0　F0.15；中，X20.0表示的是沟槽直径。（　　）
92. 数控车床处于自动状态时可完成手动进给工作。（　　）
93. 当数控车床的切削液开关处于COOLANT ON位置时，可由手动控制切削液的开关。（　　）
94. 数控车床的单段执行开关处于SINGLE BLOCK时，程序连续执行。（　　）
95. 数控车床的块删除开关处于BLOCK DELETE时，程序执行带有"／"的语句。（　　）
96. 使用塞规可以测量深孔件的圆柱度误差。（　　）
97. 双偏心工件通过偏心部分最高点之间的距离来检验偏心部分与基准部分轴线间的关系。（　　）
98. 如果两半箱体的同轴度要求不高，可以在两被测孔中插入检验棒，将百分表固定在其中一个检验棒上，百分表测头触在另一孔的检验棒上，百分表转动一周得到的读数就是同轴度误差。（　　）
99. 用心轴装夹车削套类工件时，如果心轴本身的同轴度超差，则车出的工件会产生尺寸精度误差。（　　）
100. 车削螺纹时，车床主轴的径向圆跳动会使螺纹的局部螺距产生误差。（　　）

参考答案

（一）单项选择题

1. C　2. A　3. C　4. A　5. A　6. B　7. B　8. B
9. C　10. C　11. C　12. A　13. B　14. A　15. B　16. D
17. A　18. C　19. A　20. B　21. B　22. B　23. A　24. C
25. A　26. C　27. C　28. C　29. D　30. A　31. C　32. C
33. B　34. C　35. B　36. D　37. B　38. C　39. C　40. C
41. B　42. A　43. D　44. C　45. B　46. C　47. A　48. A
49. B　50. D　51. B　52. C　53. A　54. C　55. C　56. C
57. C　58. C　59. D　60. B

(二) 判断题

61. √	62. √	63. ×	64. ×	65. √	66. √	67. √	68. ×
69. √	70. ×	71. ×	72. ×	73. ×	74. ×	75. ×	76. √
77. ×	78. ×	79. ×	80. √	81. ×	82. √	83. ×	84. √
85. √	86. √	87. ×	88. ×	89. ×	90. ×	91. ×	92. ×
93. √	94. ×	95. ×	96. ×	97. √	98. ×	99. ×	100. ×

二、操作技能试卷

1. 零件图（图16-5）

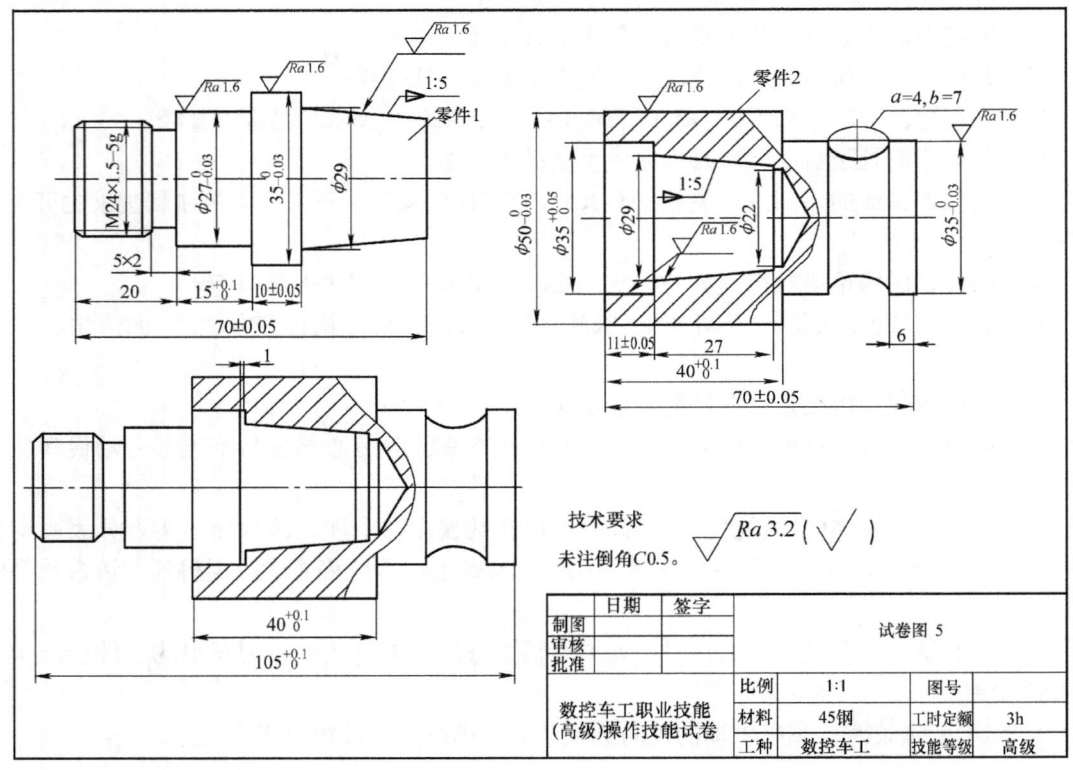

图16-5 试卷图5

2. 工具、量具、刀具准备清单（表16-9）

表16-9 工具、量具、刀具准备清单

序号	名　称	规　格	数量	备　注
1	游标卡尺	0~150mm	1	
2	千分尺	25~50mm	1	
3	螺纹千分尺	0~25mm	1	
4	游标万能角度尺	0°~320°	1	
5	内径量表	18~35mm	1	
6	百分表及表座	0~10mm	1	

（续）

序号	名　称	规　格	数　量	备　注
7	端面车刀		1	
8	外圆车刀	副偏角大于30°	2	
9	三角形螺纹车刀	刀尖角为60°	1	
10	车槽刀、车断刀	宽4～5mm,长25mm	1	
11	镗孔刀	孔径φ18mm,长40mm	1	
12	麻花钻	φ18	1	
13	中心钻	A3型	1	
14	其他辅具	垫刀片若干、磨石、0.2mm厚铜皮等		
15		函数型计算器		
16		其他车工常用辅具		
17	材料	45钢,φ55mm×150mm		
18	数控系统	SINUMERIK、FANUC或华中HNC数控系统		

3. 评分记录表（表16-10）

表16-10　评分记录表

单位：				姓名：		准考证号：	
检测项目		技 术 要 求		配分	评分标准	检测结果	得分
零件1	外圆	1	$\phi 27_{-0.03}^{0}$ mm　　$Ra1.6\mu m$	5+2	超差、降级无分		
		2	$\phi 35_{-0.03}^{0}$ mm　　$Ra1.6\mu m$	5+2	超差、降级无分		
		3	1∶5 锥度　　$Ra1.6\mu m$	5+2	超差、降级无分		
	螺纹	4	$M24\times1.5-5g$　　中径	6	超差无分		
		5	$M24\times1.5-5g$　　两侧$Ra3.2\mu m$	4	降级无分		
		6	$M24\times1.5-5g$　　牙型角	2	不符合无分		
	沟槽	7	$5mm\times2mm$	3	超差无分		
	长度	8	(10 ± 0.05) mm	3	超差无分		
		9	$15_{0}^{+0.1}$ mm	2	超差无分		
		10	20mm	2	超差无分		
		11	70 ± 0.05 mm	3	超差无分		
	其他	12	未注倒角	2	超差无分		
零件2	外圆	13	$\phi 35_{-0.03}^{0}$ mm　　$Ra1.6\mu m$	5+2	超差、降级无分		
		14	$\phi 50_{-0.03}^{0}$ mm　　$Ra1.6\mu m$	5+2	超差、降级无分		
	内孔	15	$\phi 35_{0}^{+0.05}$ mm　　$Ra1.6\mu m$	5+2	超差、降级无分		
		16	1∶5 锥度　　$Ra1.6\mu m$	5+2	超差、降级无分		
	长度	17	6mm	2	超差无分		
		18	(11 ± 0.05) mm	3	超差无分		
		19	$40_{0}^{+0.1}$ mm	2	超差无分		

(续)

检测项目			技术要求	配分	评分标准	检测结果	得分
零件2	长度	20	(70±0.05)mm	3	超差无分		
	其他	21	椭圆轮廓 $Ra1.6\mu m$	5+2	超差无分		
		22	未注倒角	2	超差无分		
配合		23	1mm	1	超差无分		
		24	$40^{+0.1}_{0}$ mm	2	超差无分		
		25	$105^{+0.1}_{0}$ mm	2	超差无分		
		26	安全文明生产		违反一项扣5分		
			总 配 分	100	总 得 分		
零件名称				图号		加工日期 年 月 日	
加工开始　时　分			停工时间　分钟	加工时间		检测	
加工结束　时　分			停工原因	实际时间		评分	

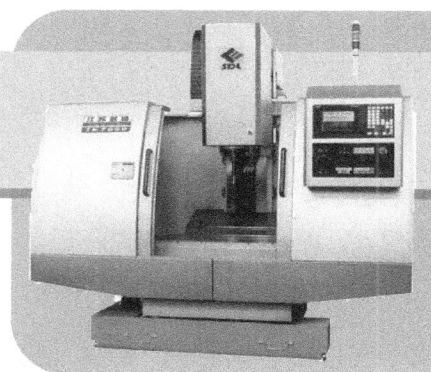

样卷六

数控车工职业技能（高级）考核试卷06

一、理论知识试卷

（一）单项选择题

（第1～第60题，选择一个正确答案，将相应的字母填入题内括号中，每题1分，满分60分）

1. 职业道德的实质内容是（　　）。
   A. 改善个人生活　　　　　　　　B. 增加社会的财富
   C. 树立全新的社会主义劳动态度　　D. 增强竞争意识
2. 遵守法律法规不要求（　　）。
   A. 延长劳动时间　　　　　　　　B. 遵守操作程序
   C. 遵守安全操作规程　　　　　　D. 遵守劳动纪律
3. 具有高度责任心不要求做到（　　）。
   A. 方便群众，注重形象　　　　　B. 责任心强，不辞辛苦
   C. 尽职尽责　　　　　　　　　　D. 工作精益求精
4. 关于"斜视图"，下列说法错误的是（　　）。
   A. 画斜视图时，必须在视图的上方标出视图的名称，在相应的视图附近用箭头指明投射方向，并注上同样的字母
   B. 斜视图一般按投影关系配置，必要时也可配置在其他适当位置。在不致引起误解时，允许将图形旋转摆正
   C. 斜视图主要用来表达机件上倾斜部分的实形，所以其余部分也必须全部画出
   D. 将机件向不平行于任何基本投影面的平面投射所得的视图称为斜视图
5. 用"几个相交的剖切平面"画剖视图时，下列说法正确的是（　　）。
   A. 应画出剖切平面转折处的投影
   B. 可以出现不完整的结构要素
   C. 可以省略标注剖切位置
   D. 当两要素在图形上具有公共对称中心线或轴线时，可各画一半
6. 当剖切平面通过由回转面形成的孔或凹坑的轴线时，这些结构应按（　　）绘制。
   A. 视图　　　B. 剖视图　　　C. 断面图　　　D. 局部放大图
7. 具有互换性的零件应是（　　）。

A. 相同规格的零件 B. 不同规格的零件
C. 相互配合的零件 D. 形状和尺寸完全相同的零件

8. 比较两个公称尺寸的精确程度，根据两尺寸的（   ）
A. 公差大小 B. 公差等级 C. 基本偏差 D. 公称尺寸

9. 基本偏差为（   ）与不同基本偏差轴的公差带形成各种配合的一种制度称为基孔制。
A. 不同孔的公差带 B. 一定孔的公差带
C. 较大孔的公差带 D. 较小孔的公差带

10. 下列对"间隙"的描述正确的是（   ）。
A. 间隙数值前可以没有正号 B. 间隙数值前必须有正号
C. 间隙数值前有没有正号均可 D. 间隙数值不可以为零

11. 在给定一个方向时，平行度的公差带是（   ）。
A. 距离为公差值 t 的两平行直线间的区域
B. 直径为公差值 t，且平行于基准轴线的圆柱面内的区域
C. 距离为公差值 t，且平行于基准平面（或直线）的两平行平面之间的区域
D. 正截面为公差值 $t_1 \times t_2$，且平行于基准轴线的四棱柱内的区域

12. 下列属于金属物理性能的参数是（   ）。
A. 导电性 B. 塑性 C. 韧性 D. 抗氧化性

13. 用于制造刀具、模具的合金钢称为（   ）。
A. 碳素钢 B. 合金结构钢 C. 合金工具钢 D. 特殊性能钢

14. 下列（   ）属于冷作模具钢。
A. Cr12 B. 9SiCr C. W18Cr4V D. 5CrMnMo

15. KTH300-06 中的 06 表示断后伸长率为（   ）。
A. 0.06% B. 0.6% C. 6% D. 60%

16. 热处理是对钢在固态下采用适当的方式进行（   ），以获得所需组织和性能的工艺。
A. 加热、保温和冷却 B. 保温、冷却和加热
C. 加热、冷却和加热 D. 通入大电流

17. 正火的目的之一是改善（   ）的可加工性。
A. 低碳钢 B. 高碳钢 C. 工具钢 D. 过共析钢

18. 铝具有的特性之一是（   ）。
A. 良好的导热性 B. 较差的导电性
C. 较高的强度 D. 较高的硬度

19. 任何切削加工方法都必须有一个（   ），可以有一个或几个进给运动。
A. 辅助运动 B. 主运动 C. 切削运动 D. 纵向运动

20. 切屑流出时经过的刀面是（   ）。
A. 前刀面 B. 主后刀面 C. 副后刀面 D. 侧刀面

21. 通过切削刃的选定点与切削刃相切并垂直于基面的平面是（   ）。
A. 基面 B. 切削平面 C. 正交平面 D. 辅助平面

22. 进给方向与主切削刃在基面上的投影之间的夹角是（   ）。
A. 前角 B. 后角 C. 主偏角 D. 副偏角

23. （　　）是切削刃选定点相对于工件主运动的瞬时速度。
　　A. 切削速度　　B. 进给量　　C. 工作速度　　D. 背吃刀量
24. 车刀有（　　）、端面车刀、车断刀、内孔车刀等几种。
　　A. 外圆车刀　　B. 三面车刀　　C. 尖齿车刀　　D. 平面车刀
25. 下列量具中不属于游标类量具的是（　　）。
　　A. 游标深度尺　　B. 游标高度尺　　C. 游标齿厚尺　　D. 外径千分尺
26. 在游标卡尺的结构中，有刻度的部分称为（　　）。
　　A. 尺框　　B. 尺身　　C. 尺头　　D. 活动测量爪
27. 下列（　　）千分尺不存在。
　　A. 深度　　B. 螺纹　　C. 蜗杆　　D. 公法线
28. 润滑剂的作用有润滑、冷却、（　　）、密封等。
　　A. 缓蚀　　B. 磨合　　C. 静压　　D. 稳定
29. （　　）的主要性能是不易溶于水，但熔点低，耐热能力差。
　　A. 钠基润滑脂　　B. 钙基润滑脂　　C. 锂基润滑脂　　D. 石墨润滑脂
30. 直角尺是在划线时常用作划（　　）的导向工具。
　　A. 平行线　　B. 垂直线　　C. 直线　　D. 平行线、垂直线
31. 进给箱内基本变速机构的每个滑移齿轮应依次和相邻的一个固定齿轮啮合，而且要保证在同一时刻内（　　）个滑移齿轮和（　　）个固定齿轮中只有一组是相互啮合的。
　　A. 四，八　　B. 四，四　　C. 八，八　　D. 三，八
32. 精密丝杠的加工工艺中要求锻造工件毛坯，目的是使材料晶粒细化、组织紧密、碳化物分布均匀，可提高材料的（　　）。
　　A. 塑性　　B. 韧性　　C. 强度　　D. 刚性
33. 装夹（　　）时，夹紧力的作用点应尽量靠近加工表面。
　　A. 箱体零件　　B. 细长轴　　C. 深孔　　D. 盘类零件
34. 在一定的（　　）下，以最少的劳动消耗和最低的成本费用，按生产计划的规定，生产出合格的产品是制订工艺规程应遵循的原则。
　　A. 工作条件　　B. 生产条件　　C. 设备条件　　D. 电力条件
35. 数控车床的转塔刀架采用（　　）驱动，可进行重负荷切削。
　　A. 液压马达　　B. 液压泵　　C. 齿轮齿条　　D. 气泵
36. 数控车床适于加工（　　）的工件。
　　A. 批量大　　B. 形状复杂　　C. 余量不均匀　　D. 不能判断
37. 刀尖圆弧半径应输入系统的（　　）中。
　　A. 程序　　B. 刀具坐标　　C. 刀具参数　　D. 坐标系
38. 旋转体类零件宜采用数控（　　）或数控磨床加工。
　　A. 车床　　B. 铣床　　C. 钻床　　D. 加工中心
39. 在程序段 G90　X52　Z-100　F0.3；中，X52　Z-100 的含义是（　　）。
　　A. 车削 100mm 长的圆锥
　　B. 车削长 100mm、大端直径为 52mm 的圆锥
　　C. 外圆终点的坐标为（100，52）
　　D. 车削长 100mm、小端直径为 48mm 的圆锥
40. 在 FANUC 系统中，（　　）指令是精加工循环指令，用于 G71、G72、G73 加工后

的精加工。

A. G67　　　　B. G68　　　　C. G69　　　　D. G70

41. 在程序段 G70　P10　Q20；中，Q20 的含义是（　　）。

A. 精加工余量为 0.20mm

B. Z 轴移动 20mm

C. 精加工循环的第一个程序段的程序号

D. 精加工循环的最后一个程序段的程序号

42. 在 G74　X60　Z-100　P5　Q20　F0.3；程序格式中，（　　）表示 Z 轴方向上的间断走刀长度。

A. 0.3　　　　B. 20　　　　C. -100　　　　D. 60

43. 在 G75　X80　Z-120　P10　Q5　R1　F0.3；程序格式中，（　　）表示 Z 方向间断切削长度。

A. -120　　　　B. 5　　　　C. 10　　　　D. 80

44. FANUC 系统中的（　　）表示从尾座方向看，主轴以逆时针方向旋转。

A. M04　　　　B. M01　　　　C. M03　　　　D. M05

45. 在 FANUC 系统中，M20 指令是（　　）指令。

A. 卡盘松　　　　B. 切削液关　　　　C. 切削液开　　　　D. 空气开

46. 程序段 G71　P0035　Q0060　U4.0　W2.0　S500；是（　　）循环指令。

A. 精加工　　　　B. 外径粗加工　　　　C. 端面粗加工　　　　D. 固定形状粗加工

47. 在程序段 G74　Z-80.0　Q20.0　F0.15；中，（　　）的含义是间断走刀长度。

A. Q20.0　　　　B. Z-80.0　　　　C. F0.15　　　　D. G74

48. 程序段 G75　X20.0　P5.0　F0.15；是间断端面切削循环指令，用于（　　）的加工。

A. 钻孔　　　　B. 外沟槽　　　　C. 端面　　　　D. 外径

49. 在程序段 G75　X20.0　P5.0　F0.15；中，P5.0 的含义是（　　）。

A. 沟槽深度　　　　　　　　B. X 方向的退刀量

C. X 方向的间断切削深度　　　　D. X 方向的进给量

50. 数控车床快速进给时，模式选择开关应置于（　　）。

A. JOG FEED　　B. TRAVERST　　C. ZERO RETURN　　D. HANDLE FEED

51. 数控车床的快速进给速率选择的倍率对手动脉冲发生器的速率（　　）。

A. 25%有效　　　　B. 50%有效　　　　C. 无效　　　　D. 100%有效

52. 使用（　　）不可以测量深孔件的圆柱度精度。

A. 圆度仪　　　　B. 内径百分表　　　　C. 游标卡尺　　　　D. 内卡钳

53. 车削螺纹时，溜板箱手轮转动不平衡会使螺纹的（　　）产生误差。

A. 中径　　　　B. 牙型角　　　　C. 局部螺距　　　　D. 表面粗糙度

54. （　　）车削螺纹时，最后一刀的切削厚度一般要大于 0.1mm，并使切屑从垂直轴线方向排出。

A. 高速　　　　B. 中速　　　　C. 低速　　　　D. 以上均对

55. 车削螺纹时，车刀的（　　）会影响螺纹牙型角的精度。

A. 左刃后角　　　　B. 右刃后角　　　　C. 轴向前角　　　　D. 径向前角

56. 车削螺纹时，车刀的径向前角太大，易产生（   ）现象。
   A. 扎刀   B. 让刀   C. 打刀   D. 以上均对
57. 车削蜗杆时，分度圆直径产生尺寸误差的原因是（   ）。
   A. 背吃刀量太小   B. 车刀背吃刀量不正确
   C. 切削速度太低   D. 交换齿轮不正确
58. 车削箱体类零件上的孔时，如果车刀磨损，则车出的孔会产生（   ）误差。
   A. 轴线的直线度   B. 圆柱度   C. 圆度   D. 同轴度
59. 加工箱体类零件上的孔时，如果花盘角铁精度低，会影响平行孔的（   ）。
   A. 尺寸精度   B. 形状精度   C. 表面粗糙度   D. 平行度
60. 加工箱体类零件上的孔时，如果定位孔与定位心轴的配合精度超差，会对垂直孔轴线的（   ）有影响。
   A. 尺寸   B. 形状   C. 表面粗糙度   D. 垂直度

（二）判断题

（第 61～第 100 题，将判断结果填入括号中，正确的填"√"，错误的填"×"，每题 1 分，满分 40 分）

61. 生产中可自行制订工艺流程和操作规程。（   ）
62. 当公差等级相同时，其加工精度一定相同；当公差数值相等时，其加工精度不一定相同。（   ）
63. 当分度值为 0.05mm 的游标卡尺的两测量爪并拢时，其尺身上的 19mm 对正游标上的 20 格。（   ）
64. 当只能用游标卡尺测量高精度工件时，可以先用量块校对卡尺，在测量时把误差考虑进去。（   ）
65. 用百分表测量时，测量杆应与工件表面垂直。（   ）
66. 精车车床主轴箱齿轮前的热处理方法为高频淬火。（   ）
67. 精密机床主轴油的牌号为 N2、N5、N7、N68 四种。（   ）
68. 切削液只具有冷却、润滑作用。（   ）
69. 识读装配图的要求是了解装配件的名称、用途、性能、结构和配合性质。（   ）
70. 确定加工顺序、工序内容、加工方法、划分加工阶段、安排热处理、检验及其他辅助工序是填写工艺文件的主要工作。（   ）
71. 规格为 200mm 的 K93 动力卡盘的最小装夹直径为 15mm，最大装夹直径为 168mm。（   ）
72. 当液压卡盘的夹紧力不足时，应加大液压缸压力，并设法改善卡盘的润滑状况。（   ）
73. 工件以外圆定位，配车数控车床液压卡盘卡爪时，应在空载状态下进行。（   ）
74. 数控顶尖在使用过程中可作为装刀时对中心的基准。（   ）
75. 数控车床的刀架分为刀库式自动换刀装置和转塔式刀架两大类。（   ）
76. 数控车床的内孔车刀通过定位环安装在转塔刀架的转塔刀盘上。（   ）
77. 由于惯性和工艺系统变形，车削螺纹会造成超程或欠程。（   ）
78. 为了防止换刀时刀具与工件发生干涉，换刀点的位置应设在机床原点。（   ）

79. 在编制数控加工程序前,首先应该确定工艺过程。 (   )
80. 在 FANUC 系统中,采用 N 作为程序的编号地址。 (   )
81. 在 FANUC 系统中,G92 指令可以进行外圆及内孔车削循环。 (   )
82. 用近似计算法逼近零件轮廓时产生的误差称为一次逼近误差,它出现在用直线或圆弧逼近零件轮廓的情况中。 (   )
83. 程序段 G94 X30 Z-5 R3 F0.3;是循环车削螺纹的程序段。 (   )
84. 在 G71 P(ns) Q(nf) U(Δu) W(Δw) S500;程序格式中,nf 表示精加工路径第一个程序段的顺序号。 (   )
85. 粗加工锻造、铸造毛坯时,使用 G75 指令可简化编程。 (   )
86. FANUC 系统中的 M00 表示任选停止,也称选择停止。 (   )
87. 在 FANUC 系统中,当需要改变主轴旋转方向时,必须先执行 M02 指令。 (   )
88. 在 FANUC 系统中,M22 指令是 X 轴镜像指令。 (   )
89. 在 FANUC 系统中,M23 指令是 X 轴镜像指令。 (   )
90. 在 FANUC 系统中,M98 指令是主轴低速范围指令。 (   )
91. 数控车床需要每天进行检查保养的内容是电气柜过滤网。 (   )
92. 数控车床卡盘夹紧力的大小靠溢流阀调整。 (   )
93. 程序段 G73 P0035 Q0060 U1.0 W0.5 F0.3;是固定形状粗加工循环指令,用于切除棒料毛坯的大部分余量。 (   )
94. 数控车床回零时,模式选择开关应置于 JOG FEED。 (   )
95. 数控车床处于自动状态时,可完成手动进给工作。 (   )
96. 对于深孔件的尺寸精度,可以用塞规或游标卡尺进行检测。 (   )
97. 使用齿轮游标卡尺可以测量蜗杆的轴向齿厚。 (   )
98. 用一夹一顶或两顶尖装夹轴类零件时,如果后顶尖轴线与主轴轴线不重合,工件会产生圆度误差。 (   )
99. 车削轴类零件时,如果毛坯余量不均匀,则切削过程中背吃刀量会发生变化,工件会产生圆柱度误差。 (   )
100. 用心轴装夹车削套类工件时,如果心轴本身同轴度超差,则车出的工件会产生尺寸精度误差。 (   )

参考答案

(一) 单项选择题

1. C	2. A	3. A	4. C	5. D	6. B	7. A	8. B
9. B	10. B	11. C	12. A	13. C	14. A	15. C	16. A
17. A	18. A	19. B	20. A	21. B	22. C	23. A	24. A
25. D	26. B	27. C	28. A	29. B	30. D	31. A	32. C
33. A	34. B	35. A	36. B	37. C	38. B	39. C	40. D
41. D	42. B	43. B	44. C	45. D	46. B	47. B	48. B
49. C	50. A	51. B	52. B	53. C	54. B	55. D	56. A
57. B	58. B	59. D	60. D				

(二) 判断题

61. ×	62. √	63. √	64. √	65. √	66. ×	67. ×	68. ×
69. ×	70. ×	71. √	72. ×	73. ×	74. ×	75. ×	76. ×
77. ×	78. ×	79. √	80. ×	81. ×	82. √	83. ×	84. ×
85. ×	86. ×	87. ×	88. ×	89. ×	90. ×	91. ×	92. ×
93. ×	94. ×	95. ×	96. ×	97. ×	98. ×	99. ×	100. ×

二、操作技能试卷

1. 零件图（图16-6）

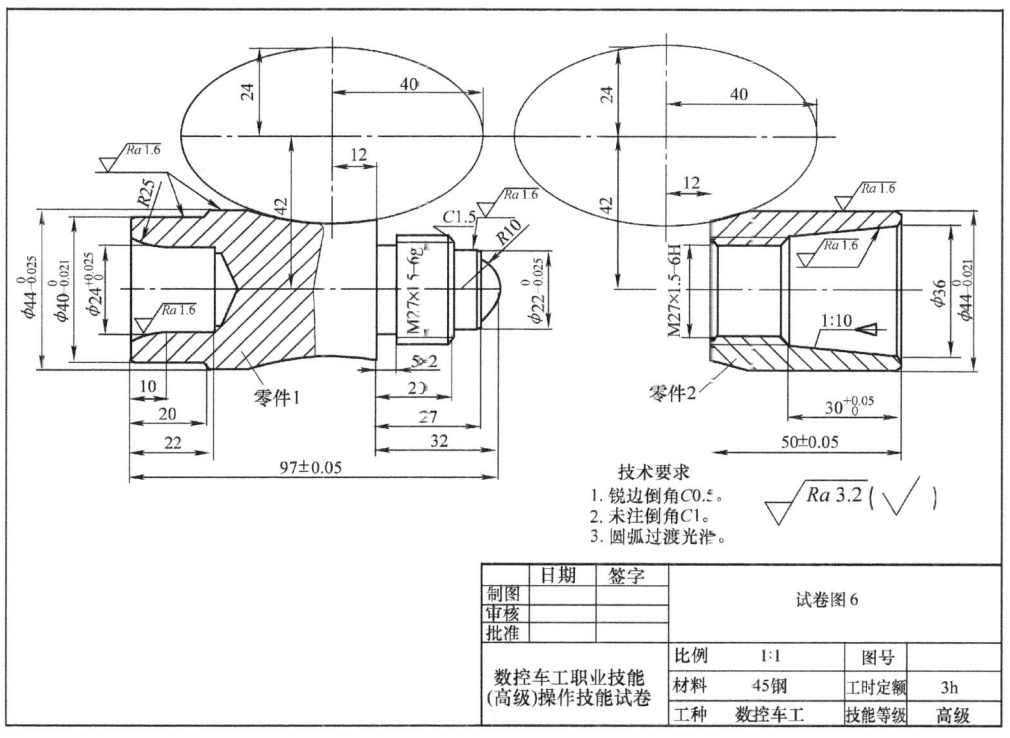

图16-6 试卷图6

2. 工具、量具、刀具准备清单（表16-11）

表16-11 工具、量具、刀具准备清单

序号	名　称	规　格	数量	备注
1	游标卡尺	0～150mm	1	
2	千分尺	0～25mm、25～50mm	各1	
3	螺纹千分尺	25～50mm	1	
4	半径样板	R15～R25mm	1	
5	内径量表	18～35mm	1	
6	百分表及表座	0～10mm	1	
7	端面车刀		1	

(续)

序号	名称	规格	数量	备注
8	外圆车刀	副偏角大于30°	2	
9	三角形螺纹车刀	刀尖角为60°	1	
10	切槽刀、切断刀	宽4~5mm，长25mm	1	
11	镗孔刀	孔径ϕ18mm，长30mm	1	
12	60°内螺纹车刀	孔径ϕ18	1	
13	麻花钻	ϕ18mm	1	
14	中心钻	A3型	1	
15	其他辅具	垫刀片若干、磨石、0.2mm厚铜皮等		
16		函数型计算器		
17		其他车工常用辅具		
18	材料	45钢，ϕ50mm×155mm		
19	数控系统	SINUMERIK、FANUC或华中HNC数控系统		

3. 评分记录表（表16-12）

表16-12 评分记录表

单位：				姓名：		准考证号：	
检测项目		序号	技术要求		配分	评分标准	检测结果	得分

零件1	检测项目	序号	技术要求		配分	评分标准	检测结果	得分
	外圆	1	$\phi 22_{-0.025}^{0}$ mm	$Ra1.6\mu m$	4+2	超差、降级无分		
		2	$\phi 40_{-0.021}^{0}$ mm	$Ra1.6\mu m$	4+2	超差、降级无分		
		3	$\phi 44_{-0.025}^{0}$ mm	$Ra1.6\mu m$	4+2	超差、降级无分		
	内孔	4	$\phi 24_{0}^{+0.025}$ mm	$Ra1.6\mu m$	4+2	超差、降级无分		
	圆弧	5	R10mm		2	超差无分		
		6	R25mm		2	超差无分		
	沟槽	7	5mm×2mm		2	超差无分		
	螺纹	8	$M27×1.5-6g$	中径	4	超差无分		
		9	$M27×1.5-6g$	两侧$Ra3.2\mu m$	3	降级无分		
		10	$M27×1.5-6g$	牙型角	2	不符合无分		
	长度	11	10mm		2	超差无分		
		12	20mm（两处）		4	超差无分		
		13	22mm		2	超差无分		
		14	27mm		2	超差无分		
		15	32mm		2	超差无分		
		16	(97±0.05)mm		3	超差无分		
	其他	17	椭圆轮廓		5	不符合无分		
		18	倒角		2	不符合无分		
		19	未注倒角		1	不符合无分		

（续）

检测项目			技 术 要 求		配分	评 分 标 准	检测结果	得分
零件2	外圆	20	$\phi 44_{-0.021}^{0}$ mm	$Ra1.6\mu m$	4+2	超差、降级无分		
	内锥	21	1:10	$Ra1.6\mu m$	4+2	超差、降级无分		
	螺纹	22	$M27\times1.5-6H$	中径	4	超差无分		
		23	$M27\times1.5-6H$	两侧$Ra3.2\mu m$	3	降级无分		
		24	$M27\times1.5-6H$	牙型角	2	不符合无分		
	长度	25	$30_{0}^{+0.05}$ mm		3	超差无分		
		26	(50 ± 0.05) mm		3	超差无分		
	其他	27	椭圆轮廓		5	不符合无分		
配合		28	螺纹配合		3	不符合无分		
		29	椭圆弧配合		3	不符合无分		
其他		30	安全文明生产			违反一项扣5分		
			总 配 分		100	总 得 分		
零件名称					图号		加工日期 年 月 日	
加工开始		时 分	停工时间		分钟	加工时间	检测	
加工结束		时 分	停工原因			实际时间	评分	

附　录

附录A　　FANUC 0i 系统数控车床常用指令

表 A-1　FANUC 0i 系统数控车床常用指令

代码	意　义	格　式
G00	快速进给、定位	G00 X__ Z__;
G01	直线插补	G01 X__ Z__ F__;
G02	圆弧插补 CW(顺时针)	$\begin{Bmatrix}G02\\G03\end{Bmatrix}$ X__ Z__ $\begin{Bmatrix}R\_\\I\_K\_\end{Bmatrix}$ F__ ;
G03	圆弧插补 CCW(逆时针)	
G04	暂停	G04[X/U/P]; X、U 单位:s;P 单位:ms(整数)
G20	寸制输入	
G21	米制输入	
G28	回参考点	G28 X__ Z__ ;
G29	由参考点返回	G29 X__ Z__ ;
G32	切削螺纹(由参数指定绝对和增量)	G32 X(U)__ Z(W)__ F(E)__; F 指单位为 0.01mm/r 的螺距,E 指单位为 0.0001mm/r 的螺距
G40	刀具补偿取消	G40;
G41	刀尖圆弧半径左补偿	$\begin{Bmatrix}G41\\G42\end{Bmatrix}$ D__;
G42	刀尖圆弧半径右补偿	
G50		设定工件坐标系:G50 X__ Z__; 偏移工件坐标系:G50 U__ W__;
G53	机械坐标系选择	G53 X__ Z__;
G54	选择工作坐标系 1	G××;
G55	选择工作坐标系 2	
G56	选择工作坐标系 3	
G57	选择工作坐标系 4	
G58	选择工作坐标系 5	
G59	选择工作坐标系 6	
G70	精加工循环	G70 P(n_s) Q(n_f);

（续）

代码	意　义	格　式
G71	外圆粗车循环	G71 U(Δd) R(e); G71 P(n_s) Q(n_f) U(Δu) W(Δw) F(f);
G72	端面粗切削循环	G72 W(Δd) R(e); G72 P(n_s) Q(n_f) U(Δu) W(Δw) F(f) S(s) T(t); Δd:背吃刀量 e:退刀量 n_s:精加工程序段组中第一个程序段的顺序号 n_f:精加工程序段组中最后程序段的顺序号 Δu:X方向精加工余量的距离及方向 Δw:Z方向精加工余量的距离及方向
G73	封闭切削循环	G73 U(i) W(Δk) R(c); G73 P(n_s) Q(n_f) U(Δu) W(Δw) F(f);
G74	端面切削循环	G74 R(e); G74 X(U)__ Z(W)__ P(Δi) Q(Δk) R(Δd) F(f); e:返回量 Δi:X方向的移动量 Δk:Z方向的背吃刀量 Δd:孔底的退刀量 f:进给速度
G75	内径/外径切断循环	G75 R(e); G75 X(U)__ Z(W)__ P(Δi) Q(Δk) R(Δd) F(f);
G76	复合型螺纹切削循环	G76 P(m)(r)(α) Q(Δd_{min}) R(d); G76 X(u)__ Z(W)__ R(i) P(k) Q(Δd) F__; m:最终精加工的重复次数,选择范围为1~99 r:螺纹的精加工量(倒角量) α:刀尖的角度,可选择80°、60°、55°、30°、29°、0°六个种类 m、r、α 用地址P一次指定 Δd_{min}:最小背吃刀量 i:螺纹部分的半径差 k:螺纹的牙型高度 Δd:第一次的背吃刀量 F:螺纹导程
G90	直线车削循环	G90 X(U)__ Z(W)__ F__; G90 X(U)__ Z(W)__ R__ F__;
G92	螺纹车削循环	G92 X(U)__ Z(W)__ F__; G92 X(U)__ Z(W)__ R__ F__;
G94	端面车削循环	G94 X(U)__ Z(W)__ F__; G94 X(U)__ Z(W)__ R__ F__;
G98	每分钟进给速度	
G99	每转进给速度	

注：本系统中车床采用直径编程。

附录B　常用切削用量

硬质合金刀具切削用量推荐表见表B-1，常用切削用量推荐表见表B-2。

表 B-1 硬质合金刀具切削用量推荐表

刀具材料	工件材料	粗加工			精加工		
		切削速度/(m/min)	进给量/(mm/r)	背吃刀量/mm	切削速度/(m/min)	进给量/(mm/r)	背吃刀量/mm
硬质合金或涂层硬质合金	碳钢	220	0.2	3	260	0.1	0.4
	低合金钢	180	0.2	3	220	0.1	0.4
	高合金钢	120	0.2	3	160	0.1	0.4
	铸铁	80	0.2	3	120	0.1	0.4
	不锈钢	80	0.2	2	60	0.1	0.4
	钛合金	40	0.2	1.5	150	0.1	0.4
	灰铸铁	120	0.2	2	120	0.15	0.5
	球墨铸铁	100	0.2	2	120	0.15	0.5
	铝合金	1600	0.2	1.5	1600	0.1	0.5

表 B-2 常用切削用量推荐表

工件材料	加工内容	背吃刀量 a_p/mm	切削速度 v_c/(m/min)	进给量 f/(mm/r)	刀具材料
碳素钢 $R_m>600$MPa	粗加工	5~7	60~80	0.2~0.4	YT 类
	粗加工	2~3	80~120	0.2~0.4	
	精加工	2~6	120~150	0.1~0.2	
碳素钢 $R_m>600$MPa	钻中心孔	—	500~800	—	W18Cr4V
	钻孔	—	25~30	—	
	切断(宽度<5mm)	70~110	0.1~0.2	—	YT 类
铸铁硬度 <200HBW	粗加工	—	50~70	0.2~0.4	YG 类
	精加工	—	70~100	0.1~0.2	
	切断(宽度<5mm)	50~70	0.1~0.2	—	

附录 C 数控车床安全操作规程

为了正确合理地使用数控车床，减少其故障发生率，操作人员必须按安全操作规程进行操作。

1. 安全操作基本注意事项

1）工作时，应穿好工作服、安全鞋，戴好工作帽及防护镜，不允许戴手套操作车床。
2）不要移动或损坏安装在车床上的警告标牌。
3）不要在车床周围放置障碍物，工作空间应足够大。
4）如果某一项工作需要两人或多人共同完成，应注意相互间的协作。
5）不允许使用压缩空气清理车床、电气柜和 NC 单元。

2. 工作前的准备工作

1）车床开始工作前要进行预热，认真检查润滑系统的工作是否正常，如果车床长时间未开动,可先采用手动方式向各部分供给润滑油。

2）使用的刀具应与车床允许的规格相符,发现严重破损的刀具应及时更换。

3）调整刀具时,所用工具不要遗忘在车床内。

4）较大尺寸轴类零件的中心孔应大小合适,如果中心孔太小,则工作中易发生危险。

5）刀具安装好后应进行一两次试切削。

6）检查卡盘夹紧工件的状态。

7）开动车床前,必须关好车床防护门。

3. 工作过程中的安全注意事项

1）禁止用手接触刀尖和铁屑,铁屑必须用铁钩子或毛刷来清理。

2）禁止用手或身体其他部位接触正在旋转的主轴、工件或其他运动部位。

3）禁止在加工过程中修改加工程序、变速,更不能在加工过程中用棉丝擦拭工件和清扫车床。

4）在车床运转过程中,操作者不可以离开岗位,车床发生异常现象时应立即停车。

5）经常检查轴承,当其温度过高时,应找相关人员及时进行检查。

6）在加工过程中不允许打开车床防护门。

7）严格遵守岗位责任制,车床由专人使用并负责,其他人使用车床必须经专用人同意。

8）工件伸出车床 100mm 以上时,应在伸出位置设置防护物。

4. 工作完成后的注意事项

1）清除切屑、擦拭车床,使车床与环境保持清洁状态。

2）注意检查和更换车床导轨上已磨损的油擦板。

3）经常检查润滑油、切削液的状态,及时添加或更换。

4）依次关掉车床操作面板上的电源和总电源。

附录 D 数控车床的维护与保养

数控车床的维护与保养方法见表 D-1。

表 D-1 数控车床的维护与保养方法

序号	检查周期	检查部位	检查要求
1	每天	导轨润滑油箱	检查油标、油量,及时添加润滑油,润滑油泵能定时起动抽油和停止
2	每天	X、Z 轴导轨面	清除切屑和脏物,保证润滑油充分,导轨面无划伤等损坏
3	每天	车床液压系统	油箱、液压泵无异常噪声,压力表指示正常,管路及接头无泄漏,工作油面高度正常
4	每天	电气柜散热通风装置	电气柜冷却风扇工作正常,过滤网无堵塞
5	每天	CNC 输入/输出单元	连接可靠,清除灰尘
6	每天	车床防护装置	防护罩、导轨等无松动
7	每月	检测装置	编码器、光栅尺等连接可靠,无油液或灰尘污染
8	每月	车床电气元件	继电器、接触器、变压器等应工作正常,触点接触完好

(续)

序号	检查周期	检查部位	检查要求
9	每半年	滚珠丝杠	清洗丝杠,涂上新油脂,并调整轴向间隙
10	每半年	车床液压系统	清洗各液压阀、过滤器、油箱,更换或过滤液压油
11	每半年	X、Z轴进给轴的轴承	清洗轴承,更换润滑脂
12	每年	润滑液压泵及过滤器	清洗润滑油箱及过滤器
13	不定期	检查各轴导轨上镶条、压滚轮的松紧状态	按车床说明书调整
14	不定期	排屑器	经常清理切屑,检查有无切屑堆积、卡住等
15	不定期	调整主轴驱动带的松紧	按车床说明书调整

附录 E　数控车工国家职业标准

1. 职业概况

（1）职业名称　数控车工。

（2）职业定义　编制数控加工程序并操作数控车床进行零件车削加工的人员。

（3）职业等级　本职业共设四个等级,分别为：中级（国家职业资格四级）、高级（国家职业资格三级）、技师（国家职业资格二级）、高级技师（国家职业资格一级）。

（4）职业环境　室内、常温。

（5）职业能力特征　具有较强的计算能力和空间感,形体知觉及色觉正常,手指、手臂灵活,动作协调。

（6）基本文化程度　高中毕业（或同等学历）。

（7）培训要求

1）培训期限。全日制职业教育学校根据其培养目标和教学计划确定培训期限。晋级培训期限：中级不少于400标准学时,高级不少于300标准学时,技师不少于200标准学时,高级技师不少于200标准学时。

2）培训教师。培训中、高级人员的教师应取得本职业技师及以上等级的职业资格证书,或相关专业中级及以上等级的专业技术职称任职资格；培训技师的教师应取得本职业高级技师职业资格证书,或相关专业高级专业技术职称任职资格；培训高级技师的教师应取得本职业高级技师职业资格证书2年以上,或取得相关专业高级专业技术职称任职资格2年以上。

3）培训场地设备。满足教学要求的标准教室、计算机机房,以及配套的软件、数控车床及必要的刀具、夹具、量具和辅助设备等。

（8）鉴定要求

1）适用对象。从事或准备从事本职业的人员。

2）申报条件。

① 中级（具备以下条件之一者）:

a. 经本职业中级正规培训,达到规定标准学时,并取得结业证书。

b. 连续从事本职业工作不少于5年。

c. 取得经劳动保障行政部门审核认定的,以中级技能为培养目标的中等以上职业学校本职业(或相关专业)的毕业证书。

d. 取得相关职业中级职业资格证书后,连续从事相关职业不少于2年,经数控车工正规培训,并取得毕业证书。

② 高级(具备以下条件之一者):

a. 取得本职业中级职业资格证书后,连续从事本职业工作不少于2年,经本职业高级正规培训,达到规定标准学时,并取得结业证书。

b. 取得本职业中级职业资格证书后,连续从事本职业工作不少于4年。

c. 取得劳动保障行政部门审核认定的,以高级技能为培养目标的职业学校本职业(或相关专业)的毕业证书。

d. 大专以上本专业或相关专业毕业生,经本职业高级正规培训,达到规定标准学时,并取得结业证书。

③ 技师(具备以下条件之一者):

a. 取得本职业高级职业资格证书后,连续从事本职业工作不少于4年,经本职业技师正规培训,达到规定标准学时,并取得结业证书。

b. 取得本职业高级职业资格证书的职业学校本职业(专业)毕业生,连续从事本职业工作不少于2年,经本职业技师正规培训达规定标准学时,并取得结业证书。

c. 取得本职业高级职业资格证书的本科(含本科)以上本专业或相关专业的毕业生,连续从事本职业工作不少于2年,经本职业技师正规培训达规定标准学时,并取得结业证书。

④ 高级技师:

取得本职业技师职业资格证书后,连续从事本职业工作不少于4年,经本职业高级技师正规培训达规定标准学时,并取得结业证书。

3)鉴定方式。分为理论知识考试和技能操作考核。理论知识考试采用闭卷方式,技能操作考核(含软件应用)采用现场实际操作和计算机软件操作的方式。理论知识考试和技能操作考核(含软件应用)均实行百分制,成绩皆达60分及以上者为合格。技师和高级技师还需要进行综合评审。

4)考评人员与考生配比。理论知识考试考评人员与考生的配比为1:15,每个标准教室不少于2名相应级别的考评人员;技能操作考核(含软件应用)考评人员与考生的配比为1:2,且不少于3名相应级别的考评人员;综合评审委员不少于5人。

5)鉴定时间。理论知识考试的时间为120min。技能操作考核中实际操作的时间为:中级、高级不超过240min,技师和高级技师不超过300min;技能操作考核中计算机软件操作的考试时间不超过120min,技师和高级技师的综合评审时间不少于45min。

6)鉴定场所和设备。理论知识考试在标准教室进行,软件应用考试在计算机机房进行,技能操作考核在配备必要的数控车床及刀具、夹具、量具和辅助设备的场所进行。

2. 基本要求

(1)职业道德

1）职业道德基本知识。

2）职业守则：

① 遵守国家法律、法规和有关规定。

② 具有高度的责任心，爱岗敬业、团结合作。

③ 严格执行相关标准、工作程序与规范、工艺文件和安全操作规程。

④ 学习新知识、新技能，勇于开拓和创新。

⑤ 爱护设备、系统及工具、夹具、量具。

⑥ 着装整洁，符合规定；保持工作环境清洁有序，文明生产。

(2) 数控车工的基础知识

1）基础理论知识：

① 机械制图的基本知识。

② 工程材料及金属热处理的基本知识。

③ 关于机、电、液控制的基本知识。

④ 相关计算机的基础知识。

⑤ 相关专业英语的基础知识。

2）机械加工基础知识：

① 机械原理、切削加工、数控车床等方面的基本知识。

② 常用车床设备的相关知识（分类、用途、基本结构及维护保养方法）。

③ 常用金属切削刀具的材料、力学性能等知识。

④ 典型零件的加工工艺（曲线轮廓的加工、特殊螺纹的加工等）。

⑤ 设备润滑和切削液的选择方法和使用方法。

⑥ 工具、夹具、量具的使用与维护知识。

⑦ 卧式车床、钳工基本操作知识。

3）安全文明生产与环境保护知识：

① 现场的安全操作与劳动保护的相关知识。

② 文明生产知识。

③ 环境保护知识。

4）质量管理知识：

① 企业的质量管理方针及对员工的基本要求。

② 岗位的质量要求及对员工工作质量的要求。

③ 岗位的质量保证措施与责任。

5）相关法律、法规知识：

① 劳动法与安全保护法的相关知识。

② 环境保护法与知识产权保护法的相关知识。

3. 数控车工的工作要求

本标准对中级车工、高级车工、技师和高级技师的技能要求依次递进，高级别涵盖低级别的要求。中级车工、高级车工、技师和高级技师的技能要求分别见表 E-1、表 E-2、表

E-3和表E-4。

表E-1 中级车工技能要求

职业功能	工作内容	技 能 要 求	相 关 知 识
加工准备	读图与绘图	1. 能读懂中等复杂程度零件(如曲轴)的零件图 2. 能绘制简单的轴、盘类零件的零件图 3. 能读懂进给机构、主轴系统的装配图	1. 复杂零件的表达方法 2. 简单零件图的画法 3. 零件三视图、局部视图和剖视图的画法 4. 装配图的画法
	制订加工工艺	1. 能读懂复杂零件的数控加工工艺文件 2. 能编制简单(轴、盘)零件的数控加工工艺文件	数控车床加工工艺文件的制订
	零件的定位与装夹	能使用通用夹具(如自定心卡盘、单动卡盘)进行零件的装夹与定位	1. 数控车床常用夹具的使用方法 2. 零件定位、装夹的原理和方法
	刀具的准备	1. 能够根据数控加工工艺文件选择、安装和调整数控车床的常用刀具 2. 能够刃磨常用的车削刀具	1. 金属切削与刀具磨损知识 2. 数控车床常用刀具的种类、结构和特点 3. 数控车床、零件材料、加工精度和工作效率对刀具的要求
数控编程	手工编程	1. 能编制由直线、圆弧组成的二维轮廓数控加工程序 2. 能编制螺纹加工程序 3. 能够运用固定循环、子程序编制零件的加工程序	1. 数控编程知识 2. 直线插补和圆弧插补的原理 3. 坐标点的计算方法
	计算机辅助编程	1. 能够使用计算机绘图设计软件绘制简单(轴、盘、套)零件图 2. 能够利用计算机绘图软件计算节点	计算机绘图软件(二维)的使用方法
数控车床的操作	操作面板	1. 能够按照操作规程起动及停止车床 2. 能使用操作面板上的常用功能键(如回零、手动、MDI、修调等)	1. 数控车床操作说明书 2. 数控车床操作面板的使用方法
	程序的输入与编辑	1. 能够通过各种途径(如DNC、网络等)输入加工程序 2. 能够通过操作面板编辑加工程序	1. 数控加工程序的输入方法 2. 数控加工程序的编辑方法 3. 网络知识
	对刀	1. 能进行对刀并确定相关坐标系 2. 能设置刀具参数	1. 对刀的方法 2. 坐标系的知识 3. 刀具偏置补偿、半径补偿与刀具参数的输入方法
	程序的调试与运行	能够对程序进行校验、单步执行、空运行,并完成零件的试切	程序的调试方法
零件的加工	轮廓的加工	1. 能进行轴、套类零件的加工,并达到以下要求 1)尺寸公差等级为IT6 2)几何公差等级为IT8 3)表面粗糙度值为$Ra1.6\mu m$ 2. 能进行盘类、支架类零件的加工,并达到以下要求 1)轴径公差等级为IT8 2)孔径公差等级为IT7 3)几何公差等级为IT8 4)表面粗糙度值为$Ra1.6\mu m$	1. 内、外径的车削加工方法、测量方法 2. 几何公差的测量方法 3. 表面粗糙度值的测量方法

(续)

职业功能	工作内容	技 能 要 求	相 关 知 识
零件的加工	螺纹的加工	能进行普通三角形螺纹、锥螺纹的加工，并达到以下要求 1）尺寸公差等级为IT6～IT7 2）几何公差等级为IT8 3）表面粗糙度值为$Ra1.6\mu m$	1. 常用螺纹的车削加工方法 2. 螺纹加工中的参数计算
	槽的加工	能进行内径槽、外径槽和端面槽的加工，并达到以下要求 1）尺寸公差等级为IT8 2）几何公差等级为IT8 3）表面粗糙度值为$Ra3.2\mu m$	内、外径槽和端面槽的加工方法
	孔的加工	能进行孔的加工，并达到以下要求 1）尺寸公差等级为IT7 2）几何公差等级为IT8 3）表面粗糙度值为$Ra3.2\mu m$	孔的加工方法
	零件的精度检验	能够进行零件的长度、内外径、螺纹、角度的精度检验	1. 通用量具的使用方法 2. 零件精度的检验及测量方法
数控车床的维护与精度检验	数控车床的日常维护	能够根据说明书完成数控车床的定期和不定期的维护保养，包括机械、电、气、液压、数控系统的检查和日常保养等	1. 数控车床说明书 2. 数控车床日常保养方法 3. 数控车床操作规程 4. 数控系统（进口与国产）使用说明书
	数控车床的故障诊断	1. 能读懂数控系统的报警信息 2. 能发现数控车床的一般故障	1. 数控系统的报警信息 2. 车床的故障诊断方法
	数控车床的精度检验	能够检查数控车床的常规几何精度	数控车床常规几何精度的检查方法

表 E-2 高级车工技能要求

职业功能	工作内容	技 能 要 求	相 关 知 识
加工准备	读图与绘图	1. 能够读懂中等复杂程度零件（如刀架）的装配图 2. 能够根据装配图拆画零件图 3. 能够测绘零件	1. 根据装配图拆画零件图的方法 2. 零件的测绘方法
	制订加工工艺	能编制复杂零件的数控加工工艺文件	复杂零件数控加工工艺文件的制订
	零件的定位与装夹	1. 能选择和使用数控车床组合夹具和专用夹具 2. 能分析并计算车床夹具的定位误差 3. 能够设计与自制装夹辅具（如心轴、轴套、定位件等）	1. 数控车床组合夹具和专用夹具的使用、调整方法 2. 专用夹具的使用方法 3. 夹具定位误差的分析与计算方法
	刀具的准备	1. 能够合理选择刀具及刀具附件 2. 能够根据难加工材料的特点，选择刀具的材料、结构和几何参数 3. 能够刃磨特殊车削刀具	1. 专用刀具的种类、用途、特点和刃磨方法 2. 切削难加工材料时的刀具材料和几何参数的确定方法

(续)

职业功能	工作内容	技 能 要 求	相 关 知 识
数控编程	手工编程	能运用变量编程编制含有公式曲线零件的数控加工程序	1. 固定循环和子程序的编程方法 2. 变量编程的规则和方法
	计算机辅助编程	能用计算机绘图软件绘制装配图	计算机绘图软件的使用方法
	数控加工仿真	能利用数控加工仿真软件实施加工过程仿真,以及加工代码检查、干涉检查、工时估算	数控加工仿真软件的使用方法
零件的加工	轮廓的加工	能进行细长、薄壁零件的加工,并达到以下要求 1)轴径公差等级为IT6 2)孔径公差等级为IT7 3)几何公差等级为IT8 4)表面粗糙度值为$Ra1.6\mu m$	细长、薄壁零件的加工特点及装夹、车削方法
	螺纹的加工	1. 能进行单线和多线T形螺纹、锥螺纹的加工,并达到以下要求 1)尺寸公差等级为IT6 2)几何公差等级为IT8 3)表面粗糙度值为$Ra1.6\mu m$ 2. 能进行变节距螺纹的加工,并达到以下要求 1)尺寸公差等级为IT6 2)几何公差等级为IT7 3)表面粗糙度值为$Ra1.6\mu m$	1. T形螺纹、锥螺纹加工中的参数计算方法 2. 变节距螺纹的车削加工方法
	孔的加工	能进行深孔的加工,并达到以下要求 1)尺寸公差等级为IT6 2)几何公差等级为IT8 3)表面粗糙度值为$Ra1.6\mu m$	深孔的加工方法
	配合件的加工	能按装配图上的技术要求对配合件进行加工和组装,配合公差等级达到IT7	配合件的加工方法
	零件的精度检验	1. 能够在加工过程中使用百(千)分表等进行在线测量,并进行加工技术参数的调整 2. 能够进行多线螺纹的检验 3. 能进行加工误差分析	1. 百(千)分表的使用方法 2. 多线螺纹的精度检验方法 3. 误差分析方法
数控车床的维护与精度检验	数控车床的日常维护	1. 能判断数控车床的一般机械故障 2. 能完成数控车床的定期维护保养	1. 数控车床机械故障的种类及其排除方法 2. 数控车床的液压原理和常用液压元件
	数控车床的精度检验	1. 能够进行车床几何精度的检验 2. 能够进行车床切削精度的检验	1. 车床几何精度检验的内容与方法 2. 车床切削精度检验的内容与方法

表 E-3 技师技能要求

职业功能	工作内容	技 能 要 求	相 关 知 识
加工准备	读图与绘图	1. 能绘制工装装配图 2. 能读懂常用数控车床的机械结构图及装配图	1. 工装装配图的画法 2. 常用数控车床的机械原理图及装配图的画法

(续)

职业功能	工作内容	技 能 要 求	相 关 知 识
加工准备	制订加工工艺	1. 能编制高难度、高精密、特殊材料零件的多工种数控加工工艺文件 2. 能对零件的数控加工工艺进行合理性分析，并提出改进建议 3. 能推广应用新知识、新技术、新工艺、新材料	1. 零件的多工种工艺分析方法 2. 数控加工工艺方案合理性的分析方法及改进措施 3. 特殊材料的加工方法 4. 新知识、新技术、新工艺、新材料
	零件的定位与装夹	能设计与制造零件的专用夹具	专用夹具的设计与制造方法
	刀具的准备	1. 能够依据切削条件和刀具条件估算刀具的使用寿命 2. 根据刀具的使用寿命计算并设置相关参数 3. 能推广应用新刀具	1. 切削刀具的选用原则 2. 延长刀具使用寿命的方法 3. 刀具新材料、新技术 4. 刀具使用寿命参数的设定方法
数控编程	手工编程	能够编制车削中心、铣削中心的三轴及三轴以上（含旋转轴）的加工程序	编制车削中心、铣削中心加工程序的方法
	计算机辅助编程	1. 能用计算机辅助设计/制造软件进行车削零件的造型和生成加工轨迹 2. 能够根据不同的数控系统进行后置处理并生成加工代码	1. 三维造型和编辑 2. 计算机辅助设计/制造软件（三维）的使用方法
	数控加工仿真	能够利用数控加工仿真软件分析和优化数控加工工艺	数控加工仿真软件的使用方法
零件的加工	轮廓的加工	1. 能编制数控加工程序车削多拐曲轴并达到以下要求 1) 直径公差等级为IT6 2) 表面粗糙度值为 $Ra1.6\mu m$ 2. 能编制数控加工程序，对适合在车削中心上加工的带有车削、铣削等工序的复杂零件进行加工	1. 多拐曲轴车削加工的基本知识 2. 用车削加工中心加工复杂零件的车削方法
	配合件的加工	能进行两件（含两件）以上、具有多处尺寸链配合零件的加工	多尺寸链配合零件的加工方法
	零件的精度检验	能根据测量结果对加工误差进行分析并提出改进措施	1. 精密零件的精度检验方法 2. 检具设计知识
数控车床的维护与精度检验	数控车床的维护	1. 能够分析和排除液压和机械故障 2. 能借助字典阅读数控设备的主要外文信息	1. 数控车床常见故障的诊断及排除方法 2. 数控车床专业外文知识
	数控车床的精度检验	能够进行车床定位精度、重复定位精度的检验	车床定位精度检验、重复定位精度检验的内容及方法
培训与管理	操作指导	能指导本职业中级、高级人员进行实际操作	操作指导书的编写方法
	理论培训	1. 能对本职业中级、高级和技师人员进行理论培训 2. 能系统地讲授各种切削刀具的特点和使用方法	1. 培训讲义的编写方法 2. 切削刀具的特点和使用方法
	质量管理	能在本职工作中认真贯彻各项质量标准	相关质量标准
	生产管理	能协助部门领导进行生产计划、调度及人员的管理	生产管理基本知识
	技术改造与创新	能够进行加工工艺、夹具、刀具的改进	数控加工工艺综合知识

表 E-4 高级技师技能要求

职业功能	工作内容	技 能 要 求	相 关 知 识
工艺分析与设计	读图与绘图	1. 能绘制复杂的工装装配图 2. 能读懂常用数控车床的电气、液压原理图	1. 复杂工装的设计方法 2. 常用数控车床电气、液压原理图的画法
	制订加工工艺	1. 能对高难度、高精密零件的数控加工工艺方案进行优化并实施 2. 能编制多轴车削中心的数控加工工艺文件 3. 能够对零件加工工艺提出改进建议	1. 复杂、精密零件加工工艺的系统知识 2. 车削中心、铣削中心加工工艺文件的编制方法
	零件的定位与装夹	能对现有的数控车床夹具进行误差分析并提出改进建议	误差分析方法
	刀具的准备	能根据零件要求设计刀具,并提出制造方法	刀具的设计与制造知识
零件的加工	异形零件的加工	能解决高难度(如十字座类、连杆类、叉架类等异形)零件车削加工的技术问题,并制订工艺措施	高难度零件的加工方法
	零件的精度检验	能够制订高难度零件加工过程中的精度检验方案	在机械加工全过程中影响质量的因素及提高质量的措施
数控车床的维护与精度检验	数控车床的维护	1. 能借助字典看懂数控设备的主要外文技术资料 2. 能够针对车床运行现状,合理调整数控系统的相关参数 3. 能根据数控系统的报警信息判断数控车床的故障	1. 数控车床专业外文知识 2. 数控系统报警信息
	数控车床的精度检验	能够进行车床定位精度、重复定位精度的检验	车床定位精度和重复定位精度的检验方法
	数控设备网络化	能够借助网络设备和软件系统实现数控设备的网络化管理	数控设备网络接口及相关技术
培训与管理	操作指导	能指导本职业中级、高级和技师人员进行实际操作	指导书的编写方法
	理论培训	能对本职业中级、高级和技师人员进行理论培训	培训讲义的编写方法
	质量管理	能应用全面质量管理知识,实现操作过程的质量分析与控制	质量分析与控制方法
	技术改造与创新	能够组织实施技术改造和创新,并撰写相应的论文	科技论文的撰写方法

4. 数控车工职业鉴定的比重表

理论知识考核比重表见表 E-5,技能操作考核比重表见表 E-6。

表 E-5 理论知识考核比重表

	项 目	中级(%)	高级(%)	技师(%)	高级技师(%)
基本要求	职业道德	5	5	5	5
	基础知识	20	20	15	15
相关知识	加工准备	15	15	30	—
	数控编程	20	20	10	—
	数控车床的操作	5	5	—	—
	零件的加工	30	30	20	15
	数控车床的维护与精度检验	5	5	10	10
	培训与管理	—	—	10	15
	工艺分析与设计	—	—	—	40
	合 计	100	100	100	100

表 E-6 技能操作考核比重表

项　　目		中级(%)	高级(%)	技师(%)	高级技师(%)
技能要求	加工准备	10	10	20	—
	数控编程	20	20	30	—
	数控车床的操作	5	5	—	—
技能要求	零件的加工	60	60	40	45
	数控车床的维护与精度检验	5	5	5	10
	培训与管理	—	—	5	10
	工艺分析与设计	—	—	—	35
合　　计		100	100	100	100

5. 试卷的组成及考核注意事项

(1) 试卷的组成

1) 一套完整的试卷包括"准备通知单""试题正文"和"评分记录表"。

2) "评分记录表"包括扣分、得分、备注以及考评人员签字，该部分内容由考评人员填写，考生不得填写。

(2) 计分　考核采用百分制，60 分为合格。

(3) 考核时间

1) 必须在规定时间内完成所有操作技能考核项目的鉴定内容，不得超时。

2) 在特殊情况下，须与考评人员商定后酌情处理。

3) 在某一试题考试中节余的时间不能在另一试题考试中使用。

4) 总考试时间为各模块下典型试题考试时间的总和。

试卷头中准考证号、考生单位及姓名由考生填写，得分情况由考评人员填写。考生在拿到试卷后应首先检查试卷是否和自己所报考的工种、级别一致。

5) 考生要注意提高快速、准确地解决实际问题的能力，并做好考前的针对性练习、考场的适应性练习。

考场的适应性练习是指在临近考试前，考生均应到技能鉴定考试现场进行考前适应性练习。要熟悉鉴定考试现场的环境和准备的仪器仪表、工具、量具和设备；要根据鉴定范围，演练一两个具有代表性且综合性强的项目，以熟悉操作内容，减轻考前的焦虑紧张，增强信心，以便在考试时发挥应有的水平。

(4) 重要提示

1) 考生必须听从鉴定现场工作人员的统一指挥，按准考证的要求进入指定的考场、考位。

2) 携带准考证、身份证等证件。

3) 工作服、工作帽、绝缘鞋等符合电工作业相关的安全要求。

4) 仔细阅读试卷，明确考题和考核要求，形成正确的操作思路。

5) 心态稳定、镇静、自信。

6) 严格按照操作程序进行。

7) 把握好时间，以便获得完整的、正确的考核结果，以免因时间不够而影响考核成绩。

8) 考核过程中一旦发生事故，要沉着冷静，积极配合考务人员做好处理工作。

参 考 文 献

[1] 贾恒旦. 数控车工 [M]. 北京：航空工业出版社，2008.
[2] 袁锋. 数控车床培训教程 [M]. 北京：机械工业出版社，2005.
[3] 沈建峰，朱勤惠. 数控车床技能鉴定考点分析和试题集萃 [M]. 北京：化学工业出版社，2007.
[4] 孙伟伟. 数控车工实习与考级——华中世纪星系统 [M]. 北京：高等教育出版社，2009.
[5] 陈子银. 数控车工技能实战演练 [M]. 北京：国防工业出版社，2007.
[6] 李银涛. 数控车床编程与职业技能鉴定实训 [M]. 北京：化学工业出版社，2009.